改变人生的轨迹

——成就你一生的那些小故事大道理

一沙一世界、一木一菩提，把无限放在手上，永恒在刹那间收藏，
小小故事同样包罗万象。
比空洞理论更明了，比款款而谈更迅捷。

改变人生的轨迹

——成就你一生的那些小故事大道理

赵文池 编著

中国华侨出版社

图书在版编目（CIP）数据

改变人生的轨迹：成就你一生的那些小故事大道理/赵文池编著.
—北京：中国华侨出版社，2011.10
ISBN 978-7-5113-1564-9

Ⅰ.①改… Ⅱ.①赵… Ⅲ.①故事—作品集—世界 Ⅳ.①I14

中国版本图书馆 CIP 数据核字（2011）第 130263 号

●**改变人生的轨迹：**成就你一生的那些小故事大道理

编　　著／赵文池
责任编辑／文　筝
责任校对／潘　琳
装帧设计／天下书装
经　　销／新华书店
开　　本／710×1000毫米 1/16　印张/20　字数/300 千字
印　　刷／北京联兴华印刷厂
版　　次／2011 年10 月第 1 版　2011 年10 月第 1 次印刷
书　　号／ISBN 978-7-5113-1564-9
定　　价／35.00 元

中国华侨出版社　北京市朝阳区静安里 26 号通成达大厦 3 层
邮编：100028
法律顾问：陈鹰律师事务所
编辑部：（010）64443056　64443979
发行部：（010）64443051　传真：（010）64439708
网　址：www.oveaschin.com
E-mail：oveaschin@sina.com

也许里面的故事，你已经耳熟能详；也许我想说的道理，你早已经明了；但是，请你停下脚步，停留些许的目光，看看它，翻翻它，也许你的下一个改变就是因为这样一个小小的瞬间。

成长的路上，我们总是希望一切都顺利，盼望着某天自己的梦想能够实现。而现实就是现实，总会离我们的理想有一段距离。当然，我们完全有理由相信理想是可以实现的。但是请你不要忘记，想要实现理想，必然要有所付出。

这绝不是老生常谈。

在你前面的先辈已经不知道多少次在这条路上摔倒。以往的他们总是许下了心愿就将它挂在树上，总以为只要自己一步步走，总能实现。但是，如果你找不到自己想要的生活，怎么办？如果你有了另外的目标，怎么办？如果你发现自己的目标根本无法完成，怎么办？

你应该锻炼自己的心劲儿。只有信念足够强大，才能让你沿着梦想的路继续走下去。

有了梦想，有了目标，你就像有盏明灯，为你照亮了前方的路。但是道路曲折，即使有灯光也难免会走错路。这时，上帝会再赐予你一些礼物，诸如挫折、障碍、苦难，等等。现在不要太早说你一定不会遇到，这种幸与不幸不是自己可以决定的。当你真正遇到，你才会体会出这种礼物的意义。

你会如何面对上帝给你的礼物呢？是茫然若失，还是断然放弃，又或是坦然面对？你的每一个态度都会让你为自己的人生做出一种选择。如果身边没有人可以依靠，如果你要独自面对这些生活的苦难，请不要忘记你面对的并不是个人一生中的苦难，而是人类都会面临的永恒的难题。然后，请你拍拍胸脯，告诉自己："苦难即将过去，一切都会掌握在自己手中。"

如果你已经在真正意义上面对苦难，那么就继续坚持下去。不管别人的眼光是怎样的尖锐，不管别人的话语是多么令你难堪，坚持你最初的梦想，一步步往前走。即使我们外表不是那么强壮，但是我们可以让自己的心灵很强大。

这一切都需要我们平衡好自己的心态，别为了外界的事情浮躁了你我，不要因小失大。生活仍在继续，所以生命依然有机会创造奇迹。请不要说自己的时间不够，因为你的聪明才智会让你透过眼眼、心灵发现更多，思考更多，从而也会有更多的选择来改变自我。

每一个重生的你都将拥有无尽的活力，所以你绝不会与时代脱轨，相反，你会拥有更多的优势。所以，不要害怕，你所需要的仅是努力与思考。

现在就开始勇敢地面对脚下的人生吧，做真正的强者！

目录
CONTENTS

第一辑　做足心劲儿 让梦想插上翅膀

何塞·黎萨尔曾说："如果不献身给一个伟大的理想，生命就是毫无意义的。"当然，我们每个人都有自己的梦想，都想在自己的生命中添加缤纷多样的色彩。然而，我们总是会遇到很多阻碍，总是会有这样那样的困难。这时候，只有让自己的目标更明确，让自己的信念更强大，让自己爱上自己的梦想，我们才能勇敢地带着目标上路，让梦想插上翅膀……

第二辑　挫折给你力量 苦难使你成长

成长的路上，总是会有挫折和苦难摆在我们面前。我们也许会因为挫折而放弃自己的梦想，又或许会因为苦难而去抱怨命运的不公，兴许你还会因为障碍而将唾手可得的成功抛诸人。但是当你哭泣的时候，支撑不了的时候，请记住：挫折和苦难是上帝给你的一份特殊的礼物，它的使命是让你不断坚强、不断成长；与其逃避，不如选择坚强面对……

目
录

第三辑　生活仍在继续 唯有坚持努力

人生的道路总是曲折的。但是当我们真正遭遇到了这种曲折时，总是害怕去面对，进而在沉默中埋没自己的才华。其实，生活就像弹簧一样，你弱它就强，你强它就弱。一旦你坚持、努力、奋斗，你就会在曲折的路上留下自己深深的脚印。生活也因此才变得有活力，你也可以成为一个真正的打不倒的强者……

目
录

第四辑　平衡心态 告诉自己一定行

失败了，就再站起来；成功了，就继续向前走。人生，就是一次旅行。每个人都要从起点走到终点，每个人都要完成一生的事情。我们不必为一些外界的事情耿耿于怀，也不必为了某些卑微的事情而伤神。只需记住你已经启程，是选择快乐伴行，还是选择痛苦左右。一念之间，便是不一样的人生，而这又全在于你的心态。想要一生轻松，只需平衡好自己的心态，告诉自己一定行，就能够笑对人生。

第五辑 思考发现问题 选择改变自己

我们一生都会遇到很多选择。在分叉路口上，我们会疑惑，会犹豫，会感到左右为难，所以，我们决不能盲目行事。开动你的大脑，主动去发现存在的问题，分析、思考找到最佳的方式，这样才能从根本上解决难题。同样地，在做选择时，也要经过思考和发现。如果你改变不了周围的环境，那么就改变自己，让自己更好地适应这个社会。

目录

改变人生的轨迹

——成就你一生的那些小故事大道理

做足心劲儿 让梦想插上翅膀

何塞·黎萨尔曾说："如果不献身给一个伟大的理想，生命就是毫无意义的。"当然，我们每个人都有自己的梦想，都想在自己的生命中添加缤纷多样的色彩。然而，我们总是会遇到很多阻碍，总是会有这样那样的困难。这时候，只有让自己的目标更明确，让自己的信念更强大，让自己爱上自己的梦想，我们才能勇敢地带着目标上路，让梦想插上翅膀……

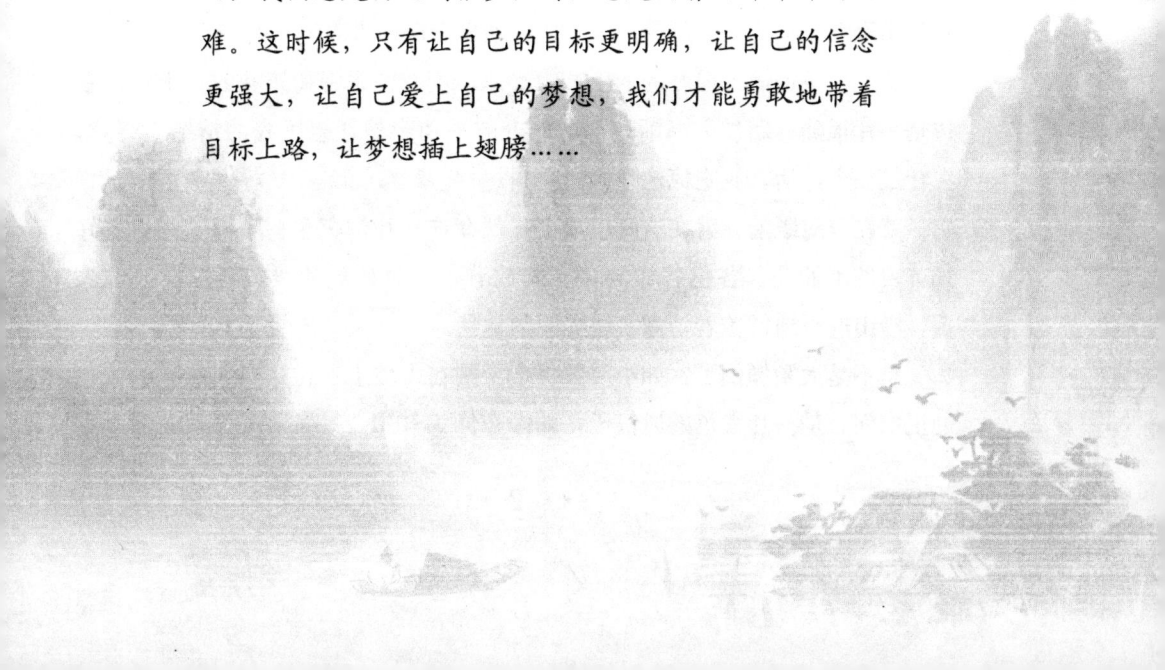

1. 每天做一点点

一个星期前，女儿卡罗琳打电话过来，说山顶上有人种了水仙，执意要我去看看。此刻我在途中，勉勉强强地赶着那两个小时的路程。

通往山顶的路上不但刮着风，而且还被浓雾封锁着。我小心翼翼、慢慢地将车开到了卡罗琳的家里。

"我是一步也不肯走了。我宣布，我留在这儿吃饭，只等雾一散开，马上打道回府。"

"可是我需要你帮忙。将我捎到车库里，让我把车开出来，好吗?"卡罗琳说，"至少这些我们做得到吧?"

"离这儿多远?"我谨慎地问。

"3分钟左右。"

10分钟以后我们还没有到。我焦急地望着她："我想你刚才是说3分钟就可以到。"

她咧嘴笑了："我们绕了点弯路。"

我们已经来到了山顶。那里覆盖着像厚厚面纱似的浓雾。值得这么做吗? 我想。

到达一座小小的石筑的教堂后，我们穿过它旁边的一个小停车场，沿着一条小道继续行进。雾气散去了一些，透出灰白而带着湿气的阳光。

这是一条铺满了厚厚的老松针的小道。茂密的常青树罩在我们上空。右边是一片很陡的斜坡。渐渐地，这地方的平和宁静抚慰了我的情绪。突然，在转过一个弯后，我吃惊地睁大了眼睛。

就在我的眼前，就在这座山顶上，就在这一片沟壑和树丛灌木间，有好几英亩的水仙花。各色各样的黄花怒放着，从象牙般的浅黄到柠檬般的深黄，漫山遍野地铺盖着，像一块美丽的地毯。

是不是太阳倾倒了? 如小溪般将金子漏在山坡上? 在这令人迷醉的黄色的正中间，是一片紫色的风信子，如瀑布倾泻其中。一条小径穿越花海，小径两旁是成排的珊瑚色的郁金香。仿佛这一切还不够美丽似的，倏忽有一两只蓝鸟掠过花丛，或在花丛间嬉戏。她们品红色的胸脯和宝蓝色的翅膀就像闪动着的宝石。

一大堆的疑问涌上我的脑海："是谁创造了这么美丽的景色和这样一座完美的花园？为什么？为什么在这样的地方？在这个荒无人烟的地带，这座花园是怎么建成的？"

走进花园的中心，有一栋小屋。我们看见了一行字：

我知道您要什么。这儿是给您的回答。

第一个回答是：一位妇女——两只手、两只脚和一点点想法。第二个回答是：一点点时间。第三个回答：开始于1958年。

回家的途中，我沉默不语。我震撼于刚刚所见的一切，几乎无法说话。"她改变了世界。"最后，我说道，"她几乎在50年前就开始了，这些年里每天只做一点点。因为她每天一点点不停地努力，这个世界便永远地变美丽了。想象一下，如果我以前早有一个理想，早就开始努力，只需要在过去的每年里每天做一点点，那我现在可以达到怎样的一个目标呢？"

卡罗琳在我身旁看着，笑了："明天就开始吧。当然，今天开始最好不过。"

大道理

> 人的一生实在是太短。如果我们浪费自己的青春，那么人的一生又会变得无比漫长。所以不要让自己的一生在等待和退缩中度过，给自己设定一个长期的目标，然后每天都去坚持为它付出一点点。那么，总有一天，我们会得到我们该得到的东西，甚至会有更加意外的惊喜展现在我们的眼前。

2. 相信自己可以第一

理查·派克是运动史上赢得奖金最多的赛车选手。他第一次赛车回来时，兴奋地对母亲说："有35辆车参赛。我跑了第二。"

"你输了！"母亲毫不客气地回答。

"可是，"理查·派克瞪大了眼睛，"这是我第一次参加比赛，而且赛车还这么多。"

"儿子，"母亲深情地说，"记住，你用不着跑在任何人后面！"

接下来的 20 年中，理查·派克称霸赛车界。他的许多纪录至今无人打破。问他成功的原因，他说，他从未忘记母亲的教诲；是母亲在他为第二名沾沾自喜之时，帮他发现了他还可能是第一的希望。

第一是人们梦寐以求的，这个世界上也不可能所有的人都争得第一。可是，试想一下理查·派克，如果他连第一都不敢想，他没有这份自信，如果他得不到母亲深情的鼓舞，他能在 20 年的时间里称霸赛车界吗？

记住，我们用不着跑在任何人后面！

大道理

> 信念是一个人获得成功的关键因素。也只有信念坚定的人，能得"第一"，才有勇气实现自己的梦想。理查·派克的母亲就是一个这样的人，她不仅发现了儿子的潜能，而且鼓励他"用不着跑在任何人后面"。也正是这样的鼓励和教诲，让理查·派克最终达到了目标——在 20 年的时间里称霸赛车界。所以，我们面对自己的梦想，面对自己，就应该要坚信自己的能力。我们可以！

3. 把目标写下来

美国耶鲁大学进行过一次跨度 20 年的跟踪调查。最早，这个大学的研究人员对参加调查的孩子们提了一个问题："你们有目标吗？"10％的孩子回答说有。研究人员又问："如果你们有了目标，那么，是否把它写下来了呢？"这时，只有 4％的孩子回答说："写下来了。"

20 年后，耶鲁大学的研究人员跟踪当年参加调查的孩子们。结果发现，那些有目标并且用白纸黑字写下来的学生，无论是事业发展还是生活水平，都远远超过了另外的没有这样做的孩子。他们创造的价值超过余下的 96％的孩子的总和。

那么，那 96％的孩子今天在干什么呢？研究人员调查发现：这些人忙忙碌碌，一辈子都在直接或间接地帮助那 4％的人实现他们的理想呢。由此可见目标的重要性。

流沙河的《理想》诗是这样说的："理想是石，敲出星星之火；理想是火，点燃熄灭的灯；理想是灯，照亮夜行的路；理想是路，引你走向黎明。"目标在人的一生中具有引导和动力保障作用，不可不重视。

大道理

如果你还不够明白自己想要什么，不妨放下手中的事，闭上眼睛，想想自己现在的目标、现在的梦想；如果你想到了，赶快将它写下来，记在心里。那么它已经成为了你一个时期甚至是一生为之努力的目标了。

4. 贝尔德的发明

1925 年的一天，伦敦一家最大的百货店顾客盈门。一批又一批的顾客涌向店内两间相连的小屋。据说有人发明了一种机器，能把接收到的图像再现出来。

观众们乘兴而来，但败兴而归。因为他们看到的仅仅是模糊不清的影子和闪烁不定的轮廓。

"这不是吹牛吗？这叫什么图像。"

"追求广告效应，不讲真话！应该告这个所谓的发明者。"

"不是他的错，是百货商店老板的馊主意。"

人们议论纷纷，有一些热心者则不断地向发明者追问："你怎么不把图像弄清楚些呢？""你能不能传一只动物什么的给我们看看？"

"对不起，对不起。目前的技术还没有办法。"发明家贝尔德在一边无奈而又尴尬地回答着人们的追问。

贝尔德是个不到 20 岁的英国青年。当时无线电技术已经广泛运用于通信、广播了。世界上的许多发明家，其中甚至有最伟大的科学家和工程技术大师，都想发明能传播现场实况的电视机，但都没有成功。贝尔德却立志要发明电视机。

贝尔德在英格兰西南部的黑斯廷斯建造了一个简陋的实验室。但他没有实验经费，只好用一只盥洗盆做框架，把它和一只破茶叶箱相连。箱上安装了一只从废物堆里捡来的电动机，可转动用马粪纸做成的四周戳有小洞洞的"扫描圆盘"；还有装在旧饼干箱里的投影灯、几块透镜及从报废的军用电视机上拆下来的部件等。这些凌乱的东西被贝尔德用胶水、细绳及电线串联在一起，成了他发明电视机的实验装置。贝尔德知道电视机的原理：应该把要发送的场景分成许多小点儿，暗的或明的，再以电信号的形式发送出去，最后在接收的一端让它重现出来。

贝尔德在他简陋的实验室里年复一年地实验。他的实验装置被装了又拆，拆了又装。经过 18 年的努力，1924 年春天，贝尔德成功地发射了一朵十字花的电信号。但发射的距离只有 3 米，图像也忽有忽无，只是一个轮廓。

为了找到图像不清晰的原因，贝尔德又开始了新一番试验。他想原因也许是电压不足。于是他把好几百个干电池连接起来。他接通了电路，可是不小心触到了一根裸露的连接线。高达 2000 伏的电压立即把他击倒在地。他昏迷了过去。第二天的伦敦《每日快报》马上用大字标题报道了贝尔德触电的消息。贝尔德一时间成了英国的新闻人物。

贝尔德灵机一动，就利用报纸来为他筹集资金。他设法为记者们做了一次实物表演。一家小报做了报道。伦敦的一家无线电老板闻讯赶来，表示愿意提供经费，但要收取发明的收益的一半份额。

贝尔德同意了这样苛刻的要求。他的实验装置从黑斯廷斯运到了伦敦。

但经费很快又用尽了。他的试验似无重大突破。

一家百货店的老板又来同他订了合同，每周付他 25 英镑，免费提供一切材料，但要求贝尔德必须在他商店门前操作表演。

现场表演又是失败。贝尔德的生活日见艰难，没钱吃饭，没钱付房租。他只好忍痛把设备的零件卖掉，以此维持生活。他家乡的两个堂兄弟得知贝尔德陷入绝境后，给他寄来了 500 英镑。贝尔德得救了，他立即又投入了试验。

成功的日子终于来到了。终日陪伴他的木偶"比尔"的脸部特征被清晰地显现在接收机上了。这一天是 1925 年 10 月 2 日清晨。

"成功了，成功了!"贝尔德兴奋地喊叫着冲下楼，一把抓住一个店堂里的小伙子，拽他上楼，把他按在"比尔"的位置上。小伙子吓得直打哆嗦，但几秒钟后，他也吃惊地喊叫起来:"真是奇迹，真是奇迹。"因为贝尔德的"魔镜"里映出了他的脸。

贝尔德终于震惊了英国。资助他的人纷纷涌来。贝尔德更新了设备，开始更大规模的试验。

1928 年，贝尔德把伦敦传播室的人像传送到纽约的一部接收机上。

不久，又出现了新的奇迹。贝尔德把伦敦一位姑娘的图像传送给她正在远洋航行的未婚夫。

贝尔德的名字在全世界传开了。他申请在英国开创电视广播事业，但没有得到批准。但要求电视广播的人越来越多。这个问题被提交给议会。经过激烈的长时间的辩论，议会决定了开展电视广播。

1936 年秋，英国广播公司正式从伦敦播送电视节目。此时的贝尔德又开始埋头研究彩色电视。

1941 年 12 月，贝尔德传送的首批完美的彩色图像获得成功。可惜的是贝尔德的实验室被希特勒的飞弹击毁了。但贝尔德重新开始研究。1946 年 6 月的一天，英国广播公司开始播送彩色电视节目，但劳累过度的贝尔德却在这一天病倒了，没有收看他的研究结果。6 天后，他离开了人世，终年 58 岁。

在英国南肯辛顿科学博物馆里，游人能看到贝尔德发明的第一台电视机，还有陪伴他多年的木偶比尔。比尔咧嘴笑着，仿佛在向游人诉说贝尔德的艰苦发明的故事，也好像在为贝尔德成功而欢欣……

大道理

伟大的目标加上坚持不懈的努力，最终会成就你的事业、你的生活、你的人生。你也才不会虚度此生，在这个世界创造了被人瞩目的一席之地。

5. 认准一把椅子

有人向世界歌坛的超级巨星卢卡诺·帕瓦罗蒂讨教成功秘诀。他每次都会提到他问他父亲的一句话。

师范院校毕业之际，痴迷音乐并有相当音乐素养的帕瓦罗蒂问父亲："我是当教师呢，还是做歌唱家？"其父回答说："如果你想同时坐在两把椅子上，你可能会从椅子中间掉下去。生活要求你只能选一把椅子坐下去。"

帕瓦罗蒂选了一把椅子——做个歌唱家。经过 7 年的努力与失败，帕瓦罗蒂才首次登台亮相。又过了 7 年，他终于登上了大都会歌剧院的舞台。

大道理

一个人不能同时坐在两把椅子上，也就是说不能同时有两个目标，否则哪个目标都实现不了，就像帕瓦罗蒂父亲说的"可能会从椅子中间掉下去"。若像猴子一样，看了西瓜就丢掉玉米，我们最终什么都得不到，只能对着最初的梦想叹气。

6. 只要想就能飞

在一百多年前，一位牧羊人带着他的孩子来到一个山坡上。一群大雁鸣叫着从他们的头顶飞过，并很快消失在远方。

牧羊人的小儿子问父亲："大雁要飞往哪里？"

牧羊人说："他们要去一个温暖的地方，在那里安家，度过寒冷的冬天。"

大儿子眨着眼睛羡慕地说："要是我们也能像它们那样飞起来该多好呀！"

牧羊人沉默了一会儿对两个儿子说："只要你们想，你们也能飞起来。"

两个儿子试了试，都没有飞起来，他们用怀疑的目光看着父亲。牧羊人却肯定地说："只有插上理想的翅膀，树立了坚定的目标，才可以飞向你们想去的地方。"

两个儿子牢牢记住了父亲的话，并一直向目标努力着，奋斗着。后来，他们果然飞了起来，因为他们发明了飞机。他们就是著名的莱特兄弟。

大道理

　　你脚下的这条路或长或远，都不要忘记带上自己的梦想。只有那些有远大理想，并树立了坚定的目标的人，才会有努力的方向。只要带着目标上路，不断努力着，奋斗着，终有一天会如理想所愿"飞起来"。

7. 信念赢来的成功

阿里巴巴的董事局主席马云先生为《赢在中国》108 强晋 36 强颁布名单。主持人请马云上台讲话。马云首先对没有进入 36 强的选手讲话。

马云对选手说："对于年轻人来说，激情来得快，去得也快。什么是激情？激情是在以后的 30 年里，都保持这种冲劲。"

"一次次失败没有什么大不了的。重要的是在这过程中不管经历过多少打击，仍然永不言弃。"

接下来，马云对晋级 36 强的选手谈道："我没有吴鹰先生（UT 斯达康总裁）那么幸运。从小到大，我所经历的失败记都记不清楚了。小学考重点中学，没有考上；考大学，考了三次；在创业的经历上，更是记不清遇到多少倒霉的事。但是我只要感觉到一点光亮，就用左手温暖右手。我觉得我还是不错。"

说完，台下掌声雷动。

像他那样一个成功的、头上罩着无数光环的人，也历了无数的失败，甚至是颓唐。

2001 年，在江苏徐州，电视上播出了一个纪实节目。屏幕上放着一个年轻的小伙子在挨家挨户地推销网站。这个小伙子脸上呈现出很有激情的表情，嘴里喋喋不休，身上穿着很廉价的衬衫，理着很土气的头发。乍一看，他很像是一个骗子，就是那种死缠烂打的推销员。接下来，让人大吃一惊。镜头回放，原来这是一部讲述阿里巴巴网站 CEO 马云的纪实采访。刚才播出的影像是他从前做网站推销时的情景。

片子后来介绍了马云与他的团队。他们曾经合作过无数个项目，经历了无数的失败，每一次都是掏光了他身上的最后一分钱。他把自己所有的、可以借到的钱都拿来创业，结果是每一次都要失败，每一次都不得不散伙。等到有下一个项目的时候，他们又聚在一起，一次又一次，不知道有多少次。

2005 年度经济人物评选，主持人曾问马云："你是否一直就想从事 IT 业？"

马云说："当时从学校辞职时，我就想拿出 10 年的时间来做一件事，不管是做什么。当时没有想是网站或是其他什么。哪怕是开一个餐馆，我也会立即就去。"

马云就是这样一个经历了无数的失意与失败、永不言弃的人。

他今天所取得的成就可谓来之不易，可能花费了别人几倍的心血。

在被评为 2005 年度经济人物，主持人同时对三位企业家提出一个这样的问题："你们的公司怎样才能吸引我到你们的公司去工作？"

有一个人说："凭我男人的魅力。"

马云说："你如果来到阿里巴巴网站，第一年，你会感受很多的委屈、打击，甚至是不公平；第二年，你就能接受与适应；直到第五年，你从阿里巴巴出去，你不会惧怕任何挑战。"

当时说完，只听见场内观众的鼓掌声。

他就是这样一个人，只要有一点光亮都会感到温暖。只要有一线希望，都永不言弃。

大道理

在马云身上，我们看不到任何神圣的光环，没有任何"传奇"的色彩。但是他抓住了自己的目标，朝着自己的梦想一直奋斗着。这样一个永不言败的人所创造的人生远远不是用"传奇"所能形容的。

8. 让心劲儿成为你的动力

因为成绩差和家境贫寒，他只读到了小学六年级就去了一个建筑工地做小工，当时还只有 13 岁。他不甘心在充满危险的建筑工地待一辈子，便决定以玩魔术为职业。历尽艰辛，他终于在 26 岁那年荣获世界魔术比赛亚军，从此成为具有国际影响的魔术大师。他叫翁达智，广东新会人。

翁达智读小学一年级时就开始对魔术感兴趣，小小年纪就学会了一些魔术的玩法。1989 年，16 岁的他做出一个惊人的决定：去美国观摩魔术大会。他把自己三年来所赚的钱全部拿了出来，还找工友借了一部分。这个举动惹怒了家里所有的人。父母气得几乎不认他这个儿子。不顾家人的反对，翁达智去了美国。当时，他是以魔术师的身份办的签证，来到会场，却被告知必须通过考核才能参加。当着许多魔术师的面，翁达智表演了一个"空钩钓鱼"。他拿着一根渔竿，走到了坐满魔术师的台下，一甩竿子，刚才还空着的渔竿忽然钓上了一条金鱼。美国魔术协会主席上台拥抱他说："你这个魔术不但完全能过关，而且还有参加比赛的资格。"

从美国回来，翁达智全身心投入到自己的魔术事业中。他的"吉尼斯人体切割"更是奇妙。一天，新会市一家著名百货公司派人请翁达智去给分店的开张表演。公司请了许多人，有政府官员、歌星、相声大师、报社记者……当他和请来的一个助手上台时，台下议论纷纷：一个十几岁的孩子能玩出什么花样？翁达智倒是沉得住气，他用刀"割破"助手的喉咙，又把他的身体"分"为三段，接着他又给助手盖上一块红绸布。他表示痛惜了好一会儿，才慢慢掀开绸布。奇怪的是助手身上的血没有了，身体也恢复了原样，眼睛开始转动，跟着站了起来。台下顿时掌声雷动。翁达智的名字不胫而走。他的事业一步一个台阶：省电视台录播他的节目；他在广州开魔术刀具店，去世界各地表演。后来他终于成为国际魔术大师。

大道理

理想是一个人到达彼岸的动力。无论前方多么遥远，它总会告诉你继续航行。理想是一个人成功路上的指明灯。无论环境多么恶劣，它总会照耀着你前进的方向。它也是成功者的拐杖，永远坚定不移地支撑着你蠢蠢欲动的灵魂。人生就这么短短几十年，赶快找到自己的目标，然后一步步实现吧！

9. 我相信自己能成功

有一个年轻人，从很小的时候起，他就有一个梦想，希望自己能够成为一名出色的赛车手。他在军队服役的时候，曾开过卡车，这对他熟练驾驶技术起到了很大的帮助作用。

退伍之后，他选择到一家农场里开车。在工作之余，他仍一直坚持参加一支业余赛车队的技能训练。只要有机会遇到车赛，他都会想尽一切办法参加。因为得不到好的名次，所以他在赛车上的收入几乎为零，这也使得他欠下一笔数目不小的债务。

那一年，他参加了威斯康星州的赛车比赛。当赛程进行到一多半的时候，他的赛车位列第三。他有很大的希望在这次比赛中获得好的名次。

突然，他前面那两辆赛车发生了相撞事故。他迅速地转动赛车的方向盘，试图避开他们，但终究因为车速太快未能成功。结果，他撞到车道旁的墙壁上。赛车在燃烧中停了下来。当他被救出来时，手已经被烧伤，鼻子也不见了，体表烧伤面积达40%。医生给他做了7个小时的手术之后，才使他从死神的手中挣脱出来。

经历这次事故，尽管他的命保住了，可他的手却萎缩得像鸡爪一样。医生告诉他说："以后，你再也不能开车了。"

然而，他并没有因此而灰心绝望。为了实现那个久远的梦想，他决心再一次为成功付出代价。他接受了一系列植皮手术。为了恢复手指的灵活性，每天他都不停地练习用残余部分去抓木条。尽管疼得浑身大汗淋漓，但他仍然坚持着。他始终坚信自己的能力。在做完最后一次手术之后，他回到了农场，换用开推土机的办法使自己的手掌重新磨出老茧，并继续练习赛车。

仅仅是在9个月之后，他又重返了赛场！他首先参加了一场公益性的赛车比赛，但没有获胜，因为他的车在中途意外地熄了火。不过，在随后的一次全程200英里的汽车比赛中，他取得了第二名的成绩。

又过了2个月，仍是在上次发生事故的那个赛场上，他满怀信心地驾车驶入赛场。经过一番激烈的角逐，他最终赢得了250英里比赛的冠军。他就是美国颇具传奇色彩的伟大赛车手——吉米·哈里波斯。当吉米第一次以冠军的姿态面对热情而疯狂的观众时，他流下了激动的眼泪。一些记者纷纷将他围住，并向他提出一个相同的问题："你在遭受那次沉重的打击之后，是什么力量使你重新振作起来的呢？"

此时，吉米手中拿着一张此次比赛的招贴图片，上面是一辆赛车迎着朝阳飞驰。他没有回答，只是微笑着用黑色的水笔在图片的背后写上一句凝重的话：把失败写在背面，我相信自己一定能成功！

大道理

> 把失败写在背面，不要让这个字眼磨损我们的信念；只有看不到失败，才能让自己的信念更坚强，不达目标，誓不罢休。因为，成功不光需要不断地克服困难和经受失败，更需要在实现理想的过程中把失败写在背后，始终坚持必胜的信念。

10. 我一定要站起来

有一所位于偏远地区的小学校，由于条件有限，每到冬季便要利用老式的烧煤锅炉来取暖。有个小男孩每天提早来到学校，将锅炉打开，好让老师、同学们一进教室就能享受到温暖。

但有一天，老师和同学们到达学校时，发现有火舌从教室里冒出。他们急忙将这个小男孩救出来。但他的下半身已被炉火灼伤，整个人完全失去了意识，只剩下了一口气。

送到医院急救后，小男孩稍微恢复了知觉。他躺在病床上迷迷糊糊地听到医生对妈妈说："这孩子的下半身被火烧得太厉害了，能活下去的希望实在很渺茫。"

但勇敢的小男孩不愿这样就被死神带走，他下定决心要活下来。果然，出乎医生的意料，他熬过了最关键的一刻。但等到危险期过后，他又听到医生在跟妈妈窃窃私语："其实保住性命对这孩子而言不一定是好事。他的下半身遭到严重伤害，就算活下去，下半辈子也注定是个残疾人。"

这时小男孩心中又暗暗发誓，他不要做个残疾人，他一定要站起来走路。但不幸的是他的下半身毫无行动能力，两只细弱的腿垂在那里，没有任何知觉。

出院之后，他妈妈每天为他按摩双脚，过了几年，但仍没有任何好转的迹象。即使如此，他想要站起来走路的决心也未曾动摇过。平时他都以轮椅代步。有一天天气十分晴朗，妈妈推着他到院子里呼吸新鲜空气。他望着灿烂阳光照耀的草地，心中突然有了一个想法。他奋力将身体移开轮椅，然后拖着无力的双脚在草地上匍匐前进。一步一步，他终于爬到篱笆墙边；接着他费尽全身力气，努力地扶着篱笆站了起来。抱着坚定的决心，他每天都扶着篱笆练习走路，一直走到篱笆墙边出现了一条小路。他心中只有一个目标：努力锻炼双腿。

凭着钢铁般的意志，以及每日持续的按摩，他终于能用自己的双脚站起来，然后走路，甚至能跑步了。

他后来不但走路上学，还能和同学们一起享受跑步的乐趣。到了大学时，他还被选入了田径队。一个被火烧伤下半身的孩子，原本一辈子都无法走路、跑步，但凭着他坚强的意志，却跑出了全世界最好的成绩。这个人就是葛林·康宁汉博士。

大道理

曾经有位名人说过："哪里有意志，哪里就有出路!"在困难面前，只要我们有"一定要站起来"的信念，我们就能拥有坚强的意志，而这正是我们最便捷的出路。有了它们，即使是被"判了刑"，我们照样能够"起死回生"。所以，当你看不到光芒、看不到希望的时候，要坚定自己走下去的信念。我们的梦想不会因为任何阻碍而失色的。

11. 永远坐前排

20世纪30年代，在英国一个不出名的小城里，有一个叫玛格丽特的小姑娘。玛格丽特自小就受到严格的家庭教育。父亲经常向她灌输这样的观点：无论做什么事情都要力争一流，永远走在别人前面，而不落后于人，"即使在坐公共汽车时，你也要永远坐在前排"。父亲从来不允许她说"我不能"或者"太困难"之类的话。

对年幼的孩子来说，父亲的要求可能太高了，但他的教育在以后的年月里证明是非常宝贵的。正是因为从小就受到父亲的"残酷"教育，才培养了玛格丽特积极向上的决心和信心。无论是学习、生活或工作，她时时牢记父亲的教导，总是抱着一往无前的精神和必胜的信念，克服一切困难，做好每一件事情。

玛格丽特上大学时，考试科目中的拉丁文课程要求五年学完，可她凭着自己顽强的毅力，在一年内全部完成了。其实，玛格丽特不光是学业出类拔萃，在体育、音乐、演讲及其他活动方面也都是名列前茅。当年她所在学校的校长评价她说："玛格丽特无疑是我们建校以来最优秀的学生之一，她总是雄心勃勃，每件事情都做得很出色。"

正因为如此，40多年以后，英国乃至整个欧洲政坛才出现了一颗耀眼的明星。她就是连续四次当选为英国保守党领袖，并于1979年成为英国第一位女首相，雄踞政坛长达11年之久，被世界媒体誉为"铁娘子"的玛格丽特·撒切尔夫人。

大道理

如果把人生比之为杠杆，信念刚好像是它的"支点"。具备这个恰当的支点，才可能成为一个强而有力的人。在人生的旅程中，生命本身就是一个奇迹。每个人的心中都蕴涵着无限的潜能。如果我们总是抱着一往无前的精神和必胜的信念，沿着"支点"使力，用心去做每一件事，那么一切成功皆有可能。

第一辑 做足心劲儿 让梦想插上翅膀

12. 集中目标于一点

美国一位生物学家有幸拍到一组精彩镜头。有一种麻雀大小的鸟儿扑扇着翅膀刚刚落在沙地上准备觅食时，潜伏在沙地里的蛇猛地窜了出来。鸟儿用自己的翅膀一下又一下地拍击着蛇的头部。由于力量有限，蛇依然攻击不止。鸟儿一边躲闪着蛇信，一边用翅膀继续拍击着蛇的头部，其落点分毫不差。在鸟儿拍击了 1000 多次后，蛇终于无力地软瘫在沙地上，再也动不了了。

这种鸟儿和蛇的力量是悬殊的，它甚至还没有一只麻雀飞得高。生物学家唯一的解释就是，这种鸟儿经过长期的经验积累后，终于掌握了一套对付蛇的办法，那就是瞄准蛇头的一个点，不停地去打。

在现实生活中，很多人之所以失败，就是没有把目标集中到一点坚持不懈地走下去。而成功者则是把目标集中到一点，并锲而不舍地走到最后。有时候，哪怕力量微小，但只要坚持，也能创造奇迹。

大道理

在人生道路上，很多人之所以失败，是因为他们没有找准一个固定的目标。三心二意，会让自己的精力分散；只有将力集中到一点，才有可能实现目标。

13. 朝目标奋斗

罗森沃德是全美最大的百货公司之一西尔斯·娄巴克公司的最大股东，他也是全美 20 世纪商界的风云人物。然而，这个做服装生意起家的富翁却也经历了许多创业时的失败与艰辛。

罗森沃德于 1862 年出生在德国的一个犹太人家庭，少年时随家人移居北美，定居在伊利诺伊州斯普林菲尔德市。

罗森沃德的家境不大好。为了维持生活，中学毕业后，他就到纽约的服装店当跑腿，做些杂工。罗森沃德从年幼起就受犹太人的教育影响，使他拥有了艰苦奋斗的精神。

"我要当一个服装店老板"。这是罗森沃德的奋斗目标。为了实现这个目标，他除了在工作中留心学习和注意动态外，把全部的业余时间用于学习商业知识，找有关的书刊阅读。到1884年，他自认为有些经验和小额本金了，决定自己开设服装店。可是，他的商店门可罗雀，生意极差，经营了一年多，把多年辛苦积蓄的一点点血汗钱全部赔光了。商店只好关门。罗森沃德垂头丧气地离开纽约，回伊利诺伊州去了。

痛定思痛，罗森沃德反复思考自己失败的原因。最后，他找出了原由：服装是人们的生活必需品，但又是一种装饰品，既要实用，又要新颖，这才能满足各种用户的需求；而自己经营的服装店没有自己的特色，也没有任何新意，再加上自己的商店未建立起商誉，没有销售渠道，那是注定要失败的。

针对自己出师不利的原因，罗森沃德决心改进。他毫不气馁，继续学习和研究服装的经营办法。他一边到服装设计学校去学习，一边到服装市场考察，特别是对世界各国时装进行专门研究。一年后，他对服装设计很有心得，对市场行情也看得较为清楚。

于是，他决定重整旗鼓。他向朋友借来几百美元，先在芝加哥开设一间只有10多平方米的服装加工店。他的服装店除了展出他亲自设计的新款服式图样外，还可以根据顾客的需求对已定型的服装样式改进，甚至完全按顾客的口述要求重新设计。因为他的服装设计款式多，新颖精美，再加上灵活经营，很快博得了客户的青睐，生意十分兴旺。

两年后，他把自己的服装加工店扩大了数十倍，并把服装店改名为服装公司，大批量生产各种时装。从此以后，他财源广进，声名鹊起。

大道理

有了目标就要全力以赴地去实现它，一开始失败了又何妨。只要坚定自己的信念，不气馁，并为之付出努力，我们会发现以往被遗忘的角落，会找到突破口爆发自己的潜力，也能让梦想持续升空。

14. 长得慢更成才

他出生时令母亲难产，曾被认为是不祥之兆。他3岁多了还不会说话，父母很担心他是哑巴，曾带他到医院检查过。后来他总算开口了，但说得极不流利，而且讲的每一句话都好像经过吃力的考虑后才说出来，到9岁入学时还是这样。上学后，老师给他的评价是"智力迟钝、不守纪律"，同学们也不愿意和他交往。老师甚至毫不客气地对他父亲说："你的儿子将来不会有出息！"自卑的他想到了逃学。

父亲带他到郊外散心。父亲问："你知道那两棵树叫什么名字吗？"他木木地说："不知道。""高的叫沙巴，矮的叫冷杉。儿子，你觉得哪种更珍贵？""应该是沙巴树吧，你看它那么高大。""错！长得快，木质一定疏松；长得慢，木质坚硬才好卖钱哩！而且，贪长的树不成材。别看沙巴树初期长得疯，3年之后就越长越慢了。我还未见过超出10米的沙巴树呢。冷杉则不同，别看它长得慢，但它始终如一地坚持生长，而且寿命极长，活上万年都不成问题。"说着，父亲把他领到一棵大树面前。这棵直插云霄的千年冷杉至今仍生机勃勃，枝繁叶茂。他仰头对父亲说："爸爸，你是想叫我做一棵树，一棵虽然长得缓慢但永远向上的冷杉树，对不对？"父亲满意地点了点头。

他不再想逃学了。有一次手工课，他费了好大的劲儿才做出一只小板凳，受到老师和同学们的讥讽，但他仍然兴致勃勃地拿回家给父亲看。父亲和他一样高兴。因为通过这只制作粗糙的小板凳，父亲看到了儿子具有"坚持就是胜利"的韧性。这个小男孩是谁？想必大家已经猜到，他就是后来举世闻名的科学巨匠爱因斯坦。

我们总是看到名人成名之后的伟大，但是也要看到他们在未成名之前同样也要经历的磨难。这也正是我们需要学习的。只要我们有目标，并坚定不移地朝着这个目标前进，即使走得很慢，但每一步都很扎实，相信在不久的将来，我们的人生路上会插满胜利的红旗。相信自己，一步步实现目标，终能成才。

15. 梦想中的大发现

有一天，一位小男孩因迷恋大海而翻箱倒柜地寻找爸爸的一本书。因为那本书上有如何制作一只船的模型的知识。

书架上没有，床头柜上也没有，就连他父亲平时存放上等烟丝的地方都找了个遍，也没有见那本书的踪影。万般无奈之下，他像一只小猫钻进了父母的那张双人床下。

哟，床下还真是糟糕，不但有灰尘，还结了蜘蛛网呢。但工夫总算没有白费，虽然他没有找到那本关于船的书，但却找到了一本《马可·波罗游记》，这是大旅行家马可·波罗亲历世界的散记，其中的很多情节深深地吸引着他。小男孩一遍又一遍地读着它，简直到了如醉如痴的地步，甚至连找关于怎样造船的书都忘得一干二净了。

他的弟弟对此很是不解，趁他不注意的时候，偷偷地拿过来翻看了一下，但在不经意间把书给弄破了。

于是，小男孩大发雷霆，差一点就要将拳头砸向弟弟。

小男孩很羡慕马可·波罗的生活。从那时起，他便被美丽而传奇的故事所吸引，尤其是很希望到神秘的国度中去。他很想知道外面的世界到底会有多么精彩。

于是，他从不在意别人的质疑与嘲笑，开始关注气象方面的知识，开始锻炼自己的身体，开始搜集一些关于探险方面的个案……他开始做一个大胆的梦，那就是他想通过自己的努力向世人证明我们生活着的地球到底是什么样的。

为此，他的老师曾对学生们说："我的一生，能引以为骄傲的是我的学生中极有可能会出现一位伟大的发现者。"

最后，他被老师言中了，他真的成了"美洲大陆的发现者"。他就是哥伦布。

大道理

　　的确，我们总会做着白日梦。有些梦想看来似乎是一个虚无缥缈的东西，但都有它的可行性，只要我们敢想、敢做，就能找到一条出路。往往是敢于做梦，并虔诚地把它当真的人，才能够最终实现那个在别人看来几乎无法理解，甚至会招来嘲笑和质疑的志向。就算不可避免地要失败，我们至少为这个梦想而努力过。

16. 不要轻易放弃梦想

美国某个小学的作文课上，老师给小朋友的作文题目是"我的志愿"。

一位小朋友非常喜欢这个题目，在他的簿子上，飞快地写下他的梦想。他希望将来自己能拥有一座占地十余公顷的庄园，在宽阔的土地上植满如茵的绿草；庄园中有无数的小木屋、烤肉区，及一座休闲旅馆；除了自己住在那儿外，还可以和前来参观的游客分享自己的庄园，有住处供他们歇息。

写好的作文经老师过目。这位小朋友的簿子上被划了一个大大的红"×"，发回到他手上。老师要求他重写。

小朋友仔细看了看自己所写的内容，并无错误，便拿着作文簿去请教老师。

老师告诉他："我要你们写下自己的志愿，而不是这些如梦呓般的空想。我要实际的志愿，而不是虚无的幻想，你知道吗？"

小朋友据理力争："可是，老师，这真的是我的梦想啊！"

老师也坚持："不，那不可能实现，那只是一堆空想。我要你重写。"

小朋友不肯妥协："我很清楚，这才是我真正想要的。我不愿意改掉我梦想的内容。"

老师摇头："如果你不重写，我就不让你及格了。你要想清楚。"

小朋友也跟着摇头，不愿重写，而那篇作文也就得到了大大的一个"E"。

事隔30年之后，这位老师带着一群小学生到一处风景优美的度假胜地旅行。在尽情享受无边的绿草、舒适的住宿，及香味四溢的烤肉之余，他望见一名中年人向他走来，并自称曾是他的学生。

这位中年人告诉他的老师，他正是当年那个作文不及格的小学生。如今，他拥有这片广阔的度假庄园，真的实现了儿时的梦想。

老师望着这位庄园的主人，想到自己30余年来，不敢梦想的教师生涯，不禁喟叹：

"30年来为了我自己，不知道用成绩改掉了多少学生的梦想。而你，是唯一保留自己的梦想，没有被我改掉的。"

大道理

> 我们很感谢在我们一生中遇到很多老师，但是我们却不能因为某些外在的因素或是善意的提醒而轻易放弃自己的梦想。每个人身上也都蕴涵着巨大的潜能。有了坚定的梦想，只要我们相信自己并深入挖掘，成功便触手可及。不要受到外在环境和他人思想的影响，轻易折断自己梦想的翅膀，不然我们会遗憾终身。因而，在自己的有生之年，不要轻易折断别人梦想的翅膀，也要让自己的翅膀更有力地飞翔。

17. 信念提升人生意义

有一个女孩，比我大两岁，在一家工程公司做秘书。

每个人都知道，秘书工作没有什么技术含量。每天大致是接听电话，收发传真，打印复印一些文件，然后端茶送水，给领导拎拎包。

这位女孩也喜欢文字，偶尔也写一些文章。当她通过朋友认识我后，表现得很热情，经常发邮件给我，希望我能帮助她走上写作的道路。

"即使不要稿费也可以。我希望快点转行。"当时她的愿望显得很迫切。

因为她似乎已经意识到，秘书不是一个有前景的职业，尤其是在这样一个小公司。况且她没有任何专业背景，她对自己的职场晋升没有丝毫信心。

于是，我告诉她一些写作方法，并鼓励她慢慢来。不久，我看到了她写的东西。因为是第一次写书稿，当然效果不理想。

我告诉她应该如何修改。她点头称是。

可遗憾的是，接下来，她的本职工作很忙，很少有时间来写作了。直到一年后的今天，她还是在原来的岗位，做原来的事情，偶尔很忙，偶尔很闲。未完成的书稿也一直搁置在那里。

也许当她进入写作的时候，发现写作并不是她想象的那么容易。一部书稿就将她打败。她有借口不再坚持写下去，因为有时候她确实很忙，因为她的确没有任何出版的经验。写书对她来说，难度太大了。因此，她还是做一些早已经让自己厌倦，又没有前途的琐碎事情。一年前的困惑始终没有让她摆脱掉。

一个没有信念，或者不坚持信念的人，只能平庸地过一生；而一个坚持自己信念的人，永远也不会被困难击倒。因为信念的力量是惊人的，它可以改变恶劣的现状，形成令人难以置信的圆满结局。

随着《哈里·波特》风靡全球，它的作者 J.K. 罗琳成了英国最富有的女人。她所拥有的财富甚至比英国女王的还要多。她曾有一段穷困落魄的历史。她的成功恰恰在于她坚持自己的信念。

罗琳从小就热爱英国文学，热爱写作和讲故事，而且她从来没有放弃过。大学时，她主修法语。毕业后，她只身前往葡萄牙发展，随即和当地的一位记者坠入情网，并结婚。

无奈的是，这段婚姻来得快，去得也快。婚后，丈夫的本来面目暴露无遗。他殴打她，并不顾她的哀求将她赶出家门。

不久，罗琳便带着3个月大的女儿杰西卡回到了英国，栖身于爱丁堡一间没有暖气的小公寓里。

丈夫离她而去，工作没有了，居无定所，身无分文，再加上嗷嗷待哺的女儿，罗琳一下子变得穷困潦倒。她不得不靠救济金生活，经常是女儿吃饱了，她还饿着肚子。

但是，家庭和事业的失败并没有打消罗琳写作的积极性。用她自己的话说："或许是为了完成多年的梦想，或许是为了排遣心中的不快，也或许是为了每晚能把自己编的故事讲给女儿听。"她成天不停地写呀写，有时为了省钱省电，她甚至待在咖啡馆里写上一天。

就这样，在女儿的哭叫声中，她的第一本《哈利·波特》诞生了，并创造了出版界奇迹。她的作品被翻译成35种语言在115个国家和地区发行，引起了全世界的轰动。

罗琳从来没有远离过自己的信念，并用她的智慧与执著赢回了巨大的财富。即使她的生活艰难，她也坚信有一天，她必定会达到事业的顶峰。

每个人都希望有一天能飞黄腾达，都希望能登上人生之巅，享受随之而来的丰硕果实。遗憾的是，人们往往坚守不住自己的信念，总觉得顶峰是那样高不可攀，想象一下就已经足够了。

记得大学的时候，班上有一个男生，吉他弹得很不错。他经常开玩笑说，如果毕业后自己做一个流浪歌手，他会很高兴。

只是，毕业后，他的父亲为避免他受找工作之苦，很快给他找了一份临时工作，他接受了。

聚会的时候，同学们开玩笑地对他说，街头少了一个优秀的流浪歌手。对此，他唯有苦笑。或许当初的他只是随口说说。当他走进现实生活的时候，他发现要实现自己的理想是那么的艰难。

大道理

一个有信念者所迸发出的力量，大于一个只有兴趣者。有很多人总是不甘于平凡，有自己的目标和理想，但却没有坚定的信念，一点小小的事情就足以让他退缩；但有些人却不然，他们不仅有目标和理想，而且有坚定的信念，坚持到底，即使再大的风浪也打不倒他。也只有这样的人，才能在自己的路上走得更勇敢。

18. 被打醒的巴黎梦

我从小在农村长大，从懂事那天起就从未有过什么"远大理想"——我学习不好；而在我们那地方，只有通过读书才可能走出去。

但是即便如此，偶尔做做梦我还是有过的。比如小学五年级，我们刚刚开始学地理。讲到法国时，我被课本上关于巴黎的图片打动了。那一刻，我在想："长大了我要到巴黎去。"后来，我就东拼西凑地找来了许多有关巴黎的图片，不管吃饭睡觉，我都不会让这些宝贝远离我。

秋收季节，父母都忙，所以便要由我这个 10 来岁的毛孩子生火做饭。由于看那些宝贝图片太入迷了，灶坑里的火熄灭了我都不知道。当我有所察觉时，父亲已经满脸怒气地站在我身边了。我刚想逃，便被父亲拽住了胳膊。紧接着"嘶"的一声，我的宝贝便都成了两半，随后它们便都在灶膛里发出了红色的火苗。

我当时心疼得哇哇大哭。父亲却狠狠地打了我一巴掌："看什么看，就你这副德行，一辈子也甭想出国！"自打那时，我便记住了这句话，并发誓一定要到巴黎去。

今天，我坐在香榭丽舍大街上的一家咖啡馆里给父亲写信，满心感激地告诉他："谢谢您当年的那一巴掌，是您把我打到了我梦想中的巴黎。"

大道理

感谢这位父亲让自己的孩子终于有了自己的梦想。梦想是一个人进步的原动力，它不但能使我们活在希望中，还能不断挖掘我们自身的潜力，使我们一直保持向前的姿态。这位父亲本是无心插柳，但孩子已经让这个巴掌沸腾出自己的梦想。

19. 最后一片树叶

珍妮得了绝症，医生确诊她不会再活过一年。由于病体动不动就钻心地疼痛，家人不得不把她送到医院里度过余生。

春天过去了，夏天也过去了，秋天静悄悄地来临了。看着窗前那棵树的叶子渐渐由绿变黄，进而一片片凋落，珍妮的心也越来越绝望。"当树上的叶子全落光时，就是我死去的时候了。"她这样自言自语着。

不想这句话正好被一个从窗前走过的画家听到了。画家决心尽自己所能拯救这个小女孩。于是他便画了一片栩栩如生的绿叶，趁珍妮熟睡时挂在了那棵树的最顶端。

一个月过去了，病入膏肓的珍妮已经起不来了。她躺在小小的病床上，眼睛一直盯着窗前那棵树，感觉生命力正从自己的肉体里一丝丝地溜走，就像树上的叶子越落越少。"等到那片叶子也落了的时候，我就闭上眼睛，永远不再醒来。"珍妮盯着最顶端的那片绿叶对自己说。

接下来的日子，那片绿叶就成了承载珍妮生命希望的唯一载体。每天早晨，她睁开眼睛后的第一件事就是看那片叶子有什么变化。可是真奇怪，所有的叶子都落光了，那片叶子还是那么绿，那么坚定地站在枝头，一点儿也没有变黄凋零的迹象。

"难道……难道上帝知道我是个好孩子，所以不想让我死？"珍妮这样想着，眼睛里便闪出了一丝希望之光。

寒冷的冬天终于过去了，像那片永不凋零的叶子一样，珍妮奇迹般地活了下来，并最终健康地走出了医院。

大道理

我们可以失去一切，唯独不能失去希望。它是人类生命与快乐的源泉。有了它，生命才能焕发勃勃生机；没了它，生命只会日渐萎缩。正如魏尔伦所说："希望犹如日光，两者皆以光明取胜。前者是荒芜之心的神圣美梦，后者使泥水浮现耀眼的金光。"

20. 信念的力量

这对双胞胎兄弟从小就生活在一个很不幸的环境中，这一切都跟他们的父亲有关。那个不负责任的父亲整天一副冷酷无情的样子，兜里有一点钱便会拿来买酒喝。后来，他又沾上了毒品。由于毒瘾发作，他没有钱买毒品，狂躁之下扎死了这对兄弟的母亲。为此，他被判了终身监禁。那一年，这对兄弟还不到 5 岁。

可怜的兄弟无计可施，只好流落街头，以乞讨为生，年龄稍稍大一点后又到工地上给人做帮工。可是谁都想不到，多年之后，曾经极为相似的他们会有如此大的差别：

哥哥同父亲一样，嗜酒如命，毒瘾很深，而且偷窃、敲诈，无恶不作，最后因杀人罪入狱。

弟弟却滴酒不沾，且从未吸毒。他是一家大公司的部门经理，有一个美满幸福的家庭。

当记者分别采访这两位兄弟时，万万没想到他们的开头语一模一样："有这样的老子，我还能有什么办法！"只不过这句话后面的解释不同。

哥哥说："我的身上天生就带了嗜酒、吸毒、杀人、放火的种子，这些东西是我所无法控制的。"

弟弟则说："我已经无所指望，我只能靠我自己打拼，否则我也会走向同一条路的。"

大道理

> 不要抱怨自己所拥有的一切，因为决定你命运的不是你生活的环境，也不是你的遭遇。同等条件下，你将走出什么样的路，关键在于你持有什么样的信念。

21. 我要活着出去

还不到 20 岁的罗杰尔由于参加一个抢劫团伙被捕入狱了。审判结果是判处他 90 年有期徒刑。这个结果一传开，所有人都认为罗杰尔这一生算完了。90 年有期徒刑，即便他能活着出来，到时候也会是 100 多岁的老人了，还有什么用呢？

可是偏偏罗杰尔不这么想。长长的狱中岁月让他想明白了很多问题。他觉得假如自己就这么活一辈子实在是太冤了。他还不满 20 岁，真正的人生还没有展开，他还没有娶过老婆、建立过家庭、有过孩子。"不，"罗杰尔非常坚定地告诉自己，"我一定会好好地活下去，我要活着出去，我还要建立自己的家庭。"

在此后漫长无比的几十年中，看着身边的狱友们一个接一个地出狱或死去，罗杰尔几度走到了精神崩溃的边缘。可每一次，最初的那个信念都把他支撑住了。

最后，他竟然真的活着走出了监狱，并且娶了一位已经年过八旬但精神矍铄的妇人为妻，还收养了一位孤儿做孩子。

也许，这就是信念的力量。

大道理

> 泰戈尔说："信念是鸟，它在黎明仍然黑暗之际感觉到了光明，唱出了歌。"信念，是任何人都不可或缺的一种精神法宝。它的力量是无比巨大的。有了它的支撑，死神和失败最终都会为你让路。

22. 一句话的价值

1961年，正是美国流行嬉皮士的年代。不计其数的青少年在那个时期里迷失了自我，成为"迷惘的一代"。皮尔·保罗校长就是在这个时候走进这所贫民窟小学的。

相对于出身富贵却迷惘的白人孩子，这些出身穷苦的黑人小孩似乎更加无所事事。旷课、斗殴几乎是他们学习生活的全部。有时，一些学生甚至会砸烂学校的黑板，弄得老师连课也没法上。为此，保罗校长一直头疼不已。

某天，他经过一间教室时，一个名叫罗杰的小家伙正要从窗台上跳下来。看见校长经过，小罗杰吃惊之下一下子从窗台上掉了下来。保罗一看，赶紧伸手把他接住。当孩子黑黑的小手在他的大手里发抖时，他忽然灵机一动说了这么一句："一看你这根修长的小拇指我就知道，你将来会是纽约州的州长。"然后，他就冲着瞪大眼睛、愣在原地的罗杰笑了笑，转身走开了。

这是一件小事，所以保罗校长没过几天就忘记了。如果不是几十年后的那则新闻，他恐怕永远不会再想起这件事来。

那是四十多年后的一个下午，已经白发苍苍的保罗正在关注纽约州州长竞选的最新消息。刚刚竞选成功的罗杰·罗尔斯州长正在接受记者的采访。当记者问到他的过去时，这位新州长对自己的奋斗史只字不提，只是说出了一个大家都非常陌生的名字——皮尔·保罗，然后他就讲了小时候的那件事。他说道："四十多年来，我没有一天忘记过这件事。'纽约州州长'这几个字就像一面旗帜，无时无刻不在我的心中飘扬着。它不但激励着我前进，还激励着我时刻用州长的身份要求自己。终于，在今年我已经 51 岁时，我成功了……我知道，像我这样出身糟糕的黑人孩子，很少能够有人获得一份体面的工作。但今天，我非常欣慰地看到了我多年努力的结果……"

面对着这位美国纽约历史上第一位黑人州长，双鬓花白的老校长保罗流下了眼泪。

大道理

命运的转折点并不总是惊心动魄的大事件。一句涤荡灵魂的话、一个表示关心的动作都可能促成一个人的转变。实际上，我们都知道这个人说的只是一句简单的话而已。但我们若听者有心，把它变成自己的梦想，那么就一切皆有可能。

23. 一个墓志铭所带来的

二战时期，英国小说家西雪尔·罗伯斯到郊外的一处墓地拜祭一位英年早逝的朋友。拜祭完毕之后，罗伯斯正转身欲走，忽然瞥见朋友墓碑旁边有一块新立的墓碑，上面有一句这样的墓志铭：

全世界的黑暗也不能使一支小蜡烛失去光辉！

立刻，罗伯斯感觉到了一种莫名的震撼。他迅速从衣兜里掏出钢笔，把这句话抄了下来。

"这到底是哪部书上的呢？还是哪位名家的名言？"回到办公室之后，罗伯斯一边自言自语着，一边逐册逐页地翻阅着书籍。显然，他是想找出这句话的出处。可惜的是，找了许久，他依然未能找到。

第二天，罗伯斯又回到了墓地。他从墓地管理员那里得知，长眠于那个墓碑之下的是一名年仅10岁的小男孩。前几天，当德军空袭伦敦时，男孩不幸被炸弹炸死了。鉴于他生前的热情明朗、积极乐观，也为了表达自身奋斗不息、誓死保卫国家的志向，当地的人们为他立下了这块墓碑。

听完管理员的解释，罗伯斯再一次被深深地感动了。很快，一篇感人至深的文章便面世了。文章中所写的故事迅速流传开来，犹如希望的火种一般，时刻鼓舞着人们为胜利而战、为国家而战。

许多年后，还在读大学的布雷克于偶然之间读到了这篇文章。志向远大的他也立刻被感动了。于是大学毕业后，他放弃了几家企业的高薪聘请，毅然决定随同一个科技普及小组去非洲扶贫。当时，布雷克的这一决定遭到了家人的强烈反对。他的父母软硬兼施，想尽一切办法阻止儿子的远行。可是最终，布雷克还是以一句话坚定地拒绝了亲朋好友们的好意，他说："如果黑暗笼罩了我，我绝不害怕，我会点亮自己的蜡烛。"

就这样，布雷克踏上了非洲扶贫之路，为第三世界的和平与发展添上了一笔壮丽的墨彩。

这仅仅是我们所知道的两个小故事，而未曾流传开来的、被那句话或者那篇文章感动，以至于作出影响一生的重大决定的人，又会有多少呢？

大道理

> 或许墓志铭上的只是一句平淡无奇的话，但已经在你的心灵开出了花，让你在以后的日子里结满了信念的果实。诚如蜡烛纤弱，却能燃烧自己，散射出熠熠之火，全世界的黑暗也不能使它失去光辉；个人虽渺小，一旦点亮心烛，也必能驱走眼前的黑暗。梦想在前方招手，脚下崎岖的路也会有光亮照着。

24. 不可能如何变成可能

美国成功学大师拿破仑·希尔的小儿子一生下来就没有双耳。也就是说，这个孩子将终生无法听到声音，因而也无法学会说话。但一直向别人灌输"成功信念"的拿破仑就是不信这个邪，他不愿意放弃，他相信信念的力量。因此，当婴儿还在襁褓中时，他便每夜都在儿子双耳的位置不断地激励他，告诉他："你是最棒的，是宇宙当中别出心裁、独一无二的。"不管孩子能否听得见，作为父亲，也作为成功学大师，拿破仑·希尔都在一直不断地为儿子输入正面积极的信念与讯息。除此之外，他还要求全家人都不要拿这个孩子当残障者看待，而应该用一切对待正常人的态度来与他相处。

到了儿子上小学时，拿破仑·希尔又力排众议，不让他进入特殊教育班级，而是坚持让他与普通的小朋友共同学习。

可想而知，拿破仑·希尔的一意孤行给这个孩子带来了多少学习和生活上的困难。为了克服这种种不可能克服的障碍，他每天都不间断地陪伴着孩子复习功课，磨炼着孩子"听"、说的能力。多年之后，他的耐心和信念终于迎来了不可思议的曙光——孩子居然克服了种种困难，能够顺利地听课、学习和与人交流了。最后，这个身残志坚的男孩还考上了大学。

大道理

上帝给的我们谁都没有办法选择。纵使是苦难，我们也要坚强面对。只要树立起正确的信念，我们就会有正确的行动，从而引导自己的人生路。所以，请你相信，你也可以将不可能变成可能。

25. 1 美元的别墅

某天，彼特从《大众报》看到一则售房广告："1 美元购买一幢豪华别墅。有意者请到××大街××号找罗丝夫人联系。"

彼特被这个笑话逗得乐了起来。"上帝也不敢开这样的玩笑!"他自言自语道,"今天又不是愚人节!"然后他又突然想到,没准儿这是个犯罪团伙,把人吸引到那里去以后伺机诈骗或勒索。可是这骗子也太傻了点,谁会相信这种鬼话呢?这样想着,彼特便摇摇头把报纸扔到了一边。

一周以后,彼特的好朋友杰瑞打来电话,请他过去帮忙搬家。

"哦?你买新房子了?"彼特很惊讶地问道,心想对方可只是位不起眼的小公司职员啊。

"是啊,这一定是上帝派天使送给我的礼物。"杰瑞在那头兴高采烈地说道。

"为什么要这么说呢?"彼特奇怪地反问道。

"你不知道,这幢 200 多平方米的复式别墅我只花了 1 美元!"杰瑞的声音从那端传了过来,"我是从昨天的《大众报》上看到这个消息的。看到后我立刻驱车去了那里。我开始还以为那位美丽的夫人是开玩笑呢,没想到竟然是真的! 她说这幢房子本来是她丈夫在遗言中留给情妇的财产,不过把拍卖权留给了她。因为她恨那个女人,所以就把这幢带小花园的豪华别墅以 1 美元出售了。哈哈,你说我是不是太幸运了,啊?"

彼特呆立当场。

"喂?喂?彼特你在听吗?"杰瑞听这头半天没反应,赶紧问道。

"我——在——听,"彼特以非常奇怪的语调一字一顿地说道,"只是我想告诉你,这个消息我一周以前就看到了!"

杰瑞听完这速度极快的后半句话之后,接着就听到了"咣"的一声,不知道是彼特把电话摔了,还是自己晕倒在了地上。

大道理

世界之大,无奇不有。如果根本不相信有奇迹,你当然更不可能创造或收获奇迹。改变这一点的方法其实很简单——试试再说。

26. 儿子的"先见之明"

这座小城的中心设有美食一条街，街上有很多卖小吃的人。他摆的是一个炸臭豆腐干的摊子。因为做得好，很多人都喜欢吃他炸的臭豆腐，所以他的收入一直很不错。

快过年时，上大学的儿子放假回家了。一来到父亲的摊前，儿子便被摊子上摆着的一摞一摞的臭豆腐震住了。只听他吃惊地问父亲道："爸爸，现在经济这么不景气，你批发这么多的臭豆腐干吗？如果卖不掉的话，那可真的要成臭豆腐了。"

不识几个大字，又从来没有关心过什么经济的父亲一听，立刻琢磨了起来："儿子说的有道理呀，要是卖不掉那可怎么办啊？嗯，还是读过书的人眼光长远，看来自己辛辛苦苦地供他上大学真没有白费。"

于是，从第二天开始，这位父亲便减少了臭豆腐的进货量。随后，他的吆喝声也变小了，炸豆腐干的心思也分散了，连对客人的态度也开始变得不耐烦了。

一段时间之后，果真像儿子所预言的那样，摊前吃臭豆腐的人越来越少，他的收入也越来越少。于是他摇头长叹道："唉，读书跟不读书就是不一样。还是儿子有先见之明啊！"

"嘀咕什么呢你？"不远处一个同行问他。

"我在说'经济'问题呢。"他有点得意地回答道。接着，他便把当前经济形势正在走下坡路，所以臭豆腐生意会受到影响这件"大事"分析了一遍。当然，那全是他自己的理解。

"我怎么没感觉呢？"他刚说完，同行便反问道，"好像没有啥影响吧？你不知道，最近一段时间我的生意越来越好了。现在我每天的进货量都比以前多一倍呢。"

"多一倍？"他吃惊地睁大了眼睛，"你就不怕卖不掉吗？"

"卖不掉？"同伴摸了摸后脑勺，"这我倒没想过，我光琢磨怎么卖掉了。"

做任何事情，首先要对自己的目标做一个规划。因为做事的结果往往与你最初的意念相符。如果你觉得自己可能会失败，那么你就必然会失败；只有一直充满信心的人，成功的几率才会不断增大。

27. 信念带来的差异

爷爷 13 岁就参加了八路军。15 岁那年，他跟着部队远征到了印度、缅甸，支援那里的人民抗击日寇。

1942 年秋天，爷爷所在的那支连队不幸遭到了日寇的袭击。他们全连都被包围了。天色渐渐暗下来，原始森林里开始传出狼嗥虎啸。日寇的包围圈也越来越小。再加上连日血战和整整一天水米未进，全连士兵的心头都笼罩上了一层恐怖和绝望的阴云。想想不能坐以待毙，连长咬咬牙命令突围。谁知居然没有一个战士响应。而且黑暗之中还有人说了一句："反正怎么着也冲不出去了，还不如坐在这里轻松地等死。"连长一听就火了。可是他刚想开口训斥大家，就觉得在这种情况下这样做有些不妥。于是他忍住怒火，改成了跟大家唠家常："全连除了我都还没娶媳妇吧？那大家就不能死，怎么着也得享受一回娶媳妇的滋味不是？你们不知道，娶媳妇可风光了。俺娶俺媳妇小翠的时候，是在震耳欲聋的爆竹声中，被一大群吹鼓手簇拥着一路走过来的，那滋味美得真是没法说！"说到这里，连长顿了顿，似乎是在给大家留自我想象的空间。几分钟之后，他又接着说道，"俺爹俺娘辛苦了大半辈子，俺还没来得及好好孝敬他们几天呢，所以俺可不能就这么死了。再说了，俺媳妇没准现在都给俺生完儿子了。等仗一打完，俺就赶紧回家孝敬二老，跟媳妇过好日子去！"

听到这里，全连所有的士兵都默默地站了起来，开始跟着连长往外走。忽然，一个士兵大声喊道："为了孝敬爹娘和风风光光娶上媳妇，冲啊！"

结果，靠着这句"口号"的鼓励，全连居然奇迹般地把铁桶似的包围圈撕开了一个缺口，胜利冲出了死亡的魔爪。

其实，在打这场恶仗之前，他们已经打了一仗，跟自己心中的绝望。

大道理

> 强大的勇气、坚定的意志——这就是希望。尤其是在绝望之中点燃希望之火，它可以赋予一个人巨大的能量。因为希望可以塑造决心，决心造就英雄，英雄能够创造奇迹。项羽的破釜沉舟就验证了这个道理。

28. 最初的梦想

有这样一位朋友，可以说是白手起家，靠着自己一直以来不懈的努力，才有了属于自己的公司，有了令人刮目相看的身份。

他曾经是一个从不怎么出名的大学里走出来的毕业生，在一个鱼龙混杂的商贸市场里，靠着自己仅有的 2000 元钱开始创业。每每提到那段历史，他都流露出不堪回首的神情。但是，他从没忘记过自己走出校园时的志向，他一定要成就一番事业。

在举步维艰的日子里，他吃着便宜的方便面，思考着自己如何才能实现自己最初的梦想。表面的清贫，他一直不放在心上，不受其影响。他说，每当遇到困难的时候，走出校园时的豪言壮语就会在脑海里出现。他并没有觉得自己多苦，相反的，正是这样的处境更加坚定了他的信念。

他慢慢地积攒了一笔钱，开始着手创办自己的公司。第一笔生意竟然砸了，那是他积攒了好几年的收入。他有些心灰意冷。沉闷了好几天之后，他决定重新来过。即使在这样的境地，他都始终没有忘记自己最初的梦想。他想，大丈夫拿得起也应该放得下，商场上出现这样的情况并没有什么可惋惜的。这也给了他一个很好的警戒。不就是重新来过嘛。他坚信一定可以实现自己最初的志向。

走到今天，他觉得自己之所以可以成功，一直以来对自己的信心相当重要。如果没有这份信心，如果不是自己心底里的那个梦想在激励着自己，他不会取得最后的成就。

我们都曾有过雄心壮志，也曾为了自己的梦想而奋斗。梦想需要一直坚持，才终有一天会实现。如果在前进的道路上，走着走着就丢掉了最初的梦想，那么，只会让你离成功越来越远。

29. 一堆木头变成信念

在非洲一片茂密的丛林里走着四个皮包骨头的男子。他们扛着一只沉重的箱子，在茂密的丛林里跟跟跄跄地往前走。

这四个人是巴里、麦克里斯、约翰斯、吉姆。他们是跟随队长马克格夫进入丛林探险的。马克格夫曾答应给他们优厚的工资。但是，在任务即将完成的时候，马克格夫不幸得了病而长眠在丛林中。

这个箱子是马克格夫临死前亲手制作的。他十分诚恳地对四人说道："我要你们向我保证，一步也不离开这只箱子。如果你们把箱子送到我朋友麦克唐纳教授手里，你们将分得比金子还要贵重的东西。我想你们会送到的。我也向你们保证，比金子还要贵重的东西，你们一定能得到。"

埋葬了马克格夫以后，这四个人就上路了。但密林的路越来越难走，箱子也越来越沉重，而他们的力气却越来越小了。他们像囚犯一样在泥潭中挣扎着。一切都像是做噩梦，只有这只箱子是实在的。是这只箱子在撑着他们的身躯，否则他们全倒下了。他们互相监视着，不准任何人单独乱动这只箱子。在最艰难的时候，他们想到了未来的报酬是多少。当然，他们有了比金子还贵重的东西……

终于有一天，绿色的屏障突然拉开，他们经过千辛万苦终于走出了丛林。四个人急忙找到麦克唐纳教授，迫不及待地问起应得的报酬。教授似乎没听懂，只是无可奈何把手一摊，说道："我是一无所有啊。噢，或许箱子里有什么宝贝吧。"于是当着四个人的面，教授打开了箱子。大家一看，都傻了眼。里面是满满一堆无用的木头！

"这开的是什么玩笑？"约翰斯说。

"什么钱都不值。我早就看出那家伙有神经病！"吉姆吼道。

"比金子还贵重的报酬在哪里？我们上当了！"麦克里斯愤怒地嚷着。

此刻，只有巴里一声不吭。他想起了他们刚走出的密林里，到处是一堆堆探险者的白骨。他想起了如果没有这只箱子，他们四人或许早就倒下去了……巴里站起来，对伙伴们大声说道："你们不要再抱怨了。我们得到了比金子还贵重的东西，那就是生命！"

大道理

对人们的一切疾苦，希望是唯一价廉而普遍的治疗方法。它是俘虏的自由、病人的健康、恋人的胜利、乞丐的财富。我们如果一开始就设定好目标，就能找到相应的方法去解决。所以，想想你的目标到底是什么，然后再对事情作评价。

30. "做一只狗要有目标"的启示

一对夫妇有两个孩子。孩子还小的时候，父母决定为他们养一只小狗。小狗抱回来以后，他们想请一位朋友帮忙训练这只小狗。在第一次训练前，女驯狗师问："小狗的目标是什么？"夫妻俩面面相觑"一只小狗的目标？那当然就是当一只狗了。"女驯狗师极为严肃地摇了摇头说："每只小狗都得有一个目标。"

夫妇俩商量之后，为小狗确立了一个目标：白天和孩子们一道玩，夜里要能看家。后来，小狗被成功地训练成了孩子的好朋友和家中财产的守护神。

这对夫妇就是美国的前任副总统阿尔·戈尔和他的妻子迪帕。他们牢牢地记住了"做一只狗要有目标"这句话。推而广之，做一个人更要有目标。

在现实生活中却有太多太多的人没有目标。我们常常把别人的期待当成了自己的目标。在孩童的时候，这几乎是顺理成章的事情。但是，你渐渐地长大后，无论别人的期望是怎样的美好，它也不属于你。

我们常常把世俗的眼光当成自己的目标。这一阵子崇尚钱，你就把挣钱当成了自己的目标。殊不知钱只是手段而非目标。有了钱之后，事情远远没有结束。钱不具备终极目标的资格。过一阵子流行美丽，你就把制造美丽、保持美丽当成了目标。殊不知美丽的标准有所不同，美丽是可以变化的，目标却是相当恒定的。有人把快乐和幸福当成了终极目标，这也值得推敲。科学家们研究发现，最长远、最持久的快乐，来自于你的自我价值的体现。而毫无疑问，自我价值从属于你的目标。

张爱玲曾说过，出名要趁早。依我看，定目标更要趁早。

大道理

定目标要趁早。一个找不到目标的人，就像漂泊在大海里的一条小船，只能随波逐流。只有有目标的人，才会有自己的方向，知道自己想要去哪里，该做什么。不管你有多少时间可以耗费，只要你想成功，想要活得精彩，那么一定要赶快找到你的目标。

31. 把目标扔过墙去

事业刚起步不久，施耐德就遇到了不小的困难。背负着巨大的精神压力，他来找父亲，希望父亲能够给他一点鼓励。傍晚离去时，施耐德的心里已经豁然开朗并且勇气十足了。

父亲给他讲了自己小时候的故事。

父亲说："小时候，我是一个很调皮的孩子，经常跑进你祖父的果园里偷吃还未成熟的瓜果。后来，你祖父迫不得已在果园四周围上了高高的篱笆，然后把看护小屋建在了篱笆墙唯一的入口处。尽管如此，他依然没能阻止得了我。因为不管怎么着，我总会想出办法钻进去。我的秘诀就在于，一旦觉得钻不过去，我就毫不犹豫地把帽子扔进园子里。这样一来，我无路可退，必须想方设法地翻过去。结果每次我都能成功。

"长大以后，我不再重复那种恶作剧。但是一个信念却因此形成了。面对一堵难以逾越的高墙时，如果你迟疑不决，那就赶快把后路切断。这样，你的思维就会全部集中在'如何成功'而非'可能失败'上。只有在这种情况下，你才可能想出办法来。

"就是靠着这个信念，我才孤身一人从老家来到了芝加哥，克服了没有钱、没有亲友、没有工作的种种困境，成功打拼下了今天的事业，使全家人过上了富裕的生活。"

原来，一旦把帽子扔到高墙那边，人就会打消一切疑虑，全力以赴地攀墙而过。也可以说，只有把帽子扔到障碍那边，人才可能绞尽脑汁地想办法穿越障碍。所以，当一项任务看上去艰巨得难以完成时，你不妨把帽子扔过墙去试试看。

大道理

把自己认为珍贵的东西都扔到目标的彼岸，破釜沉舟地去追求梦想，我们或许会让自己变得更坚强、更勇敢。前面的路再怎么崎岖不平，前面的围墙再怎么高耸，我们都不再犹豫。因为我们想要的就在他们后面。

32. 我将粉碎一切障碍

世界大文豪巴尔扎克考大学时，还是个不谙世事的孩子。由于父亲希望他成为一名律师，他便顺从地报了某大学的法律系。

四年的大学生活使巴尔扎克迅速成长起来，他的思想也相应地有了很大的改变。毕业之后，他毅然放弃了本专业，改为向自己喜爱的文坛进军。巴尔扎克的这一举动惹火了满心希望他成为著名律师的老父亲。父亲不但怒不可遏地训斥他不务正业，还声称如果他再不知悔改，就不再向他提供任何生活费用。

面对"断炊"的危险，巴尔扎克平静地笑了笑，接着埋头写他的东西。也许上天真的是要惩罚一下这个"不孝"的孩子，所以让他一度撞得头破血流。接二连三的退稿使巴尔扎克的生活陷入了困境，令他开始负债累累。据说，最艰难的时候，他只能以白开水和干面包充饥。好在乐观的他并没有被打倒，他常常在就餐时摆上几个写有"香肠"、"牛排"等的空盘子，在想象的美味中狼吞虎咽。

数年之后，严冬熬过去了，巴尔扎克终于迎来了他文学生命的春天。如果你问是什么支撑着他一路走过艰辛的话，那就看看他在最苦的日子里刻在手杖上的字吧：我将粉碎一切障碍。

大道理

如果你明白自己到底想要什么，并且表现出不达目的誓不罢休的斗志，那么世界除了给你让路之外别无选择。

33. 信心带来的希望

在远征波斯之前，亚历山大大帝决定"破釜沉舟"——他投入了全部，把所有的财产都分给了臣下。所以，当必须购买种种军需品和粮食时，身无分文的他宣布轻装上阵，让士兵们什么都别想而只是立刻上路。

这可怎么办？将士们面面相觑、议论纷纷。一位叫庇尔狄迦斯的大臣忍不住站出来问道："陛下，如此漫长的征途，您难道不应该带点什么启程吗？"

"我已经带好了。"亚历山大目光坚毅地直视着前方说道。

"已经带好了？"群臣大惑不解地重复着，然后禁不住异口同声地问了出来，"是什么？"

"我带了一个举世无双的法宝。它的名字叫'希望'！"亚历山大回答道。

听到这句话，庇尔狄迦斯大为震撼。只见他立刻说道："那么，请允许我们也来分享它吧！"然后，他便宣布拒绝皇帝分给他的财产。紧接着，在场的许多大臣都效仿了庇尔狄迦斯的做法。

带着"希望"法宝远征的亚历山大大帝，不久之后便获得了巨大的成功。

大道理

我们必须对生活先有信心，然后才能使生活永远延续下去。而所谓信心，就是希望。如果你还在怀疑，还在犹豫，那么上帝会收回给你希望的权力。

34. 目标等于一半生命

这是一个真实的故事：

斯尔曼是英国著名的登山运动员。你可能无法想象，这样一位世界级的登山者居然是位残疾青年。他的双腿患有慢性肌肉萎缩症，走路很不方便。但是，他却创造了许多连健全人都难以成就的奇迹：19岁时，他登上了世界屋脊珠穆朗玛峰；21岁时，他征服了著名的阿尔卑斯山；22岁时，他又站到了他父母曾经遇难的乞力马扎罗山的最高峰上；28岁之前，世界上所有著名的高山几乎都曾被他踩在脚下。

只是，令所有人大惑不解的是：这位意志力如此坚强、生命力如此顽强的英雄，居然在他生命最辉煌的时刻选择了自我毁灭——28岁时，他在自己的寓所里自杀了。

这是怎么回事呢？斯尔曼的遗嘱告诉了我们答案。原来，他的父母也是登山运动员。不幸的是，这对夫妇在攀登乞力马扎罗山时，因为遭遇雪崩而双双遇难。当时，斯尔曼才11岁。为了纪念自己至爱的双亲，小斯尔曼决定遵循父母出发前对他的嘱托："如果我们不幸遇难，请代我们完成征服世界著名高山的心愿。"因此，斯尔曼从小就有了明确而具体的目标。这目标不但是他生活的动力，还是他活着的意义。可是，当28岁的他完成了所有的目标时，他一下子迷失了方向，再也找不到活着的理由了。他感到空前的孤独、无奈以及迷茫。于是绝望之下，他选择了自杀。

"如今，功成名就的我感到无事可做了。我已经没有了新的目标。失去了生命的意义，一个人也便再无活着的必要……"斯尔曼在遗嘱的最后说。

有一类卑微的工作是用坚苦卓绝的精神忍受着的，最低陋的事情往往指向最崇高的目标。我们活着，就是因为我们有目标，有自己想得到、未得到的东西，有自己想拥有而未实现的感情。我们只有充满希望，相信理想，才能朝着目标走好每一步。

35. 目标不分大小

几年前的一个晚上，龙卷风忽然横扫了多伦多北部的巴里城。这场灾难造成数十人死亡，并造成了数百万美元的损失。

那天晚上，泰利米迪亚通信技术公司的副总裁泰姆卜莱顿正好经过那条公路，亲眼目睹了灾民的惨状。他认为自己有责任帮助这些遭受苦难的人们。顺便说一下，他是想利用电台，因为他所主管的通信技术公司拥有安大略省和魁北克省的多家电台。

于是几天后，他一回到公司，便把泰利米迪亚的所有行政人员都召进了自己的办公室。在身后的挂图上，他接连写了三个大大的"3"。然后，他转身问那些行政人员道："从今天开始，你们愿意在3天之内用3个小时，为巴里城的灾民们筹集300万美元的救灾款吗？"

顿时，办公室里鸦雀无声，谁都不敢应声。因为这实在不是一件简单的事。

终于，一位级别比较高的行政人员说："副总，您这不是犯糊涂吗？我们无论如何也不可能做到的。"

"我没有问你们是否能做到！"泰姆卜莱顿正色道，"我只是问你们愿不愿意去做。"

"我们当然愿意！"大家异口同声地答道。

"好，"泰姆卜莱顿说道，"既然如此，下面就让我们来想想该怎么做吧。今天下午，我们就一起来想这个问题。想不出来的话，我们就不出这间办公室。"

房间里立刻又沉寂了下来，大家都陷入了深思。许久之后，才有一个人说道："我们可以利用电台在加拿大全境播出一个有关捐款赈灾的专题节目。"

"这是一个好主意！"泰姆卜莱顿称赞道。

但是立即有人反对说："我们的电台频率有限，不可能遍及加拿大全境。"

"没错，"泰姆卜莱顿点点头，"所以接下来，我们就该考虑如何在我们力所能及的范围内尽可能多地集资。"

这时，有一个人说道："我们可以去请全加拿大最有名气的主持人柯克和罗宾逊来主持这个专题节目。"

"太有创意了！"泰姆卜莱顿很赞同这个主意。

于是3天之中，他们就成功联络了多家电台，并策划了一个专题节目。在"名嘴"柯克和罗宾逊的主持下，他们果然用3个工作日的3个小时成功筹集到了300万美元。

"只要你一直朝着'如何去做到'努力，你就一定能成功。"泰姆卜莱顿说。

大道理

你的目标不管大还是小，你都要相信你自己。如果你想做到，你就能做到。而一旦确立一个目标，你的精力就应该立刻全部集中到"如何去实现它"，而不是"可能会失败"上。只有坚信这样的信念，才会拔掉心中"可能"会失败的刺。

36. 进取心让你靠近成功

他是世界音乐史上浪漫乐派早期最重要的拓荒者。但几乎没人知道，他所受的音乐教育其实非常有限。除了一点点音乐天赋，他所有的音乐知识全靠自己夜以继日地摸索与努力。

早年，为谋求生计和减轻家庭负担，除了孜孜不倦地学习钢琴和小提琴外，他还刻苦努力练就了一副好嗓子，12岁时进入帝国宫廷唱诗学校，17岁时便在维也纳当上最年轻的老师。

但好景不长，没多久，命运和他开了个残酷的玩笑，教师的工作突然间没了。之后的很长一段时间，他便过着一种靠朋友接济方可勉强度日的窘迫生活。

但正是在如此艰难的情况下，对成功永远满怀希望的他将所有时间花在了创作歌曲上。

他，就是闻名全世界、有歌曲之王美誉的舒伯特。

尽管舒伯特在短暂的有生之年并未获得世人应有的尊重，但一直相信成功终会到来的他却用非凡的毅力为人类留下了800余首杰出动人的歌曲、9首交响曲、15首弦乐四重奏、20余首精彩的钢琴奏鸣曲以及无数的合唱曲、室内乐曲、钢琴联弹曲和多部歌剧。

令世人印象最深的是，在成名后的一次朋友聚会上，有人好奇地问舒伯特："你知道何时才能举办自己的专场演奏会吗？"

舒伯特微微一笑："毫无疑问，我肯定无从知道。但我永远相信，成功仅有5米远！"

大道理

> 机遇、幸福、成功……其实一切都离我们不远。对于渴望成功的人来说，无论处在哪个阶段，只要时刻保持一颗勇敢进取的心，然后用百倍的努力向既定目标奋力冲刺，那么，当明天的太阳冉冉从东方升起时，我们也许会发现，成功就在5米外微笑着向我们招手呢！

37. 戒掉香烟的决心

有"世界球王"之称的巴西足球运动员贝利，从小就酷爱足球运动，并且很早就显示出了在这方面的超人能力。但是，小时候的贝利有个坏习惯

——爱抽烟。那么，他是如何改掉这个坏毛病的呢？

某天下午，小贝利与伙伴们踢完球以后，又学着大孩子的样子抽起了烟。他得意地深吸着烟卷，然后满脸陶醉地慢慢抬起头，向上吐出一缕缕淡淡的烟雾。刚才一番激烈运动后的疲劳似乎在顷刻之间都烟消云散了。

不巧的是，当时贝利的父亲正好打那里经过，看到了这一切。

到了晚上，父亲把贝利叫到一边，问他道："你今天是不是抽烟了？"

贝利犹豫了一下，还是如实地回答了，低着头等待父亲的责骂。

出乎意料的是，父亲并没有训斥贝利，而是非常平静地告诉他说："孩了，你在足球方面有几分天才，也许将来能有点出息。可是你现在竟然抽烟了，要知道抽烟对身体的危害是很大的，它会使你在比赛中发挥不出应有的水平。"顿了一顿，父亲接着说："作为父亲，我有责任制止你的不良行为。但是最终决定的，还是你自己。"

说完，父亲便从口袋里掏出了一叠钞票，递给贝利："如果你不愿意做一个有出息的运动员，那这钱就做你抽烟的费用吧。"父亲转身走了。

小贝利望着父亲远去的身影，猛然醒悟了。他抓起桌上的钞票，迅速追上父亲，把钱还给了他，并坚决地向父亲保证道："爸爸，我再也不抽烟了！我一定要成为一个有出息的运动员。"

从那以后，贝利真的不再抽烟了。经过多年的刻苦训练，他终于成为了一代球王。

大道理

人最大的缺点就是欲望的奢侈。满足一千个欲望也不如克制住一个欲望。倘若我们只图一时之快，而放弃自己多年来的梦想，时过境迁之后才会发现自己的选择是多么愚蠢。所以，与其让自己做习惯的奴隶，不如下定决心改掉坏毛病。

38. 让理想更明确点

托马斯年轻的时候，曾经做过很多种工作。虽然有些很轻松，收入也很稳定，但他一直想做推销员，因为他觉得只有这种工作才可能实现自己发财的梦想。所以，他始终在寻找着这种职位。

有一次，托马斯找到了一个销售钢琴和风琴的工作。那次短暂的工作经历给他留下了深刻的印象，也更加坚定了他做推销员的想法。后来，他来到一家收银机公司应征推销工作。不想那个公司的地区经理约翰·兰治一口拒绝了他。因为在所有的应征人员中，托马斯是条件最差的一个。后来，兰治被托马斯坚韧的毅力所折服，答应让他在公司试用一个月。

就在这一个月中，托马斯的销售才能便展现了出来。他被正式聘用了。3年后，凭着自己对推销业务的熟练掌握，托马斯成了全国收银公司的销售总经理。谁知刚升职不久，他出色的能力就引起了老板帕特森的嫉妒。不久，他被解雇了。

后来，托马斯选择工作格外慎重。当然，这种"慎重"是指在公司而非职位上。因为对于职位，他早就抱定了"非推销员不干"的念头。最终，他去了计算机制表音像公司（CTR）。1924年，托马斯已经成了计算机制表音像公司的首席执行官和首席运营官。同时，他决定把计算机制表音像公司更名为美国国际商用机器公司，也就是我们所熟悉的"IBM"。他的这一做法，预示了计算机革命的到来。就这样，托马斯·沃森成了后来风靡全球的 IBM 公司的创始人。

大道理

理想不是目标，不是信念，也不是信仰，同样也不是现实、未来和希望。这个词最美好的就在于它不能用一个单独的意义去理解，而是要靠目标、信念、信仰、现实、未来、希望这六个方面共同去实现。

39. 丰田汽车的成名

丰田汽车工业的发展和丰田秀二有着不可分割的关系。

1955 年 1 月 1 日，一款名为"皇冠"的小轿车试投入生产。投入市场后的皇冠轿车在日本国内的销量很好，在短短的几个月内就取得了前所未有的成效。看到这种情况，丰田秀二想，不知道美国人是不是也喜欢皇冠，要是能把皇冠车卖到美国去那该多好啊！美国的市场可比日本要大多了。于是，他向董事会提出了在美国建立分公司的建议。

在他的建议下，丰田总公司很快就在美国设立了美国丰田公司。后来的事实证明，皇冠汽车在美国同样畅销。销售汇总表反映其销量一直在直线上升。

到了 1967 年 10 月，丰田秀二接任了丰田公司的董事长一职。刚刚坐上这一宝座，他便大刀阔斧地进行了改革，决定同福特、日野、大发等日本国内各大汽车公司强强联合，生产各种类型的汽车，以便形成垄断的局面，掌控全国乃至世界的汽车行业。在他执掌丰田公司的大权期间，丰田公司有了长足的发展。

1974 年，丰田秀二担任了刚刚成立的丰田财团的社长。虽然这个时候的丰田财团资产已达到了数百亿日元，但丰田秀二依然感觉不满足。数年之中，他不仅在汽车领域里积极进取，而且还依托丰田财团雄厚的资金实力，创办了一系列的教育、科研机构，培养出更多、更优秀的企业人才。

离开丰田财团以后，丰田秀二还在关心着丰田的事业。他说："无论企业还是人，都要一心向前，永不驻足。如果到了不能向前的时候，那就意味着一切都结束了。"

大道理

中国有句老话："知足常乐。"但我们一开始设定的目标达到了，渐渐乐不思蜀，便会随着别人的进步而被时代所淘汰。所以，不知足或许不能常乐，但是能比别人看到更多、更美的风景。我们又何乐不为呢？

40. 音乐贺卡的启示

　　道尔已经在这家大公司工作很多年了，但一直都是个小职员。他很想离开这家公司，却又怕离开后找不到更好的工作。

　　一天晚上，当他正准备找东西时，他所在的小区忽然停电了。想想那些东西几天前被自己扔到了地下室里，他不得不去找蜡烛。可是家里的蜡烛早已经用完了。东西明天要急用，而明天早晨天不亮自己就得出发。这可怎么办呢？正当不知如何是好的时候，他的手指不小心触动了一张音乐贺卡。顿时，贺卡响了起来。他打开贺卡，贺卡中发出了亮光。

　　可不可以带着它去地下室试一试呢？他拿着贺卡想，也只能这样了，一点光亮总比没有光亮好得多吧。就这样，借着音乐贺卡的光，道尔来到了地下室。

　　地下室里非常黑暗。相比之下，贺卡上原本微弱的光却显得非常炫目。借助这卡片的光亮，道尔找到了他想找的东西。

　　回到房间之后，颇受启发的他不禁想道："一张小小的贺卡所发出的光都能派上用场，能力并不算差的自己为何却甘心多年蜗居呢？"于是，多年不声不响的道尔突然作出了一个惊人的决定——辞职。

　　从那家大公司跳槽后，他出人意料地找了一家只有几十个人的小企业，做了一个很普通的小职员。不久，他被提升为项目部的主任。又过了不久，他已经升至项目经理……

　　经过数次跳槽，道尔成了一家跨国公司的董事长。

大道理

　　每个人都是一颗微不足道的星星。我们为自己设定的目标也要将自己放在一个合适的平台上。所以你如果懂得把自己放在一个适当的位置上，那你便会成为同类中最耀眼、最引人注目的一颗。

41. 你自己动手做

"汉字激光照排系统之父"、"中国现代汉字印刷革命的奠基人"、"中国迎接知识经济挑战的先驱",这三项辉煌的荣誉是属于同一个人的。他的名字叫王选,是北大方正的开创者。据他自己说,他之所以能够赢得如此令人瞩目的成就,绝大部分原因是有赖于一位伟大发明家的一句名言。那句名言是他多年的座右铭,也是支撑他开拓伟大事业的精神力量。

30 多年前,在北京大学计算机研究所工作的王选还只是一个无名小卒。可就是这样一位无名小卒,居然异想天开地提出了一项连当时的权威人士都解决不了的挑战:跳过日本流行的第二代照排系统,跳过美国流行的第三代照排系统,研究国外还没有商品的第四代激光照排系统!

这个想法一公开,王选立刻遭到了无数人的讥讽。因为他原本是学数学力学的,又想以数学的描述方法来解决这个问题,所以大家都批判他是"玩弄骗人的数学游戏",甚至还有些人笑话他道:"你想搞第四代?我还想搞第八代呢!"

四面楚歌、重重压力之下,王选一时被打击得晕头转向。就在这时,他看到了美国巨型计算机之父西蒙·奎因的一句名言:"在我没有成名时,每当我提出一个新的思想,人们便会说'做不成的'。对这句话最好的回答就是'你自己动手做'。"这句名言在感动王选的同时也给了他巨大的精神力量,并最终促使他下了决心:一定要做出来!

于是,从 1975 年开始,到 1993 年的春节为止,在漫长的 18 年中,王选一直在夜以继日地奋斗着。18 年里头他没有给自己任何节假日,也没有礼拜天,甚至没有元旦和大年初一。因为每个年初一,他都是一天三段(即上午、下午、晚上)在办公室里工作的。

18 年后,在失掉了常人所能享受的无数乐趣之后,王选享受到了常人所不能享受的巨大乐趣——他成功了!不久,99%的中国计算机用户都使用了北京大学开创的这种技术。后来,这项技术又远播到了外国,比如日本等。

当人们问及王选教授会不会因为这 18 年所失去的东西而感到后悔或遗

憾时，他回答"一个人只要献身于学术，就再也没有权利像普通人那么生活了，但是当自己所创造的成果被体现出来时，那种享受是难以形容的。"

大道理

相信自己的目标，并能一直坚持，那么成功就指日可待了。王选的成功正是因为他的坚定信念与勤奋刻苦，所以我们除了要找到目标之外，还离不开自己的努力，这样才有将不可能变为可能的气魄！

42. 信念让你不再平庸

44 岁那年，她下岗了。丈夫一年前也下了岗，儿子正在大学念书。她是家里的顶梁柱，而下岗使她这个家里的顶梁柱遭到了沉重一击。但是她不能倒下，所有的眼泪和痛苦都必须咽下，她还要继续支撑这个家。

她在街上摆了个摊，卖早点。没下岗的时候，她每天都是 7 点半起床，不慌不忙的。现在，她必须每天 5 点前起床，收拾收拾就去摆摊。她的胆子仿佛一下子变大了。以前在单位，大会上领导点她发言，她面红耳赤，心跳加速，说话结结巴巴，惹得哄堂大笑；而摆摊以后，她的嗓门一下子亮起来，对着街上来来往往的人高喊："油条，新出锅的油条啦！""八宝粥，又卫生又营养的八宝粥啦！"有些时候，她还会编出些新词，引得来往的行人不时地将目光投向她，生意自然也不错。邻近摊位的摊主都说她是做生意的料，根本不像个新手。第一个月，她粗粗结算了一下，赚了2300 多元钱，整整比下岗前的工资多一千多元钱。她显得兴奋异常。虽然比以前累了些，但她却很高兴，心里豁亮了起来。

由于生意很好，她一个人确实忙不过来，就说服骑三轮拉客的丈夫跟她一块儿出摊卖饭。丈夫爽快地答应了。夫妻俩同心协力，开始了新的人生旅程。他们从卖油条和粥开始，到租个门面房卖饺子、卖小吃，再到开面食加工厂。8 年时间，她从一位下岗女工成为有着八百多万元资产的民营企业的厂长。这期间，她遭遇了不少困难，吃了不少苦。但是最终她成功了，被当地政府评为"再就业明星"、"市三八红旗手"。

在河北省廊坊市，说起她姜桂芝，人人都竖起大拇指。在接受记者采访、谈到自己的经历时，姜桂芝这位很朴素的女强人说了这样一段话："我实在想不到我的今天会是这么好，以前总觉得自己很平庸，做什么都不成，在单位混口饭吃就满足了。可一下岗，我整个人都变精神了，才觉得自己可以做的事情很多，自己也可以做一番事业。如果不是下岗，恐怕我就浑浑噩噩过一辈子了。"

大道理

人的平庸，多数不是因为自身能力不够，而是因为安于现状、不思进取，没有激发自己的潜能，在平淡机械的生活中消磨了自己的斗志。想要摆脱这种平庸的状态，人就必须要向前走一步，找到新的目标而奋斗。

43. 朝三暮四的结果

好多年前，有人要将一块木板钉在树上当隔板。贾金斯走过去管闲事，说要帮他一把。

那人说："你应该先把木板头子锯掉再钉上去。"于是，他找来锯子之后，还没有锯到两下又撒手，说要把锯子磨快些。

于是他又去找锉刀，接着又发现必须先在锉刀安一个顺手的手柄。于是，他又去灌木从中寻找小树，可砍树又得先磨快斧头。

磨快斧头需将磨石固定好，这又免不了制作支撑磨石的木条。制作木条少不了木匠有的长凳，可这没有一套齐全的工具是不行的。于是贾金斯到村里去找他所需要的工具，然而这一走，就再也不见他回来了。

后来人们发现，贾金斯无论学什么都是半途而废。他曾经废寝忘食地攻读法语，但要真正掌握和理解，要想学好古法语是很难的。贾金斯进而发现，掌握拉丁语的唯一途径是学习梵文，因此便一头扑进梵文的学习之中。可这就更加旷日废时了。

贾金斯从未获得过什么学位，他所受过的教育也始终没有用武之地。但他的先辈为他留下了一些本钱。他拿出 10 万美元投资办一家煤气厂，可造煤气所需要煤炭价昂贵，这使他大为亏本。于是，他以 9 万美元的售价把煤气厂转让出去，开办起煤矿来。可这又不走运，因为采矿机械的耗资大得吓人。因此，贾金斯把在矿里拥有的股份变卖 8 万美元，转入了煤矿机器制造业。从那以后，他便像一个内行的滑冰者，在有关的各种工业部门中滑进滑出，没完没了。

大道理

　　不可否认，我们都曾像贾金斯一样朝三暮四。当然永不满足是我们追求成功所要保持的一种心态，但这并不表示你就可以不专一，可以朝三暮四，做什么事情都半途而废。因为这样就会消耗你过多的精力，不够专注最终只会让成功离你越来越远。

44. 10 年以后你会怎样

　　有一个女孩，在 18 岁之前，是个不知道自己想要什么的人，每天就在艺校里跟着同学唱唱歌，跳跳舞。偶尔有导演来找她拍戏，她就会很兴奋地去拍，无论角色多么小。直到 1993 年的一天，教她专业课的赵老师突然找她谈话，问她："你能告诉我，你未来的打算吗？"女孩一下子愣住了。她不明白老师怎么突然问她如此严肃的问题，更不知该怎样回答。

　　老师又接着问她："现在的生活你满意吗？"她摇摇头。老师笑了："不满意的话证明你还有救。你现在想想，10 年以后你会怎样？"

　　老师的话很轻，但是落在她心里却变得很沉重。她脑海里顿时开始风起云涌。沉默许久后，她说："我希望 10 年以后自己能成为最好的女演员，同时可以发行一张属于自己的音乐专辑。"

　　老师问她："你确定了吗？"她慢慢咬紧嘴唇："是。"而且拉了很长的音。"好，既然你确定了，我们就把这个目标倒着算回来。10 年以后你 28 岁，那时你是一个红透半边天的大明星，同时出了一张专辑。那么你 27 岁的时候，除了接拍各种名导演的戏以外，一定还要有一个完整的音乐作品，可以拿给很多很多的唱片公司听，对不对？25 岁的时候，在演艺事业上你要不断进行学习和思考。另外，你还要有很棒的音乐作品开始录制了。23 岁必须接受各种各样的培训和训练，包括音乐上和肢体上的。20 岁的时候开始作曲作词，并在演戏方面要接拍大一点的角色……"

老师的话说得很轻松，但是她却感到一种恐惧。这样推下来，她应该马上着手为自己的理想做准备了。可是她现在什么都不会，什么都没想过，仍然为演个小丫环、小舞女之类的角色沾沾自喜。她觉得一种强大的压力忽然向自己袭来。老师平静地笑着说："要知道，你是一棵好苗子，但是你对人生缺少规划。如果你确定了目标，希望你从现在就开始做。"

想想 10 年后的自己——当她意识到这是一个问题的时候，她发现自己整个人都觉醒了。从那时起。她就始终记得 10 年后自己要做最成功的明星。所以，毕业后，对角色她开始很认真地筛选。渐渐地，她被大家接受了。慢慢地，她尝到了成功的欢乐。

2003 年 4 月，恰好是老师和女孩谈话的十周年 10 她不知道是偶然还是必然，她居然真的拥有了属于自己的第一张专辑。

大道理

人生能有几个 10 年？我们只有经常拷问自己："10 年后我会怎样？"提前为自己的人生做规划，主动创造机会，实现自己的梦想，才能让 10 年后的自己不会后悔，不会自责，不会沉迷于过去而幻想着未来。

45. 坚定志向的施罗德

1944 年 4 月 7 日，施罗德出生在德国下萨克森州的一个平民家庭，他出生后第三天，父亲就战死在罗马尼亚。母亲当清洁工，带着他们姐弟二人，一家三口相依为命。

生活的艰难使母亲欠下许多债。一天，债主逼上门来，母亲为自己悲惨的生活痛哭流涕。年幼的施罗德拍着母亲的肩膀安慰她说："别伤心，妈妈，总有一天我会开着奔驰车来接你的！"40年后，终于等到了这一天。施罗德担任了下萨克森州总理，开着奔驰车把母亲接到一家大饭店，为老人家庆祝80岁生日。

1950年，施罗德上学了。因交不起学费，初中毕业的他就到一家零售店当了学徒。他立志要改变自己的人生，"我一定要从这里走出去"。他想学习，他在寻找机会。1962年，他辞去了店员之职，到一家夜校学习。他一边学习，一边到建筑工地当清洁工，不仅收入有所增加，而且圆了他的上学梦。

四年夜校结业后，1966年他进入了哥廷根大学夜校学习法律，圆了上大学的梦。

毕业之后，他当了律师。32岁时，他当上了汉诺威霍尔律师事务所的合伙人。回顾自己的经历，他说，每个人都要通过自己的勤奋努力，而不是通过父母的金钱来使自己接受教育。这对个人的成长至关重要。

通过对法律的研究，他对政治产生了兴趣。他积极参加政党的集会，最终加入了社会民主党。此后，他逐渐崭露头角、步步提升。1969年，他担任哥廷根地区的主席，1971年得到政界的肯定，1980年当选议员。1990年他当选为下萨克森州总理，并于1994年、1998年两次连任。政坛得志，更坚定了他做政治家的雄心。1998年10月，他走进了德国总理府。

大道理

> 不管我们所要面对的是怎样的生活，将会遇到多大的狂风骇浪，我们终将要克服过去。所以，不要轻易放弃你的志向。因为你的一忍心，很可能，你放弃的就是一个世界，一个可以预知而无法透支的未来。

46. 理想激励出的画家

流浪街头的吉卜赛修补匠索拉利奥常常被请到画家安东尼奥·德尔费罗德家里做些修画具的工作。画家的女儿是位美丽温柔的少女。渐渐地，这个修补匠爱上了画家的女儿。

终于有一天，他勇敢地向画家提出要娶他女儿的要求。画家觉得一个小小的修补匠怎么能配上自己的女儿呢。于是他和索拉利奥开了个玩笑，随口说道：

"我的女儿只能嫁给一个像我一样优秀的画家，你能做到吗？"

没想到索拉利奥却当了真，他思索了一会儿，抬起头来，认真地对他说：

"你能给我 10 年的时间吗？到时候我一定会成为一个像你一样优秀的画家，再来娶你的女儿。"

画家安东尼奥轻蔑地笑了笑说：

"好吧，我同意。"

在他看来，这个小修补匠想在 10 年后成为像他那样的画家是根本不可能的事。所以，他并没有把自己的许诺当成一回事，很快就忘了。

从此，索拉利奥就一边工作挣钱养活自己，一边投入到绘画的学习之中。为了鼓励自己，他每天早上起床的第一件事就是大声地对自己说："你一定能成为一个像安东尼奥那样伟大的画家，你一定能娶到他美丽的女儿。"

为了这个理想，他怀着激情和信心投入到每天的工作和学习之中。在这 10 年里，没人知道他吃了多少苦，没人知道他遇到了多少挫折，没人知道他拜了多少画家为师。但是，无论他走到哪里，每天早晨人们都能听到他对自己的大声激励……

10 年的时间很快就过去了，一次偶然的机会索拉利奥被推荐到王宫中去作画。这在当时是无上的光荣啊。可是，他还是没忘记自己的理想，他每天早上仍然激励自己："你一定能成为像安东尼奥那样伟大的画家。"

国王的姐姐是个好心肠的人，听说了这件事就问道："你为什么总是说这句话？你也是一个很了不起的画家啊！为什么还要像安东尼奥那样呢？"

索拉利奥就把与安东尼奥的约定告诉了国王的姐姐。国王的姐姐决定帮助眼前这位让她敬佩的小伙子。

一天，安东尼奥被传进宫。国王的姐姐让他看一幅画，她说自己不是太懂画，想让大画家来评判一下。安东尼奥接过画一看，不禁惊呆了，不敢相信除了自己还有谁能画得这么好。他说："这幅画精妙绝伦。我也自愧不如。能让我认识一下这个画家吗？"国王的姐姐让索拉利奥走出来。安东尼奥吃惊地喊了一声："索拉利奥！真是你吗？"索拉利奥上前深深地鞠了一躬说：

"我没有让你失望吧?"安东尼奥连声说:"真是不可思议。"他没有食言,把自己的女儿嫁给了一个像他一样伟大的画家。

47. 梦想就是智慧

1984年,在东京国际马拉松邀请赛中,名不见经传的日本选手山田本一出人意料地夺得了世界冠军。当记者问他凭什么取得如此惊人的成绩时,他说了这么一句话:"凭智慧战胜对手。"

当时许多人都认为这个偶然跑到前面的矮个子选手是在故弄玄虚。马拉松赛是体力和耐力的运动,只要身体素质好又有耐性就有望夺冠。爆发力和速度都还在其次,说用智慧取胜确实有点勉强。

两年后,意大利国际马拉松邀请赛在意大利北部城市米兰举行。山田本一代表日本参加比赛。这一次,他又获得了世界冠军。记者又请他谈经验。

山田本一性情木讷,不善言谈,回答的仍是上次那句话:"用智慧战胜对手。"这回记者在报纸上没再挖苦他,但对他所说的智慧迷惑不解。

10年后,这个谜终于被解开了。他在他的自传中是这么说的:"每次比赛之前,我都要乘车把比赛的线路仔细地看一遍,并把沿途比较醒目的标志画下来。比如第一个标志是银行;第二个标志是一棵大树;第三个标志是一座红房子……这样一直画到赛程的终点。比赛开始后,我就以百米的速度奋力地向第一个目标冲去。等到达第一个目标后,我又以同样的速度向第二个目标冲去。四十多公里的赛程,就被我分解成这么多个小目标轻松地跑完了。起初,我并不懂这样的道理。我把我的目标定在四十多公里外终点线上的那面旗帜上,结果我跑到十几公里时就疲惫不堪了。我被前面那段遥远的路程给吓倒了。

第一辑 做足心劲儿 让梦想插上翅膀

在山田本一的自传中，发现这段话的时候，我正在读法国作家普鲁斯特的《追忆似水流年》。这部作者花了16年写成的7卷本巨著，有很多次让我望而却步。要不是山田本一给我的启示，这部书可能还会像一座山一样横在我的眼前。现在，它已被我踏平了。

我曾想，在现实中，我们做事之所以会半途而废，这其中的原因，往往不是因为难度较大，而是觉得成功离我们较远。确切地说，我们不是因为失败而放弃，而是因为倦怠而失败。在人生的旅途中，我们稍微具有一点山田本一的智慧，一生中也许会少许多懊悔和惋惜。

大道理

一个人成功的原因有很多，其中最重要的就是目标与信念。本来梦想是可以远离现实的，而目标却不能像梦想一样遥远得摸不着边。其实我们可以将长期的大目标分解成一个个短期的小目标；在追求目标的路上，通过不断获得的一个个小喜悦，来增强自己必胜的信念，进而一步一步走向终点，获得最后的大喜悦。这样，每一个脚步都会有汗水和欢乐，我们也会在终点线上自豪地回头看过去。

48. 没有办不到的事

一个新组装好的小钟放在了两个旧钟当中。两个旧钟"滴答"、"滴答"一分一秒地走着。其中一个旧钟对小钟说："来吧，你也该工作了。可是我有点担心，你走完3200万次后，恐怕便吃不消了。"

"天啊！3200万次。"小钟吃惊不已，"要我做这么大的事？办不到，办不到。"

另一只旧钟说："别听他胡说八道。不用害怕，你只要每秒钟滴答摆一下就行了。"

"天下哪有这样简单的事。"小钟将信将疑，"如果这样，我就试试吧。"

小钟很轻松地每秒钟"滴答"摆一下。不知不觉中，一年过去了，它摆了 3200 万次。

49. 找到你梦想的凳子

他都快 8 岁了，但 10 以内的加减法还是算得一塌糊涂。父亲把墙根下玩打石头的他拽起来，给了他一个书包说，上学去吧。

父母一天到晚想着他能有一个正经营生。有一年秋天，他蘸着黑墨水，在自己家的围墙上画了一个四角的亭子，几棵高树，还有一些波光粼粼的水。邻居说，这孩子画得不赖，将来当个画匠吧。他以为，他将来能当走村串户的画匠了，就有意无意地留心看画匠干活。那年，有一个人给他大舅家画墙围子，也画了一处山水，还题了"桂林山水贾天下"。他明知道那个"贾"字错了，但没敢讲出来。

就在他还不能确定是否能当画匠的时候，父母又发现了他的另一个"长处"。有一次他和隔壁春四家的小子剪下许多猫猫狗狗的纸样，拿着手电钻进鸡窝里"放电影"。在浪费了好几节电池之后，父亲去公社找放映队的人，看能不能给他找下一个营生，哪怕打打杂，抱抱片子什么的都可以。后来公社倒是给了他们村一个名额。不过，不是给了他，而是给了别人。

眼看当画匠无望，又当不成放电影的，父母盘算着该让他回家种地了，并预谋着要为他定下邻村的一个女孩。就在这时候，他竟然又稀里糊涂地考上了县里的高中。父亲一下子发了愁，上吧，非但会误了田地的活，而且还会误了邻村的女孩。更要紧的是，村里边从来没有谁考上过大学。于是，他坚信自己家的祖坟也不会有这根草。父亲说，别上了。母亲见他支支吾吾

第一辑　做足心劲儿　让梦想插上翅膀

的，说，上吧，走一步算一步。

上完高中，他考上了一所三流的专科学校。他的人生如果就这样下去的话，毕业了，回老家教教书，或许一辈子就这样没有波澜地过完。然而，上大二的时候，他突然冒出一个想法来。那时，学校办着一份自己的报刊，有一个副刊，一个月要出一两期的。他常常见有同学的文章在上面发表。他想，在毕业之前，自己要完成一个小小的愿望，那就是一定要在校报的副刊上发表一篇文章，把自己的名字变成铅字。他开始疯狂地写东西，写完后，就拿去让教写作的老师看，稍有得到赞许的，就投给校报编辑部。到后来，老师也不愿给看了。他就埋下头来自己琢磨。他为此看了许多的书，也浏览了不少的报刊。然而，投给校报的许多稿件都如泥牛入海。

他不想把这些凝着自己心血的文稿扔了。抱着试试看的想法，他向本市的日报社投去几篇。结果意想不到的事情发生了，他的文字竟然出现在了本市的日报上。再后来，他的名字相继出现在了省内外的报刊上。从此以后，他在文学创作方面更加勤奋了。因为他发现，他还有着一项自己都意想不到的才能。

这个人就是贾平凹。这是他在一次笔会上讲出来的。讲完后，他颇有感慨地说："这个世界上更多的人，是被别人安排着过完一生的，被安排着学哪门技术，被安排着进哪个学校，被安排着在哪个单位上班……却从来没有真正自己为自己安排一件事情去做。人在这时候，最需要有一条凳子，你站上去，才会发现，你还有着许多没有挖掘出来的才能和智慧。而这条凳子，就是突然闯进你心中的一个想法、一个念头。"

最后，他笑着说，没有这条凳子，你永远看不到梦想，更别说拥有它。

大道理

　　总结所有成功的人都有一个共性，那就是目标明确，不管怎样都不会让别人安排自己的人生。他们有属于自己的"凳子"，并把这个"凳子"化成梦想，能够为了这个梦想而坚持不懈地付出。其实，我们每个人都会有自己的"凳子"。所以你在钦羡别人的成功时，也不要忘记了自己的"凳子"也会实现。

50. 相信就能够带来奇迹

1858年，瑞典某富豪欢天喜地地迎来了他的第一个女儿。然而没过几年，这个不幸的小女孩便染上了一种无法解释的瘫痪症，从此失去了站立和走路的能力。

几年之后，已经十来岁的女孩和家人一起乘船去旅行。船长太太喜欢这位金发碧眼的小宝贝儿，于是便抱着她给她讲起故事来。女孩很快就被她故事里那只美丽无比又无所不能的天堂鸟迷住了。

"天堂鸟在哪里？我们能不能看到它？"船长太太刚讲完，小女孩便迫不及待地问道。

"能啊，如果我们一直站在甲板上的话。"船长太太哄她说。

"那你快带我去，我要看天堂鸟。"女孩兴奋地大喊道。

无奈，船长太太只好站起来带她出去。由于忘记了女孩的腿不能走路，她便像拉正常的孩子那样拉着女孩往外走。结果，奇迹出现了，由于过度渴望看到天堂鸟，孩子竟然忘我地拉住船长太太的手，慢慢地走了起来。从此，她的病痊愈了。

也许这件事给女孩造成了太深的影响吧。长大后的女孩一直相信一点：只要忘我地投入进去，什么事情都能做到。在以后的文学创作中，她依然对此深信不疑。最后，她竟然成了世界上第一位荣获诺贝尔文学奖的女性——茜尔玛·拉格萝美。

大道理

希望与梦想带我们去飞行。我们只要沿着自己梦想的轨道持续飞行，我们会看到更多的空间。这将是你发现真正自己的机会。

第一辑　做足心劲儿　让梦想插上翅膀

51. 一部书也能成就一番事业

这是世界文学座谈会的现场，一位衣着朴素的小姐正安静地坐在角落里。她的身旁是一位匈牙利的男作家。看到相貌平平的小姐，那位男作家满脸傲气地过去搭讪。

"嗨，"他打招呼道，"你也是来参加座谈会的作家？"

"哦，是的。"小姐面带微笑，语调很是和气。

"那你都写过什么呀？"男作家问道。

"哦，我没有写过多少东西，只是写小说罢了。"小姐谦虚地答道。

"这可不行。一个伟大的作家是要什么都会写的。你知道吗？到目前为止，我已经出版了三十几部小说、七八部散文集、还有无数的诗歌。不久之后，我的诗集也会出版了。"

"哦，祝贺你。"小姐很真诚地回复道。

"你说你擅长写小说，那你写过多少部小说呢？"男作家又问道。

"哦，只有一部而已。"小姐回答道。

"啊，才一部啊。看来你真是非常荣幸了。要知道这么有名的座谈会一般来说只请非常有名的作家。你那一部小说叫什么名字？"男作家再次问道。

"《飘》。"小姐很简短地回答道。

男作家一下子傻了。原来，她就是大名鼎鼎的玛格丽特·米歇尔！

那天晚上，米歇尔是唯一的金奖得主。

大道理

质量胜于数量。做事不在大小、不在多少，关键在于你的态度和做事的结果，认真做好一件小事远胜于马虎地做一些大事。

52. 不断树立新的目标

他叫本，是一个胸怀大志的青年。只不过由于生活阅历的原因，他还未能给自己设计出一个清晰的未来。

一天，他遇到了美国某工业巨头。简短的交谈之后，对方非常欣赏他的才华，便想帮助他实现自己的梦想。本应声答道："我的梦想是拥有 1000 亿美元，比现在著名的福特汽车公司还富有 100 倍。"

巨头吓了一跳，又接着问他："那，有了这么多钱以后呢?"本稍作迟疑，然后老老实实地答道："这个问题我还没想过，只不过觉得这样就算是成功了。"

巨头告诉他说："如果你不知道有了钱以后要去做什么，你的钱就会对别人造成威胁。所以依我看，你还是先考虑考虑要做些什么吧。"

在此后的几年中，巨头一直拒绝再见这个年轻人。一直到某天，本通过信件告诉他"我想创办一所学校，可是手里的钱不够"为止，巨头才开始实际地帮助他。

又过了几年，已经不再年轻的本成功创建了一所学校，并不断扩大着它的规模。现在，这所学校已经成为世界名校之一，它的名字叫伊利诺斯大学。而那个叫本的年轻人，就是伊利诺斯大学的创始人本·伊利诺斯。

大道理

> 成功的定义并非是资产超过比尔·盖茨，而是指达到你既定的目标。而一个切实可行的目标，绝不只包括金钱的数额，更重要的是拥有这笔钱之后的目的。

53. 有了目标就得去做

杰米 26 岁，和大多数同龄人一样，他有太太和一个孩子。由于生活在一个房价昂贵的大城市里，他至今没有买下自己的房子。

某天下午，当再次签收房东送来的租金支票时，他突然感到厌烦。

"塔拉，"他大声叫着妻子，"我想买套房子，不想再租房住了。"

闻声而来的妻子耸了耸肩道："我何尝不想呢？那样的话我们不但可以有更好的居住环境，孩子也能有更多的自主空间，而且我们还会多一项产业。但问题是，我们连最基本的首付款都没有。所以，这只是个梦。"

"不，我一定要买套房子！"杰米拍着脑壳重复道，"每月的租金跟买房的分期付款差不太多，可是到最后，我们却不能得到这套房子。""塔拉，"杰米下了决心，对妻子说道，"我们一定要买套房子。虽然现在我还不知道怎么凑钱，但是我们一定能想出办法的。"

说到做到，杰米果真去找房产公司了。最后，他们夫妻俩都看上了一套简朴而面积却不小的房子。现在，他们该考虑如何凑首付款的事情了。房产商告诉他们，那需要 1500 美元。

杰米无法去向银行贷款，因为这会妨害他的信用，使他无法获得接下来的分期付款的贷款。思索良久，他想到了一个办法：直接去找当地的一位富翁，向他进行私人借贷。可是富翁冷漠地拒绝了他。整整磨了 3 天，那位富翁才答应借钱给他，条件是每个月交还 100 美元，利息最后 1 个月一次付清。

这样一来，夫妇俩只需要考虑如何凑每个月必须要还的这 100 美元就可以了。精打细算之后，他们得出可以从柴米油盐中省下 30 美元，剩下的 70 美元怎么办呢？

杰米冥思苦想，打算试试另一个点子。第二天一大早，他便直接找到老板，告诉他自己刚买了新房子，并且把需要还钱的事也一并告诉了他，然后他说道："我知道，当您认为我值得加薪时一定会加，可是我现在很想多赚一点钱。我想到公司有些事情在周末做会更好，所以我申请从这个周末起开始加班，您看可以吗？"

老板感动于他的敢作敢为和诚恳，立刻就答应了他。就这样，杰米买下了新房子。

大道理

不要等到万事俱备时才采取行动。一旦有了明确的目标，你就应该尽快迈出实现它的第一步。这样才能不错过任何一个机会。不要忘了，你是有能力创造一些条件的！

改变人生的轨迹

——成就你一生的那些小故事大道理

第二辑

挫折给你力量 苦难使你成长

　　成长的路上，总是会有挫折和苦难摆在我们面前。我们也许会因为挫折而放弃自己的梦想，又或许会因为苦难而去抱怨命运的不公，兴许你还会因为障碍而将唾手可得的成功抛诸于人。但是当你哭泣的时候，支撑不了的时候，请记住：挫折和苦难是上帝给你的一份特殊的礼物，它的使命是让你不断坚强、不断成长；与其逃避，不如选择坚强面对……

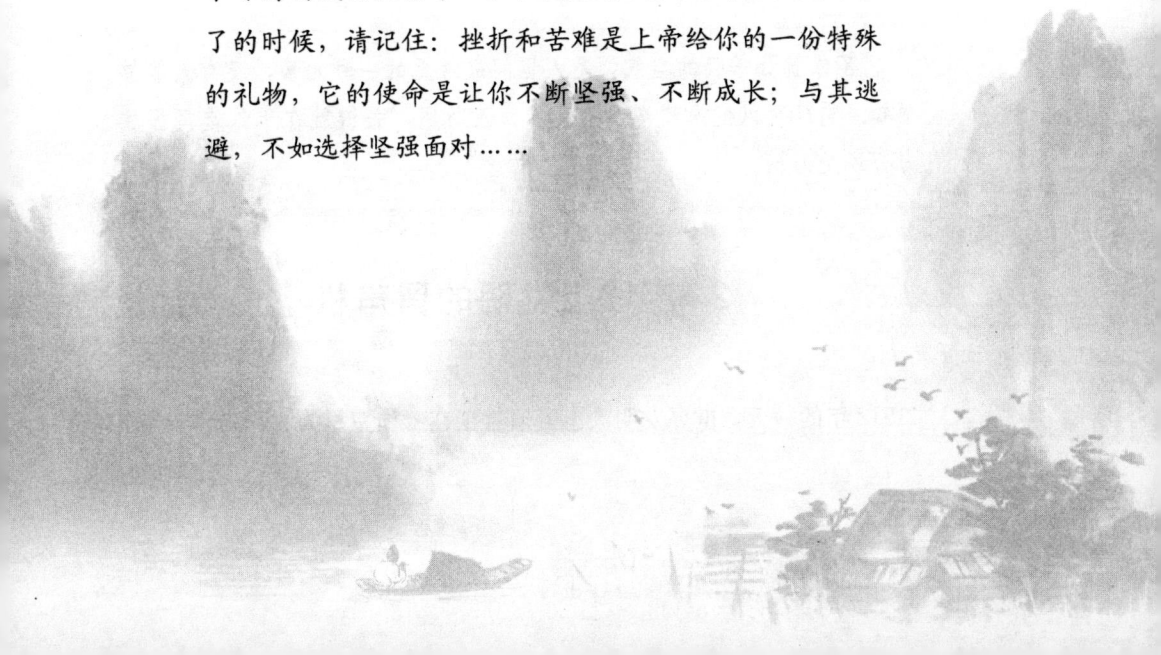

1. 苦难成就帕格尼尼

凡是对音乐稍有了解的人，就不会不知道天才小提琴家帕格尼尼的名字。这四个字常常与"伟大"、"超级"、"顶尖"等字眼并列在一起。

12岁那年，帕格尼尼便举办了首次个人音乐会，用他的琴声征服了在场的所有人。一时间，他的名字响彻了整个意大利。在随后的几十年中，他不断创作出震惊世人的天籁之音，如《随想曲》、《无穷动》、《水妖舞》，等等。最有名的6部小提琴协奏曲更是让他的名字传播到了世界的各个角落。

但是外人看到的只是帕格尼尼的成就，无人知晓他的痛苦。4岁那年，他得了麻疹和强制性昏厥症。7岁那年，他又患上了严重肺炎……46岁时，由于牙齿化脓，牙医不得不拔掉他所有的牙齿。47岁，他得了眼疾。50岁之后，关节炎、肠道炎、喉结核等不断向他袭来。最后，他几乎丧失了说话能力。58岁时，严重的肺结核终于要了他的命。而临终时，只有14岁的儿子阿奇勒陪伴着他。

这位伟大的"操琴弓的魔术师"、能够"在琴上展示火一样的灵魂"的天才，就这样在痛苦中度过了他短暂的一生。临终之前，上苍还让他饱尝了孤独的滋味。

大道理

不幸犹如呼吸的空气，是人世间最常见的一种元素，没有人能够预知。它既可以把人刺伤，也可以为人所用，关键就在于你选择握住刀刃还是刀柄。

2. 废墟上发明的留声机

1912年的一天，世界发明大王爱迪生正在工作室里为无声电影试制镍铁电池，一不小心，引发了火灾。熊熊的大火很快就无法控制了。实验室渐渐被烧成了一片瓦砾。虽然200万美元的损失算不得什么，但爱迪生研究有声电影的所有资料和样板也都被烧成了灰烬，几乎一生的心血都因此付之一炬了。

爱迪生的儿子查里斯为自己的父亲在实验室里抢救那些宝贵的研究成果，担心得不得了。但是当一圈又一圈地寻找之后仍然没什么结果时，查里斯却意外地听到了父亲的呼唤。只见他站在浓烟和废墟里，声调极其平静地说道："查里斯，快把你的母亲找来。这样的大火，百年难得一见，不看一看太可惜了。"

当看到现场的狼藉之后，爱迪生的老伴难过地哭了起来。没想到这时候爱迪生依然非常平静地说道："灾难自有灾难的价值，我所有的谬误和过失都被大火烧得一干二净了。"然后他高高地举起双手高声说道，"我又可以重新开始了。"

第二天，他就召集职工们并宣布："我们重建！"新的实验室很快就建起来了。而这场大火，显然激发了爱迪生更旺盛的斗志。3个月之后，他便推出了人类历史上的第一部留声机。

大道理

> 如果灾难打不倒你，那么它就会助你成功。因此幸与不幸总会紧密相连。至于你能得到什么，就看你是否坚持站着承受上帝给你的磨炼。

3. 环境不能改变你的价值

这是一次很特别的演讲。其中的一个镜头震撼了每一个人，足够他们用一生去记忆，尤其当他们遭遇挫折艰难时。

据说，这位演说家经历过无数磨难。当人们问起他是怎么走过来的时候，他伸手从兜里掏出了一百块钱，环顾了一下在场的观众后问道："我想把这一百块钱送给你们当中的某一位，有谁想要？"

下面的观众一下子都举起了手。

演说家把那一百块钱揉了揉，攥成一团，又问道："现在有谁还想要？"

观众们再一次举起了手，看样子，人数一点也没变。

这时候，演说家把那个钱团扔在地上，使劲儿踩了一脚，然后捡起来问："现在呢？还有谁想要？"

观众依然高高地举着手。

接下来，演说家说了一段意味深长的话："我知道，无论我怎么对待这张钞票，只要它还能花得出去，举手的人就不会少。因为，虽然它皱了、脏了，价值却一点不变，还是一百块钱。我们人不也一样吗？无论挫折还是灾难，都只会改变我们的表面，而不会改变我们的实质。只要你能挺得住，不趴下，你就还是你，你的价值就永远不会变。"

场内立刻响起了热烈的掌声。

大道理

决定你的价值的是你自己而非周围的环境。岁月和遭遇只会影响人的表面，而非最重要的是内心。无论我们遭遇什么，只要内心坚定不移，生命价值就依然不变。所以，别让未知的可能打败自己。

4. 苦难不能改变生命的高度

约翰真是不幸极了。他出生时比正常的婴儿小好几倍，而且两腿畸形，根本无法站立。妇产医生当时就断言，这个孩子活不过半年。但是约翰不但活了下来，还活得快乐开朗。只不过，他站不起来，只能趴在滑板上走路。

很明显，像他这样的孩子是需要去残疾学校就读的。可是约翰的父亲偏偏不听这一套，他很固执地把约翰送入了普通的学校。

确实，对约翰这种"不同寻常"的孩子来说，外面的世界是残酷的。他不能像正常人那样被亲人照顾，也无法和正常人一样去自由活动。哪怕一件小事，他都要付出比别人多几倍的工夫来完成。但是好在他是个坚强的孩子，他一直咬着牙坚持着，渡过了一个又一个难关。

大学毕业后，由于找工作处处碰壁，约翰便走上了文学创作之路。这样一来，他的故事便在当地迅速流传开了。各种机构、学校纷纷请他前去演讲。为了让听讲的人看到他，他不得不请人帮忙把他抱到讲桌上去。这时候，他总会努力直起尚能自由活动的上身幽默一下："你们看，虽然我趴着，却比坐着演讲的人还高。"而下面的听众也总会因此而热泪盈眶。

大道理

普通人眼中的趴着当然会比坐着矮。但是不管基点如何，只要精神不倒，生命的高度便能永恒。记住：除了自己，没有任何人、任何苦难或者武器能够打倒一个人。只要你奋斗不息，你便能超越原本的生命高度。

5. 从地狱里走来的画家

几乎没有谁不知道大画家凡·高的名字。这个名字不仅代表着人类艺术的一个巅峰，也代表着艰难困苦的生命。

他的一生真是太苦了。命运女神似乎从来不曾对他微笑过。

很年轻的时候，凡·高疯狂地爱上了大他许多的表姐。可是尽管他痴情到把手伸进熊熊燃烧的炉膛里宣誓的地步，表姐还是拒绝了他。

后来，因为一个小小的玩笑，他竟然割下了自己的右耳朵。这使得全镇的人都认为他是疯子。人人都躲避他，并曾强烈要求政府把他关进疯人院。

事实上，凡·高是一个艺术的精灵，是一个异类的天才。只不过在他短短的一生里，无论他如何呕心沥血，人们都不懂得他的深邃而已。

因为一直无人问津其画作，凡·高不仅生活极为艰难，还曾因极度孤独一度精神崩溃。万般无奈之下，他多次选择自杀。可令人苦笑的是，他连结束自己生命的权利都被剥夺了，每次自杀都未能致命。最后，绝望的画家不得不抑郁而终。

但是现在，他的每一幅画都价值连城。

命运总喜欢让伟人的人生披上悲剧的外衣。因此你完全没必要为今日或曾经的苦难伤悲，那不过是你为成就大业付出的代价而已。你现在遇到的困难和痛苦，只不过是为了让你获得更多的成功而掩饰的一种赏赐。

6. 将挫折视为恩人

由于整天吊儿郎当，这个男孩被挡在了大学的门槛之外。后来，他参了军。从部队退伍后，他找了家印刷厂做送货员。

某天，他去给一所大学的某教研室送书，不想在乘电梯时遇到了麻烦。由于普通电梯正在暂停修理，他预备从贵宾电梯上去。但当他在电梯口等待时，一位保安走过来请他走人："这贵宾电梯是专门给教授、老师搭乘的，其他人一律不准乘坐。请你走楼梯！"

男孩一听，立即向保安解释："我不是学生，我是来送书的。"

保安瞥了一眼他那脏兮兮的工作服说："那更不行了。瞧你这身衣服，会把我们的贵宾电梯弄脏的。"

他几乎火了似的冲保安吼道："我要送一整车书去九楼，一共有六七十包。如果爬楼梯的话，我累死也送不完！"

没想到保安不但无动于衷，还略带嘲讽地回复道："那是你的事，管电梯是我的事。你既不是教授也不是老师，甚至连个大学生都不是。我就是不准你搭乘这架电梯。"

就这样，两个人你一言我一句，吵了有将近一刻钟。最后，男孩一气之下把所有的书都堆在了教学楼的大厅里，然后头也不回地走了。

后来，虽然印刷厂老板谅解了他的行为，但他却再也不肯待下去了。他选择了辞职，并立即购买了全套的高中教材和参考书。他咬牙发誓一定要考上大学，考上研究生，一直考到那所大学里去做老师，每天都搭乘那架电梯上上下下，看那个保安还敢不敢瞧不起他！

10年后，已经不再年轻的他终于实现了自己的梦想，但奚落那位保安的心思却再也没有了，取而代之的是一份深深的感激——如果没有他当年的无理刁难与歧视，我怎么会有今天呢？如此看来，他不正是自己一生的恩人吗？

大道理

> 生命中的每次挫折、伤痛与打击，都必有其深意。如果运用得当，你早晚会明白，它们是命运送给我们最好的礼物，是成就我们人生的重要因素。如果仅仅把它们看成是一种灾难，那么你的灾难就远远没有结束。

7. 苦难让人更坚强

虽然生在深山，长在深山，从小到大没有见过什么世面，但在别人眼中，他却是最幸福的——因为是独生子，所以一直被父母视为掌上明珠；因为学习非常好，所以一直被老师看重、同学嫉妒；眼看着就要成为村里的第一个大学生，众乡亲们的羡慕眼光又来了……一切看起来都是那么完美。但是人这一生总有不如意的事吧。所以出乎意料地，次次考试名列第一的他高考却落榜了。他一下子从云端跌入了地狱……

看着整日委靡不振的儿子，父亲一言不发地把他拉到村后的山上伐树。锯断一棵棵的大树之后，父亲便让他去清理那些枝枝杈杈，结果他手里的斧头陷在了一个木结处，好不容易才拔出来。

"爸爸，这个木结怎么这么硬。我的斧头刚才都卡住了。"他说。

"哦，因为那里受过伤。"父亲回答道。

"哦？"他有点发愣。

"树受了伤，就会在受伤的地方结成木结，这木结往往要比其他地方坚硬许多。"父亲顿了一顿又说，"人也一样，多摔几跤才能变得坚强。"

父亲的这句话如同闪电一般一下照亮了他的心。他顿时愣住了，自言自语地说道："我不能被这个木结卡住前进的脚步。"

大道理

苦难能让人更坚强，它或者毁灭人，或者成就人。至于你能如何，关键看你能否抬脚挣扎出苦难的限制，超越现在的自己。

8. 花生的寓意

一个胸怀大志的青年决定打拼出一片宽广的天地，可是命运似乎在跟他作对，让他接二连三地受到打击。看着自己的血汗一次又一次付诸东流，他都快崩溃了。

偶然一天，他见到了当地赫赫有名的大智慧家，于是忙不迭地向他请教："大师，我一心想有所成就，可不知为何总是遭遇挫败。我就快无法承受了。请您告诉我，怎样才能成功呢？"智者想了想，便从桌上拿起一粒花生递到他的手中："你现在就是这粒花生，你的手就相当于命运。"

青年听了，大惑不解地望着智者，只听智者接着说道："请你使劲儿捏一捏它。"

青年使劲一捏，花生壳碎掉了，露出了里面红红的花生仁。

"你再使劲儿揉揉它。"智者又吩咐道。

青年照做了，结果，花生仁的红皮被他捻掉了，露出了里面白白的果实。

"现在，请你再捏一捏它或者揉一揉它。"智者再次说道。

这回，无论青年怎么用力地捏或揉，都无法再毁坏那粒白色的种子了。

"看见了吗？屡遭挫折，内心却依然坚强。最终命运也无法再把你怎样。到那时，你还会不成功吗？"智者微笑着点题道。

青年蓦然醒悟了。

这是重新掌握自己命运的开始。上帝之所以还安排苦难给你，是因为你还有弱点，而它们正是你成功的绊脚石。冷静乐观地面对种种遭遇，借此克服自身的种种缺憾，命运最终会向你低头。你最终会成为成功的人。

9. 有裂缝的水罐

夜深了，主人放在墙角的两只水罐开始对话。

完好无损的那只水罐嘲笑另一只道："你和我同时来到主人家。我到现在还完完整整的；你看你，都满身裂缝了。"

身上有裂缝的那只水罐反驳道："这也不能怨我啊。是小主人不小心摔了我一下，我才变成这样的。"

完整的水罐又道："不管怎么说，反正我比你强。你看，每次劳动时，我都能把水从远远的小溪边满满地运回主人的家里。而你呢？每次到家就只剩下半罐水了。"

有裂缝的水罐被说得哑口无言，委屈地哭了起来。刚刚入睡的主人听见哭声，急忙起身寻找声音来源，找来找去，发现竟然是自己挑水用的罐子。于是他俯下身去问："小水罐，你怎么哭了。"

小水罐回答说："我很惭愧，很难过。"

主人问："你为什么会感到惭愧和难过呢？"

"因为在过去的两年中，每当你用我挑水时，水就会从我的裂缝里渗出，到家时只剩下半罐了。你尽了你自己的全力，我却没能让你得到足够的回报。"水罐答道。

听到这里，主人哈哈大笑起来："小水罐，你怎么会这么想呢？你知不知道，在我的心中，你与它是一样的，甚至比它还讨我喜欢。"主人一边说，

第二辑 挫折给你力量 苦难使你成长

一边用手指了指旁边那个完整的水罐。

这下，小水罐惊讶地睁大了眼睛："什么？不可能吧？请问这是为什么？"

主人起身从桌上拿来一瓶鲜花，让小水罐闻了闻，然后问它道："香不香？"

"香!"小水罐愉快地回答。

"可是如果没有你，它们就不会这么香。"主人说。

"因为我?"小水罐糊涂了。

"是啊，难道你没有注意到吗？在咱们从小溪运水到家的小路两旁，长满了各色的鲜花。那些鲜花，正是由于你漏掉的水才得以生长、盛开的啊。这两年来，我一直从路边摘花来装饰我的家，这不全是你的功劳吗?"主人笑眯眯地说道。

小水罐听了这番话，心里一下子充满了喜悦。

从此之后，每逢主人挑水，小水罐都会细心地观察着路旁的鲜花青草，感觉无比的自豪——虽然我并不健全，可是我照样有用!

大道理

世间万事万物都不会完美无缺，但"存在即为合理"，我们总有我们存在的理由与价值。把眼睛从自身的弱处转移开去，你就会发现，缺陷有时也是一种优势。所以，不要轻易相信裂缝给你带来的只有不完美。往往正因为有它才成就完美。

10. 火灾下的屋梁松

屋梁松因最适合做房屋的栋梁而得名，是美国黄石公园分布最广的一种松树。这种松树有一个特点：它的松塔鳞片极为紧密，即便是被打落在地或者饱受狂风烈日的考验也不会张开。只有在一种情况下，这些鳞片才可能释放出种子，那就是在强烈的高温作用下。

想想看，如果你是一颗屋梁松的种子，当春暖花开，别的种子都在生根发芽，准备成长成参天大树，而自己却依然被迫过着暗无天日、与世隔绝的生活时，你会不会因命运的不公而悲叹落寞，甚至是愤怒，诅咒呢？

也许你会，也许你不会，但是不管怎样，我们都不能否定大自然的安排是有其深意的。一旦闹起干旱，夏末秋初时，森林中发生火灾的可能性就会极大。当山火来临，大片大片的树木被烈火吞噬时，屋梁松的鳞片却会如鱼得水，迅速打开自己，释放出储备已久的种子。

由于有坚固的种皮保护，屋梁松的种子完全可以平安度过火灾。所以，成功逃出"牢笼"的它们只需要欣然地等待大火熄灭。大火熄灭后，被烧成灰烬的动植物会为土壤补充丰富的养分。有了这些养料，再加上没有其他树木的竞争和遮蔽，屋梁松生长所需要的空气、阳光、水分、食物等都会异常充分。结果，它们自然会破土而出，随意生长了！而由于黄石公园里树林遍布，发生火灾的几率很高，所以久而久之，屋梁松成了公园中分布最广的树种之一。

别忘了，火灾只是个条件，最大的功臣是把种子深锁在黑暗中的松塔。

大道理

　　正如歌德所说："让珊瑚远离惊涛骇浪的侵蚀吗？那无疑是将它们的美丽葬送。一张小红脸体味辛苦所留下来的东西！苦难的过去就是甘美的到来。"上天的每一步安排都必有其道理。所以，请不要为怀才不遇而懊恼，也不要因环境束缚而抱怨。须知正是这漫长的煎熬，让你积蓄起了无穷的力量，等来了最好的时机。

11. 丑陋的大象

制造大象时，上帝走了神，一不小心把大象的鼻子捏得又长又大。懊恼的上帝原本想再为大象捏一个鼻子，可是不知道又因为什么事耽误了。于是，大象便带着这副"失败的形象"来到了地球上。顿时，所有遇到它的动物都惊叫着躲开了，以为自己碰到了怪物。对于这种情景，大象真是百思不得其解："自己虽然体态庞大，可是性情善良温和，而且又是食草动物，这些小伙伴们怎么会这么害怕自己呢?"

某天,大象去湖边喝水,清澈的湖水一下子把它的形象清清楚楚地映了出来。大象看清自己的模样,也不觉吓了一大跳,它这才明白了其他动物为什么躲着自己。"上帝为什么给别的动物都捏上漂亮的五官,而偏偏给我一个奇丑无比的鼻子!"大象边哭边抱怨道。

哭过了之后,心胸开阔的大象开始冷静地思索起来:"既然事情已经这样,我再怨天尤人也是无益的,不如想办法用这个大鼻子来做点事情。"

于是,它首先学会了用鼻子吸水,因为它用短短的嘴喝起水来很不方便。然后,它开始练习用长鼻子卷较高处的树枝,作为自己的食物。接下来,它又试着用鼻子拔出很粗的树根。

由于总能得到很多很好的食物和水,大象的身体变得越来越强壮,最后成了陆地上最强大的动物。另外,由于它的和善,那些小动物们渐渐不再怕它,而是和它做起朋友来。忠厚朴实的大象很喜欢自己的这些朋友,所以总是尽可能地发挥自己的长处,把更高处也更好的食物够下来给它们吃,使双方的友谊更进一步。这样一来,长鼻子给大象带来了数不清的好处。

有一天,上帝忽然想起了大象。内疚不已的他决定把大象召回,重新给它造个最漂亮的鼻子,不想大象却摇摇头拒绝了。上帝感到不可思议,便从天上往下观察它。只看了一眼上帝便惊呼起来:"天哪,大象可真是一个聪明的动物!它把自己的丑陋变成了一种力量、一种生存的法宝和强大的武器。看来我没有必要再改造它了。我需要做的,只是让其他所有动物包括人类都学会大象的精神!"

大道理

拥有丑陋的外表,自惭形秽是于事无补的;最明智的选择就是将之作为奋斗不息的动力。当你变得强大并展现出内在的美好时,外表的丑陋就会被忽略了。也许你会因为丑陋坚定自己一定要成功的信念,它反而会激励你不断追求成功。

12. 希尔顿饭店从何而来

世界著名的希尔顿饭店是以它的开创者希尔顿的名字命名的。

希尔顿是个孤儿，年幼时又正遇到美国历史上最严重的经济大恐慌，他只好四处流浪，靠乞讨为生。

一次，小希尔顿流浪到了一座城市。接连几个晚上，他都躲在一间大饭店门廊的角落里过夜。但是某天半夜时分，他突然被一阵疼痛弄醒了，睁开眼睛一看，原来是饭店的门童正带着满脸的不屑使劲踢他。他刚一反抗，那个身型健壮的大男孩便把他拎起来扔到了距离饭店 10 米外的雪地上，并对他大肆辱骂，说："明天一大早，我们饭店集团的老板要来视察工作。你这个又脏又下贱的乞丐怎么可以呆在这里过夜，简直就是给我们丢人！像你这种人应该钻进垃圾筒里去睡觉。这种高级的地方你做梦都不配梦到！"

听闻此言，希尔顿真是愤怒极了，他咬着牙，握着拳头，真想冲上去揍那个门童一顿。但是"好汉不吃眼前亏"，他显然没必要再给自己找麻烦。于是他指着对方大声说道："等着瞧，早晚有一天，我会开一家比你们饭店更大、更豪华的酒店。记住我现在所说的话！"不想门童却嘲讽地吹了一声口哨。这声口哨更是激起了小希尔顿奋斗的决心。

那夜之后，他历尽艰难找到了一家肯雇用童工的工厂，玩命地工作，并存下自己所赚的每一分钱。辗转数年之后，希尔顿终于破茧而出，创立了第一家"希尔顿大饭店"，并迅速扩充成全世界最大的饭店集团之一——希尔顿饭店集团。

大道理

如果你遭受到种种非难，你不必报复给自己带来屈辱的人，只需要让自己活得更好。因为你的优秀是对他最大的报复。另外，要善于利用自己的愤怒，它是你开创伟大事业的最佳动力。

13. 将眼光放在未来

1929 年时，美国正处于经济大萧条时期。那个时候，约翰·梅瑞特迫于生计与妻子来到了旧金山。因为在他看来，旧金山和纽约一样是一个淘金的好地方。

经过多次考察，他在一个看似不起眼的角落里开起了一家冷饮店。但因为资金不足，当时夫妻俩只能卖廉价的汽水。只不过，由于那个时候的旧金山并不像他们所想象的那么繁荣，而且正赶上经济危机，所以没过多久，他们的小冷饮店就被迫关门了。

迫不得已之下，约翰·梅瑞特只好选择了另一个地方居住，并把冷饮店也搬到了那里。谁知不久，这个冷饮店也被迫停业了。也许做生意做久了，就会对市场有一种特殊的敏感。约翰·梅瑞特感觉这个位置将来一定能成为旧金山的繁荣区，所以他们并没有离开这里，而是照样付着房租，维持着使用权。当看到妻子半是埋怨半是怀疑的眼神时，约翰安慰妻子说，他觉得将来不管做什么生意，这里都会是一个很理想的位置。

事实证明，约翰·梅瑞特的判断是正确的。几个月后，当他发现隔壁面包店的生意变得非常好时，便与妻子商量着开了一家快餐店，并借钱推出了一系列食品，而这些食品正好迎合了当时人们的饮食需要。就这样，他的店迅速火了起来。

眼看着生意越来越兴隆，约翰·梅瑞特开始着手准备扩展计划。1932 年时，他和妻子所经营的小吃店已经增加到了 7 家。而到了 1962 年左右，约翰·梅瑞特已经拥有大小餐馆近千家，年营业额在 4 亿美元左右。

大道理

上帝是公平的。命运至少有一半掌握在我们自己的手中。如果你是强者，你必将能把这一半扩张到全部。因此，如果你正身处逆境，请抓紧所拥有的那一半命运，披荆斩棘，达成理想；如果已身处顺境，请及时扩张手中的"资本"。

14. 其实上帝偏爱企鹅

企鹅，南极的主人，人见人爱的天使。但是这群天使，从出生、成长到作为父母孵化新一代儿女，企鹅无一不受到严酷的考验。

有食物的地方不宜养育后代；要想养育后代的话，它们只能到什么吃的也没有的地方去——在企鹅降临到地球之前，上帝就给它们做了如此荒唐而残酷的预设。但坚强且勇敢的企鹅们并没有因此被吓退，它们淡然地活着，坚定地养育着后代。尽管，为了完成这一任务，它们必须首先完成另一项几乎不可能的任务——在将近四个月的时间内不吃、不喝、不休息。

来看看这个不可思议的过程吧。

每年冬天，从南极大陆的北侧到寒冷的南部，成群结队的企鹅总会络绎不绝。它们是去那个叫"奥亚摩克"的地方，因为只有在那个没有任何食物可寻的不毛之地，它们才能完成自己作为成年企鹅的使命：交配与生育。它们遵循着大自然的规律，遵守着上帝残忍的法则，既不规避，也不抱怨，只是艰难地、蹒跚地移动着步子，实在走不动时，就趴在冰上向前滑行。它们必须到达那个冰天雪地的世界。这是传统，也是作为企鹅的命运。

当母企鹅产下卵时，企鹅父母的命运就会更加艰难。为了让卵有足够的温度孵化，它们必须轮流把蛋放在自己的脚掌上，用羽毛盖住，然后一连几个月不吃不喝，以免寒风侵入自己未来儿女的温巢中。

有时候，饥饿至极的母企鹅会不顾一切地爬向海边补充食物，而正在孵化儿女的公企鹅则仍然饿着肚子。不知道有多少小企鹅会在出壳之时看不到妈妈，更不知道有多少小企鹅未等到妈妈回来就饿死了。可是不管怎么样，当一批接一批的小企鹅出世时，南极的夏天已经悄悄到来了。那时，天气转暖、食物丰盈，整个企鹅家族发展下去的希望越来越大了。

一年又一年，一代又一代，企鹅们始终不曾松懈地完成着自己的使命。而且，即使每次都会有企鹅因为坚持不住而死去，活下来的企鹅们仍然会在第二年冬天继续勇往直前。

其实，每个人真正的上帝就是自己。没有谁要跟你过不去，除了你自己。在严酷的命运与现实面前保持安然淡定的态度，坚持完成自己应尽的职责，你的春天就快到来了。请勇敢面对上帝的赐予。

15. 磨难带来的两极人生

从前有一位农夫，他有一块农田。由于农田十分贫瘠，他每年的收成都不是很好，所以他经常抱怨："如果神让我来掌控天气，一切事情都将会变得更好一些。因为我自己是农夫，我比神更懂得怎么种庄稼，更懂得庄稼需要什么样的天气。"

不想他的这些话刚好被路过此地的天神听到了，于是天神便对他说道："从现在开始，我把一年的时间送给你。由你来指挥风雨雷电，最后看看你的庄稼会长成什么样吧。"

农夫一听大喜，马上试探着喊道："晴天。"顿时乌云密布的天云开雾散。他欣喜不已，又喊道，"下雨。"声音刚落，空中立刻阴云四起，不一会儿，瓢泼大雨就下来了。

就这样，在接下来的一年中，他的命令总是在晴天和下雨之间转换着。

眼看着种子越长越大，长成庄稼，农夫心里得意极了。然后，他就看到了从来不曾见过的大叶子，还有令人难以置信的碧绿色。再然后，收获的季节到了。

背上筐子，带上镰刀，农夫去地里收割他的庄稼，但是他的心忽然沉到了谷底。那看上去苗壮无比的庄稼上面居然一粒粮食也没长。

农夫不解，伤心地大哭起来。他的哭声引来了天神。

"你的农作物怎么样了？"天神问道。

农夫指指颗粒无收的庄稼，一句话也说不出来。

"你不是如愿以偿地控制了天气吗？"天神又问道。

"是的。这正是我困惑的地方。我得到了我想要的阳光和雨水，可庄稼居然没有收成。"农夫终于开口说道。

"那是因为你从来没有要求过风、暴雨、冰雪以及任何一件能净化空气和让根更坚硬、更有抵抗力的东西。没有足够发达的根，庄稼当然长不出什么果实来。"神厉声说道。

原来，只有经历挑战才可能有生命的果实。农夫明白了这个道理之后，乞求神收回了自己所控制的天气。

此后，虽然风霜雷雨不断，但毕竟，庄稼又可以结果了。

大道理

> 人不经磨难，只会面对着未来变得越来越脆弱。在舒适和一帆风顺的环境中成长，最后收获的只会是浅薄与脆弱。适当的困苦折磨和逆境锤炼，不但有助于人坚韧强大，还可以带来厚重扎实的人生。

16. 苦难让修车工人到汽车大王

十几年前，亨利还是一家修理厂的修车工人。那时候的他虽然薪水菲薄，却常常在闲暇时凝望工厂对面的五星级餐厅，渴望有朝一日能够坐在那里面大吃一顿。

某个月底，刚刚领到薪水的亨利鼓起勇气走进了那家富丽堂皇的高级餐厅。不想仅一会儿工夫，他的兴致便被一盆冷水浇熄了。在他呆坐了差不多15分钟之后，居然还没有一个服务生过来招呼他。没办法，他只好伸手示意要点餐。直到这时，一个小个子服务生才勉强走到他桌边，然后不耐烦地把菜单扔在了他面前。

亨利打开菜单仔细看起来。刚看了几行，旁边站着的服务生便以一种轻蔑的语气说道："你只适合看右边的部分（意思是价格），左边的部分（意思是菜肴），你就不必费神了!"亨利惊愕地抬起头来，双眼愤怒地盯着服务生那带着不屑表情的脸，他真想把攥得紧紧的拳头砸向那个扁扁的脑袋。可一想到自己口袋里那点可怜的薪水，他的怒气就化成了泄气。

"一个汉堡。"亨利有气无力地说道，以此结束了这场尴尬的僵局。

服务员轻哼一声转身走了。

吃着那个比快餐店贵出四倍价钱的汉堡，亨利的心里充满了悲哀。但是不久之后，他便渐渐冷静下来，不再生气，而是开始鼓气——他立志要成为上流社会的人物，要成为国家顶尖的富翁，永远不再遭受今天的羞辱。

从那以后，他开始坚持不懈地朝着梦想前进。十几年过去了，他已经由一个平凡的修车工人，成为了叱咤风云的汽车大王。他的名字叫亨利·福特，你一定知道这个名字吧？

大道理

> 如果你受苦了，感谢生活，那是它给你的一份作业；如果你受苦了，感谢上帝，说明你还活着。人们的灾祸往往成为他们的学问。相对来说，一件不幸的事情背后，总会隐藏着更大利益的种子。把这粒种子埋入你充满潜能的沃土中并悉心照料。早晚有一天，它会成长为参天大树。

17. 绝境中的重生

在南美洲智利国的北部，有一个叫做丘恩贡果的小村子。这里气候湿润，绿树飘摇，风景甚是优美。可是你知道吗？数年之前，丘恩贡果所在地还是一片被干旱统治的土地，放眼望去，数十里地之内都看不到一丝绿色、一点生机。虽然从地理位置上来看它不应该如此。它西临太平洋，北靠阿塔卡玛沙漠；太平洋的冷湿气流和沙漠上的高温气流能够不停地在其上空交融，使得当地天天雾气缭绕。可是你别忘了，这浓雾并无益于这片干涸的土地。因为"赤道国"智利白天的日晒非常强烈，阳光很快就会将浓雾蒸发殆尽。

在经历了不知几百年的干旱折磨后，丘恩贡果终于迎来了可以带给它希望与生机的人。他叫罗伯特，是一位加拿大籍的物理学家。在进行环球考察时，他曾路经这片荒凉之地，并住进了不远处的村子里。不久之后，罗伯特便发现了当地的一种奇异现象——由于过度干旱，这里没有任何生物，但蜘蛛却四处繁衍，生活得很好，以至荒地上处处蛛网密布。这是怎么回事呢？为什么蜘蛛能够在如此干旱的环境里生存下来呢？借助电子显微镜，罗伯特弄清了其中的原由：原来，蜘蛛丝具有很强的亲水性，极易吸收雾气中的水分；而这些水分，正好可以供给蜘蛛日常的用水。这就是蜘蛛能够在此地生生不息的原因。

了解到这一"奥秘"之后，罗伯特立刻申请了智利政府的支持。然后，他仿照蜘蛛网研制出了一种人造纤维网，并选择当地雾气最浓的地段将纤维网排成了网阵。这样，穿行其间的雾气被反复拦截之后就会形成大量水滴。这些水滴滴到网下的流槽里，经过过滤、净化后，就能形成新的水源。

令人不敢相信的是，仅靠着上述方法，当地每天的平均截水量就达到了10580升；而在浓雾季节，截水量更是可高达 13100 升。这些水不仅满足了当地居民的生活用水，还可以用来灌溉土地，使这片昔日满目荒凉、尘土飞扬的荒漠长出了鲜花和青绿的蔬菜。

看来，世界上并不存在什么"不可能"。只要我们敢于打破固有的思维，注意观察并勤于思考，再荒凉的土地都有可能变成生机勃勃的绿洲。

大道理

> 绝境是我们头脑中的一个禁区。其实从来没有什么真正的绝境，有的只是人们绝望的思想和僵化的思维。只要心灵不曾干涸，再无望的"绝境"都终会过去，变成创新的动力、希望的源头。让你自己学会在绝境中重生吧。

18. 身体残疾成就了罗伯特·巴拉尼

罗伯特·巴拉尼是一位非常有名的医学研究者。说来令人难以置信，他的巨大成就居然源于他的身体残疾。

巴拉尼出生于奥地利，年幼时患了骨结核病，由一个健康活泼的孩童变成了膝关节永久性僵硬、无法再自由屈伸的重度残疾人。因为儿子的腿病，巴拉尼的父母一直深感愧疚。为了解除父母的心病，巴拉尼从小就暗下决心，要以实际行动来宽慰父母，改变他们的看法。

上天是公平的，小巴拉尼的努力有了明显的回报，以至于所有认识他的人都不得不承认他简直就是天才。上小学、中学时，他的成绩一直非常优异；进入维也纳大学医学院以后，他更是比同班同学早很长时间获得博士学位。

大学毕业时，由于巴拉尼表现突出，母校维也纳大学把他留在了校医院的耳科诊所工作。当时著名的医生亚当·波利兹认识他之后，更是对他大加赞赏。1905 年，巴拉尼完成了题为《热眼球震颤的观察》的研究论文。此论文一经发表，立刻被全奥地利的医学界关注。

1909 年，亚当·波利兹医生把原本由自己主持的耳科研究所事务交给了巴拉尼。同时，维也纳大学也发出了让他担任耳科医学教学工作的邀请。对于一个重度残疾患者来说，这双重职务的压力真是太大了。可是巴拉尼不畏劳苦，极其出色地完成了这些工作，而且还发表了两本著作。

鉴于巴拉尼对世界医学的重大贡献，1914 年，诺贝尔奖委员会为他颁发了诺贝尔生理学以及医学的双项奖金。

大道理

身残心不残。身体的残疾并不会阻碍一个人的成功，只要他能保持住健全的心灵。须知相比于身体，后者是成功的更大保障。有了它，人才可能超越身体的限制，加速前进的脚步。

19. 苦难让你思考

20 世纪 90 年代初，加达城的经济很不景气。全城市民们几乎每个人都在努力卖出手中的产业，因为他们相信，如果把钱存起来，40 年后就会成为百万富翁。但是，罗伯特先生却逆潮流而上，一直在试图买进。他当时想得最多的就是投资。不过由于他和妻子早就把 100 多万美元的现金投在了将会迅速上升的市场上，他们已经无法再偿付接下来的买进费用了。这可怎么办呢？

罗伯特和妻子冥思苦想了许久，终于有了主意——把眼睛盯在房地产的生意上。因为当时城中原本价值 10 万美元的房屋只售 7.5 万美元的低价，这其中应该是有利可图的。主意一定，罗伯特夫妇立刻开始付诸实施，但是他们并没有去找当地的房地产公司来买进这些地产，而是直接去了破产事务律师办公室以及地方法院来洽谈这笔生意。要知道在这些地方，同样价钱的房屋有时可以用 2 万美元甚至更低的价钱买下来。

罗伯特首先以现金支票的形式支付给律师 2000 美元定金。等程序启动之后，他便在报纸上刊登了售房广告，说要以 6 万美元、首期付款为零的极优条件卖出这幢价值为 10 万美元的房屋。可以想象，即便当时经济委靡，如此低廉的价格还是引起了相当一部分需要购房者的兴趣。在交易中，罗伯特要求对方向他支付 2500 美元的手续费（这个数字是远远低于房地产公司的费率的）。于是买主很高兴地支付了。交易完成后，他把这笔手续费用于支付提供中介服务的公司费用和一些其他杂费。这样一来，在整个过程中，服务律师很高兴，房屋的买主很高兴，罗伯特也很高兴。接下来，他便把净赚的 4 万美元以买主开出的承兑汇票的形式流入了他的资产项目。再接下来，他又开始了新一轮的买进卖出……

当那段经济大萧条时期过去时，罗伯特和太太经过计算发现：在他们的大量资金无法动用时，两人光利用闲暇时间的买进卖出就赚取了 19 万美元。

大道理

痛苦能够毁灭人，受苦的人也能把痛苦毁灭。苦难是上帝的礼物。卓越的人的一大优点是：在不利与艰难的遭遇里百折不挠。越是面临逆境，人便越容易创造奇迹。所以，我们不要因种种困难而灰心丧气。认真观察和思考一下，你就会发现，通向成功的道路任何时候都会存在。

20. 金牌主持人也非一蹴而就

莎莉是位年轻的姑娘，她最大的梦想就是做一名主持人。在许多年中，她一直为实现这个梦想奋斗着。

早时，她去美国大陆无线电台面试，谁知电台负责人却以她"是位女性，不能吸引听众"为由拒绝了她。

之后，她单枪匹马闯到了波多黎各，希望这个地方能给自己带来好运气。但是她所工作的通讯社却因为她不懂西班牙语而一直不肯重用她。为了熟练语言，莎莉花了整整 3 年的时间。不想当她已经能对西班牙语驾轻就熟时，通讯社还是不重视她。据她回忆，在波多黎各的那段日子里，她只接过一次重要的采访任务——到多米尼加共和国去采访暴乱，但前提是一切费用包括差旅费在内都由她自己负责。

离开波多黎各后，她不停地工作，却也不停地被人辞退，有些电台甚至指责她："你根本不懂什么叫主持！"或者是"你根本跟不上这个时代"。迫于无奈，莎莉失业了一年多。

挨过失业的苦日子之后，莎莉终于迎来了一缕曙光——她向国家广播公司某职员推销的一个清谈节目策划被首肯了！但非常遗憾的是，当她前去面试时，那个人已经离开了这家公司。无奈之下，她转而向另外一位职员推销自己的策划。谁知对方对此根本不感兴趣。于是，她又去找第二位职员。此人虽然同意雇用她，却不准她搞清谈节目，而是让她搞一个政治节目。

因为对政治一窍不通，却又想保住这份来之不易的工作，莎莉开始"恶补"政治知识，并准备放手一搏。到了 1982 年的夏天，由她主持的政治节目正式开播了，播出形式是让听众打进直播电话讨论国家的政治活动，比如总统大选等。这在美国电台史上可是没有先例的。

因为莎莉主持技巧娴熟，主持风格又平易近人，她的名字几乎在一夜之间传遍了整个美国。很快，她主持的节目便成了全美最受欢迎的政治节目。

二十多年后的今天，这位名叫莎莉·拉斐尔的女士已经是美国一家自办电视台的节目主持人了，并曾经两度获得全美主持人大奖。

现在，在美国的传媒界，"莎莉"这个名字意味着一座金矿。她无论到哪家电视台、电台，都会为对方带来巨额的收益。因为每天至少有 800 万观众在收看或收听她主持的节目。

大道理

上帝只会掌握人们命运的一半，而把另一半交给人自己。你越努力，你手中掌握的那一半就越大。总有一天，你会把握住自己全部的命运。在痛苦的时候想想："假如生活欺骗了你，不要忧郁，也不要愤慨！不顺心的时候暂且容忍。相信吧！快乐的日子就会到来。"

21. 感谢上帝赐予的灾难

比尔是一家汽车公司的小职员，一次机器故障使他失去了右眼。因为这件事，比尔从十分乐观变得沉默寡言。他最害怕上街，因为大街上总有那么多人在看他的眼睛。

面对这突如其来的打击，妻子姬丝同丈夫一样痛苦不堪。她很害怕比尔会因此失去生活的信心，更害怕这会影响到自己的家庭生活。

为了让丈夫尽可能地康复，她坚持让比尔多休息一些日子，然后独自一人承担起了家庭所有的开支。除了正常上班之外，她另在晚上兼了一份职。看得出，她深爱着比尔，很在乎这个家，很想让全家人过得跟以前一样。看着丈夫的情绪一天比一天稳定，她渐渐放下心来。现在，她只祈祷一件事情：丈夫的左眼不会受到影响。

可是很糟糕，在一个阳光灿烂的早晨，比尔忽然指着院了里的人问妻子："那是谁在踢球?"姬丝立刻意识到了问题的严重性。不能自控之下，她一下子抱住丈夫大哭起来。

但想不到比尔居然非常平静："亲爱的，我知道以后会发生什么。不过这又有什么关系呢?"

听到这句话，姬丝非常惊讶地抬起了头。

"我只希望一件事，"比尔接着说了下去，"在我尚能见到光明的日子里，你要把你自己和我们的儿子打扮得漂漂亮亮的，让我看个够！"

"比尔，"姬丝迷惑地问道，"你是怎么走出来的？"

"我想到了犹太人的一句格言，"比尔回答道，"那句话说，如果你折断了一条腿，你就应该感谢上帝不曾折断你两条腿；如果你折断了两条腿，你就应该感谢上帝不曾折断你的脖子。我现在固然很糟糕，但是，我总得为一件事庆幸，我没有比这更糟糕。"

"可是，可是……"姬丝半是感动，半是惊讶，一时间竟想不起说什么好来。

"真的没有关系，亲爱的。"比尔吻了一下妻子的额头，"这个世界上，每一天、每一刻都有无数的人在受着同一种罪，可是却有人笑着，有人哭着。失明的人也是其中的一类。既然别人能笑得出来，我为什么还要哭呢？"

说完，比尔更紧地拥住了妻子。他感到，虽然自己失去了眼睛，可更加光明的世界却来到了他的身边。

大道理

> 每一种困苦磨难都曾经被不止一个人遭遇过，可人们对它的态度却大不相同。无论你身陷何种绝境，总会有人和你同样惨，甚至比你更惨。既然别人能够快乐面对，你为什么不能呢？

22. 上帝恩赐的特殊的礼物

美国修女泰瑞莎一生经历颇多，却从未被任何磨难打倒过。她这样表述自己的秘诀："世界上的艰难困苦比比皆是，但是面对它时，却有人痛苦，有人欢欣。我想这跟人的心态有重要关系。比如，如果将之视为上天恩赐给我们的特殊礼物，我们的生活便会减少几许悲哀，平添许多快乐……"

"上天恩赐的特殊礼物"，这几个字如石击水，让我的心里翻腾起了道道涟漪。我想以后再遇到不开心的事情时，我知道怎么做了。

不久之后，我乘飞机去纽约参加一个会议，不想因为天气原因，飞机中途迫降，要停飞 4 个小时。我当时就烦躁起来，又沮丧又着急，但是突然间我就想起了泰瑞莎的话，顿感心情平静了许多。是啊，既然闹情绪也没用，我干嘛不把它当成一份上天恩赐给我的特殊礼物呢？我平常忙得连休息日都没有，这长达 4 个小时的休闲时间实属难得，不正符合"恩赐"的条件吗？想到这里，我微笑起来，从包里拿出一本杂志，开始慢慢地读起来。

从这以后，每逢遇到磨难与挫折，我总会告诉自己"我又得到了一份特殊的礼物"。渐渐地，微笑已经成了我的习惯……

大道理

生活中的困苦挫折并不都是破坏幸福的魔鬼，如果你看待它的心态能够转变的话。把自己当成"特殊公民"，把一切挫败当成上天赐予的"特殊礼物"，你便能拥有长久的快乐。坦然面对这些上帝的礼物，思考其中的意义，我们收获的不仅是痛苦，更是一种坚强与成功。

23. 告诉自己吃必要的苦

台湾有个著名的塑料制品企业家叫王永庆。他在一篇自传式的小文中提到了自己的成长经历，读来很是令人感动。

王永庆出生在台北市新店县一个叫做直潭的小地方。作为长子，他从小就承担了许多格外粗重的活计，比如挑水就是其中一项很苦的差役。还在十来岁的时候，小永庆便包下了这个任务。那时，他每天都需要很早就起床，赤着脚，打着扁担和水桶，步步爬上屋后一百多米高的小山坡，再走到山下汲水，然后再循原路挑水回家。往往反复五六趟，连挑十几桶水后，他才算完成任务。做完这些工作之后，他便匆匆赶六里地的山路去上学。

由于从小就生活在这样的环境里，所以小永庆一直在心里认为这些苦役都是自己的分内之事，所以并不应该叫做"苦"。可见，吃苦对于渐渐长大的他来说，已经成了一种习惯。

小学毕业后，王永庆背井离乡，来到嘉义的一家米店当学徒。一年之后，颇有眼光的父亲给他贷了 200 块钱，帮他开起了自己的米店。

自打有了自己的米店以后，王永庆便展开了独具一格的经营模式。他首先按买主家的人口计算出其一个月所需要的米量，然后定期主动上门寻找生意。结果，这种"服务到家"的计划给他带来了非常可观的收益。另外，在回收米款上，他也设计出了颇具自己特色的方式，即总是等到顾客领薪的日子前去收米钱。自然，十之八九他都非常顺利地拿到了钱。

有了一定的经济基础和顾客群之后，单单经营米店已经满足不了这位大器之才的心了。于是第二年，他便增添了碾米设备，开始了从原材料到成品的一条龙服务。当时，他米店的隔壁有一家日本人经营的碾米厂。为了跟条件优越的外国人一争高下，王永庆想出了种种省钱的招儿。辛苦劳作之下，他最终真的克服了条件上的差异，使得业绩远远超过了日本经营者。

用心经营多年之后，那种粗浅经验已经成了王永庆的一笔巨大财富。后来，他把这笔"财富"用在了自己的台塑企业管理制度上，使得新事业也更上一层楼。

"成功虽然也需要风云际会，但更重要的是，当机会来临时，你本身早已做好了准备。对我而言，这种准备是用多年的吃苦换来的。"王永庆这样总结道。

大道理

"怕吃苦，苦一辈子；不怕吃苦，苦半辈子"。所以，成功的秘诀就是吃必要的苦，耐必要的劳，并在其间积蓄起寻找和迎接成功机会的能力。趁早吃苦，也会让自己在以后的路上更勇敢。

24. 不要抱怨老是失败

沃尔玛公司是全球最大的零售业之王。它的创始人是萨姆·沃尔顿。

一次，《财富》杂志的一名记者约好了去采访沃尔顿。可是当他早早来到沃尔顿的办公室，等了半个小时之后，还没有看见沃尔顿出现。这时，沃尔顿的秘书刚好经过办公室门口，当看到有记者在办公室里等待时，她便说道："你在这里怎么能等到他呢。他应该在前面20米处的零售店门外。"

听了这话，记者立即起身去找沃尔顿，不想正好看见他在为顾客将货物装箱并抬入货车中。一个如此有钱、身份如此之高的人居然做这些工作，真是大大出乎记者的意料。

等到沃尔顿忙完，记者问他："您不是答应我在办公室等我的吗？"

"我就是在等你啊，"沃尔顿回答说，"只不过忘了告诉你，我的办公室设在大街上，因为这里有需要我的客人。怎么？你难道认为它应该在冷气房里吗？"

说完，沃尔顿一笑，又弯下腰去干另一批活了。结果，整个采访过程都是在他的劳动过程中进行的。

"沃尔顿家族是做零售小生意的，而我却非常富有。那些做大生意的人也未必能像我这么有钱。"沃尔顿自豪地说。

采访完毕后，记者随沃尔顿参观了整个超市。当看到客人们排起长队付钱时，记者禁不住连声夸赞他生意真好。谁知沃尔顿却说："如果真成功的话，就不用客户排队付钱了。所以这证明，我们还有改良的必要。而且事实上，成功人士不单单要学习，还要不断更新我们的思维。"

记得有位哲人曾说："一个人能把握的财富就在身边25米之内。但人们却常常舍近求远，看不到身边的机会而越走越远。"从记者采访沃尔顿的这个小故事中，我们是不是能够更加深刻地领悟这个道理呢？

大道理

　　不要抱怨自己老是失败，要知道你的失败并非因为命运不公平，而是因为你没有抓住身边组成成功的每个微小分子，却只顾着看前方成功的荣耀。

25. 羞辱成就"第一CEO"

杰克·韦尔奇出生在一个极普通的美国家庭，他身材矮小，其貌不扬，而且还有点口吃。但是，他却是一个争强好胜的小男孩。

在塞勒姆高中读最后一年时，杰克参加了学校的冰球队，并担任副队长。当那个赛季最后一场冰球赛来临时，他决心带领全队打一场精彩的球，以便"在学校的历史上留名"。的确，在前三场比赛中，他们分别击败了3个球队，连赢了三场。可是不料，接下来的六场比赛他们居然全都输掉了，而且其中五场都是因为一球之差。所以，当最后一场比赛到来时，全队都极度渴求起胜利来。作为副队长的杰克更是力挽狂澜，独进了两球。顿时，大家都信心十足，觉得运气相当不错。确实，那是一场十分精彩的比赛。最后，双方打成了2比2平，使得裁判不得不宣布进入加时赛。谁知正是在短短3分钟的加时赛里，对方又进了一球。杰克的球队又输了！这已经是他们连续第七场失利了。

沮丧之下，杰克愤怒地将球棍摔了出去，然后头也不回地冲进了休息室。正当大家在换冰鞋和球衣时，休息室的门突然被打开了，杰克的母亲闯了进来。只见她一把揪住杰克的衣领，大声训斥起来："你这个窝囊废！你干嘛那么自信，那么争强好胜！如果你不知道失败是什么，你就永远都不会知道怎样才能获得成功。如果你真的不明白这一点，你就最好不要来参加比赛！"

由于在朋友面前遭到了羞辱，小杰克当时既委屈又愤然。但是母亲的那句话却如同烙印一般刻在了他的心上，并对他的一生都产生了重大影响。那句话不仅让他明白了竞争的价值，更让他知道了如何面对胜利的喜悦和前进中不可避免的失败。

在这样一位好母亲的教育下，小杰克渐渐长大了。1960年，他加入了由托马斯·爱迪生创建的通用电气公司（CE）。20年后，他成了该公司历史上最年轻的董事长兼首席执行官。在接下来的20年中，他大刀阔斧地进行改革，不仅为CE的股东们创造了巨额财富，使CE成为全球第一大公司，还塑造了最优秀的企业文化，使它成为世界各大公司的最佳楷模。而他本人，也获得了"第一CEO"的美誉。

可是，一直到成为所有CEO效仿的典范，杰克依然把自己的绝大部分成就归功于母亲。"我一直记得高中时的那件事……"他说道。

大道理

> 最精美的宝石受匠人琢磨的时间最长。最贵重的雕刻，受凿的打击最多。要想获得成功，你必须首先学会失败。如果不知道失败是什么，你永远都不会知道怎样才能成功。因此，如果你根本不想失败，那你最好什么也不要做。

26. 感谢羞辱

格林尼亚生于法国西北的瑟堡。他的父亲是一家造船厂的老板，整天忙于发财，对子女溺爱有余，管教不足。格林尼亚从小游手好闲，整天浪迹街头，不把学习放在心上，成为一个名副其实的公子哥。由于长相英俊，花钱出手大方，格林尼亚在情场上春风得意，总能讨得异性的欢心，把一个个漂亮的姑娘吸引到身边。

然而在这个世界上，拥有金钱并不意味着就拥有一切，相貌堂堂也未必就能赢得尊重。在一次午宴上，格林尼亚走到出众的美女波多丽面前逗情。与以往每次都获得美人心相反的是，他不但没有赢得波多丽的欢心，反而遭到了一番奚落："请你走远一点。我就讨厌像你这样的公子哥在眼前晃荡！"

一句充满蔑视的话，如同一把匕首插在他的心头。他长期以来呈休眠状的羞耻心一下子惊醒过来。格林尼亚陡然意识到，家庭的富有并非个人的荣耀；要赢得真正的尊重，有赖于用努力去争取。排遣着无边的懊恼和悔恨，他甩掉一身自以为潇洒的轻浮，打起精神走上一条有追求的路。

这年，格林尼亚21岁。为了摆脱家庭溺爱带来的松懈，他决定换一个生活环境，于是留下一封书信表明心迹说："请不要打听我的下落。相信通过刻苦学习，我一定会干出些成就来的。"

格林尼亚由瑟堡来到里昂，用两年修完耽误的全部课程，取得里昂大学插班就读的资格。投入校园生活，他倍加珍视来之不易的机会，引起了化学权威巴尔的注意。在名师的指点下，他进行了一系列的实验，很快就发明了格氏试剂，被学校破格授予博士学位。这一消息轰动了法国，也让格林尼亚的父亲倍觉欣慰。

又付出四年的辛劳，格林尼亚取得了卓越的成绩。1912年，他被授予诺贝尔化学奖。波多丽得知这一喜讯，在病榻上提笔给他写了一封贺信："我永远敬爱你！"就这么一句话，让格林尼亚激动万分。他永远感激这位美女当初对他近乎侮辱的训斥。

大道理

在适当的时候，我们要感谢别人的当头棒喝！有时候羞辱就具有这种力量。它能够唤醒一个人的羞耻心，并让他立志改变，成为一个受人尊敬的人。所以，在遭遇羞辱的时候，千万不要一蹶不振，而应仔细考虑一下对方的羞辱有没有道理，深思熟虑之后再采取相应的行动。

27. 失败教给你更多

在美国，有一名收藏家名叫诺曼·沃特。他看到众多收藏家为收购名贵物品而不惜千金，灵机一动："为什么不收藏一些劣画呢？"于是，他收购两种劣画，一种是名家的"失常之作"，另一种是价格低于5美元的无名人士的画。没多久，他便收藏了200多幅劣画。

1974年，他在报纸上登出广告，声称要举办首届劣画大展，目的是让年轻人在比较中学会鉴别，从而发现好画与名画的真正价值。

沃特的广告广为流传，成为人们茶余饭后的一个热门话题。人们争先恐后地参观，有的甚至从外地赶来。出乎人们的意料，这一画展非常成功。

还有一个与"劣画大展"很相似的展览，就是"失败产品陈列馆"。美国有一家市场情报服务公司，其经理叫罗伯特。他酷爱收藏，共收集了75万件"失败产品"。后来，罗伯特又试着创办了一个"失败产品陈列馆"。

这个陈列馆把许多企业和个人费尽心机研制的，又因种种原因失败的产品展示出来。参观的人络绎不绝，收获可以用爱迪生的话来概括："失败也是我所需要的，它和成功对我一样有价值。只有在我知道一切做不好的方法以后，我才知道做好一件工作的方法是什么。"罗伯特取得了意想不到的成功。

大道理

> 罗曼·罗兰："失败对我们是有好处的。我们得祝福灾难，我们是灾难之子。"在我们的人生旅途中，每个人都会经历或多或少的失败，只有真正理解失败含义的人，才会看到成功的光芒就在不远处朝我们闪烁。因为只有失败才能告诉我们，接下来我们应该怎样做才不会继续失败。

28. 时运不济也有终结的时候

王军真是倒霉透了。

考上高中那年，恰逢县一中涨学费，他一下子多拿了将近300块钱。这在别人眼里虽然不是什么大数，但对他那个四壁空空的家来说却是一个沉重的负担。

考上大学时，又正好赶上国家试行大学收费制，他要比上一届学生多掏五千多块。为了不失学，他只得一边打工一边读书。

好不容易挨过了四年，他还没毕业，国家就开始试行取消分配制。毕业后就失业的他好不容易才找到了工作。

勤勤恳恳地工作了半年之后，由于国家实施机关单位大裁员，他又下岗了。

为了活出个样子给笑话自己的人看，王军一狠心根据自己的专业做起花农来。没想到，他竟然因此一下子成了远近闻名的大明星。他培育出的那种蓝色玫瑰花成了畅销各大城市的稀罕品种。一年下来，他光毛收入就将近10万，比在原来那个机关单位挣得还多！

看来，"三十年河东，三十年河西"这句话说得真没错。但我们应该明白的是，由河东转到河西这个过程绝对不是等来的。如果怨天尤人、自甘堕落，你将永远不会再有奋起的机会。只有像王军这样审时度势、奋斗不息，才有可能给自己开辟出一条通往罗马的宽广大道。

大道理

听说过"否极泰来"吗？如果你站的是人生的最低谷，只要抬脚，你就是在往高处走；但如果你躺下，那里就将成为你的坟墓。

29. 化劣势为优势

不幸的小男孩在车祸中失去了左臂，成了残疾人，但是他很想学连健全人都很难学好的柔道。

四处求学之后，终于有位柔道大师接纳了他。可是在入学之后的3个月里，师傅却只肯反复地教小男孩一招。终于，小男孩忍不住问道："老师，这招我已练了几个月了，是不是应该再学其他招数？"没想到老师立即摇了摇头："不，你只需要把这一招练好就够了。"小男孩感觉很委屈，但由于很相信师傅，他还是听话地继续练了下去。

3年后，师傅带小男孩去参加比赛，看到对手又高大又强壮，瘦弱且残疾的小男孩很是害怕。这时师傅鼓励他道："不要怕，你一定会成功，师傅对你有信心。"但是不管怎么样，小男孩还是顾虑重重。

出乎人们意料的是，最后的冠军竟然真的是这个没有左臂而且只会一招的小男孩。这个结果让小男孩自己都很惊讶。

"这是为什么，老师？"小男孩问师傅。

看着他迷惑不解的样子，师傅解释道："有两个原因。一，这是柔道中最难的一招，你用了几年时间去练它，几乎已经完全掌握了它的要领。二，就我所知，对付这一招唯一的办法就是抓住你的左臂。"

没有必然的劣势，也没有必然的优势。当我们知道自己的劣势时，尽可能扬长避短，或者创造机会变劣为优，我们便能够因为劣势脱颖而出。

30. 拒绝让 5000 变成 10 万

未成名之前，青年画家租住在一间狭隘的地下室里，每日以画卖人像为生。

一天，某富翁从街头经过时，相中了他细致温婉的画风，于是请他画幅半身像。双方约好酬金为 5000 元。

一周后，富翁来取画，当他看到画家的蜗居时，他顿感自己给的价格过高了。"像他这样的穷人，1000 块钱就是笔不小的数目了。"他想。于是他对画家说道："你没有画出我想要的样子来，所以我只能付给你 1000 块钱的辛苦费。"

画家立刻摆了摆手："不行不行，这个价格太低了，我连原材料都打发不下来。"

"我就给你 1000 块钱。对于你来说，这个价格已经不算低了，不是吗？再说，这幅画画的是我，如果你不拿着这 1000 块钱的话，别人是不会花哪怕一块钱来买它的。这一点我想你比我更清楚。"富翁好像赖皮似的说。

画家顿时明白了，富翁是瞧不起他的落魄和穷酸，于是他愤愤不平地坚决拒绝出售。富翁盯着他道："我最后问一句，1000 块钱，你卖还是不卖？"

画家对富翁怒目相视："我也最后告诉你一遍，我不卖。但是，如果你今天失信毁约的话，我最终会让你付出 20 倍的代价！"

"20倍？10万？"富翁狂笑几声道："我才不会笨得花10万块钱来买这么一幅画呢！"

"那我们就等着瞧好了！"画家对着富翁的背影大喊道。

被这件事刺激以后，画家甚是伤心。他发誓一定要闯出一片天地来，给那个富翁一点颜色看看。

10年后的一天，富翁的一位好朋友来拜访他时说："真奇怪，××博物馆为一位著名画家开设的画展上竟然有一幅你的画像，标价高得出奇——10万块！而更奇怪的是，这幅画的题目竟然是《贼》。"

富翁顿时像是被人打了一闷棒，他想起了10年前的那件事。没办法，为了保住自己的名誉，他不得不连夜赶到那家博物馆，分毫不差地把那幅画买了下来。

大道理

你才是自己最大的敌人。除此之外，没有什么能够打败你。只要你永不泄气，挫折就会反过来成为助你成长的阶梯，一直通向你所希望的境地。

31. 做一名洗厕所最出色的人

现今，日本国民中广为传颂着一个动人的小故事。许多年前，一个妙龄少女来到东京帝国酒店当服务员。这是她涉世之初的第一份工作，也就是说她将在这里正式步入社会，迈出她人生第一步。因此她很激动，暗下决心，一定要好好干！可她万万没有想到，上司安排她洗厕所！

洗厕所！说实话没人爱干。何况她从未干过粗重的活儿，细皮嫩肉，喜爱洁净，干得了吗？洗厕所时在视觉上、嗅觉上以及体力上的折磨都会令她难以承受；心理暗示的作用更是让她忍受不了。当她用自己白皙细嫩的手拿着抹布伸向马桶时，胃里立刻"造反"，有如翻江倒海。她恶心得立即要呕吐却又吐不出来，太难受了。而上司对她的工作质量要求特高，高得骇人：

必须把马桶抹洗得光洁如新！

她当然明白"光洁如新"的含义是什么，她当然更知道自己不适合洗厕所这一工作，真的难以实现"光洁如新"这一高标准的质量要求。因此，她陷入困惑、苦恼之中。她哭过鼻子。这时，她面临着人生的抉择：是继续干下去，还是另谋职业？继续干下去，太难了！另谋职业，知难而退？人生之路岂有退堂鼓可打？她不甘心就这样败下阵来，因为她想起了自己曾下过的决心：人生第一步一定要走好，马虎不得！

在此关键时刻，同单位一位前辈及时地出现在她面前，帮她摆脱了困惑、苦恼。他并没有讲什么空洞的大道理，只是亲自做个样子给她看了一遍。

他一遍遍地抹洗着马桶，直到抹洗得光洁如新；然后从马桶里盛了一杯水，毫不犹豫地喝了下去！他不用言语就告诉了少女一个极为朴素的真理。光洁如新，要点在于"新"。新则不脏，因为不会有人认为新马桶脏。反过来讲，只有马桶中的水达到可以喝的洁净程度，才算是把马桶抹洗得"光洁如新"了。而这一点已被证明可以办得到。

她看得目瞪口呆，恍然大悟："就算一生洗厕所，也要做一名洗厕所最出色的人！"

几十年之后，她已是日本政府的主要官员——邮政大臣。她的名字叫野田圣子。

大道理

每个人都有自己的岗位。洗厕所，对于一个涉世之初的女孩来说，是何等地艰难。有谁愿意去干那样倒胃口的脏活呢？这无异于一个灾难。然而，如果我们能以一颗平常心来对待，把它当成一件普通的事情来做，踏踏实实地做到最好，那么，我们就是不简单的，就是成功的。而当我们能坚持把这件事情做好的时候，还有什么事情能够难住我们呢？

32. 命运并不能阻止我们前进

美国人迈克出生时因为一场事故而导致大脑神经系统紊乱。这种紊乱严重影响了他的日常生活。

迈克长大后，人们都认为他在神智上肯定也存在着严重的缺陷和障碍。因此，政府福利机构将他定为"不适于被雇用的人"。专家们说他永远都不能工作。

但迈克的妈妈从来没有把儿子看成是"残废人"，她相信儿子能够面对生活，做生活的强者。于是她一次又一次地对迈克说："你能行，你能够工作，能够独立。"

妈妈的鼓励让迈克决心打败残酷的命运，开始走向自立。于是，他选择了从事推销的工作。他向几家公司递交了工作申请，都被拒绝了。迈克并没有气馁，他凭着自己的信念坚持了下来，并发誓一定要找到工作。最后在他的不懈坚持下，怀特金斯公司抱着怀疑的态度，很不情愿地接受了他。公司提出的条件是迈克必须接受没有人愿意承担的波特兰、奥报地区的业务。虽然条件非常苛刻，但毕竟是个工作，迈克欣然接受了。他终于坚定地在自我独立的道路上迈出了第一步。

第一次上门推销，迈克在门前反复犹豫了 4 次，才最终鼓起勇气按响了门铃。开门的人对迈克推销的产品不感兴趣，接着是第二家、第三家。迈克的生活习惯让他始终把注意力放在寻求更强大的生存技巧上。所以，即使顾客对产品不感兴趣，他也不觉得灰心丧气，而是一遍一遍地去敲开其他人的家门，直到找到对产品感兴趣的顾客。

此后每天早上，在上班的路上，迈克会在一个擦鞋摊前停下来，让别人帮他系鞋带，因为他的手不够灵活，要花很长时间才能系好；然后在一家宾馆门前停下来，请宾馆的服务员帮他扣好衬衫的扣子，整理好领带，使他看上去仪容更整洁。不论刮风还是下雨，迈克每天都要背着沉重的样品包走 1 英里。他四处奔波，那只没用的右胳膊蜷缩在身体后面。

这样过了三个月，迈克几乎敲遍了这个地区所有的家门。他做成的第一笔交易，是由顾客帮他填好的订单，因为迈克的手几乎握不住笔。每天，迈克要工作差不多 14 个小时，当他筋疲力尽地回到家中时，关节疼痛和偏头痛都向他袭来，但他第二天依然坚持着背起背包上路。

一年年过去了，迈克负责的地区中，越来越多的家门为他打开了。他的销售额也在渐渐地增加。24 年后，他已经上百万次地敲开了一扇又一扇的门，并最终成为怀特金斯公司在美国西部地区销售额最高的推销员。

凭着这种不甘屈服于命运、努力追求自立的精神，迈克终于在坚定的自我奋斗道路上开辟出了一片属于自己的天地，获得了巨大的成就。

大道理

命运的神秘色彩都是我们头脑中添加的。既然被政府福利机构"判了刑"的迈克都能做到改变自己的命运，更何况是我们常人呢？要成功，就必须有不屈服于命运、努力追求自立的精神。相信只有自己才是命运的主宰。只要不放弃，一切奇迹都可能出现。请记住，命运掌握在我们的手中，请不要轻易放弃！

33. 苦难以后就是新生

一只刚练硬翅膀的小鹰兴奋地飞到了悬崖顶上。在那里，它看到了一个鹰巢。鹰巢前，有只已经很老的鹰正在费力地拔着自己的指甲，弄得两只爪子血淋淋的。

"天哪，老鹰前辈，你这是怎么了？是受伤了吗？"小鹰急忙上前问道。

老鹰停了下来："没有，我在重生。"

"重生？"小鹰的眼睛里闪过一丝迷惑。

"是啊，孩子，你可能还不知道吧，在鸟类中，我们鹰可谓是长寿之王。据说，年龄最大的鹰前辈可以活到 70 岁。可是要想活那么久，40 岁时，我们必须作出一个十分艰难却又极为重要的决定。"

"什么决定？你快说。"小鹰急切地问道。

"是等死，还是更新自己。"老鹰沉沉地回答道，"40岁时，我们的爪子就已经老化了，无法再有效地抓住猎物；而我们的喙也会变得又长又弯，几乎碰到胸膛，不再像以前那么尖锐；还有翅膀，也会因为羽毛太浓太厚而变得非常沉重，再不能支撑我们自由地飞翔。这时候，我们只能在等死和更新自己中选择一样。"

"那你现在选择的，就是后者了？"小鹰略有疑惑地问道。

"是的，我选择了更新自己，虽然这个过程非常痛苦，而且要历经150天漫长的操练。"老鹰很坚定地答道。

"150天？要那么久！"小鹰吃惊地问道。

"是啊，我们首先要很努力地飞到山顶，在悬崖上筑巢，以便保证自己的安全。然后便要停留在巢附近，不得飞翔。接下来我们要做的首先是用喙击打岩石，以让它们完全脱落，而后再静静地等候长出新的喙来；第二步是用新长出的喙把老化的指甲一根一根地拔出来；第三步是等新的指甲长出来后，再把羽毛一根一根地拔掉。等到这些工作全都做完时，你就必须等待羽毛生长了。大概5个月之后，我们便又可以恢复原来勇猛无比的样子，继续翱翔于蓝天了。"老鹰说道。

大道理

每个人要想得到，总要有所付出。为了让自己更成功，我们就需要面临更多的苦难与挫折。怀有自我更新的勇气与再生的决心，把旧的习惯与传统抛弃掉，新的机会与技能才可能发展起来。

34. 一分天才就要承受一分苦难

一个患有先天性心脏病的小男孩由于动手术，背上留下了一个好长的伤疤。他始终非常沮丧、烦恼，认为是老天在惩罚他。直到有一天，幼儿园的老师当着全班小朋友的面对他说："你一定是上帝派来的天使，你看你背上的伤痕，就是传说中天使翅膀的痕迹！"小男孩信以为真，才重新欢快起来。

出于对"自己曾经是天使"的信任，小男孩始终保持着他善良仁爱、宽阔大度的性情。长大后，他创办了当地第一家慈善协会。

固然，懂事以后，男孩不会再相信那个关于天使的传说；但是这句给了他无穷力量并改变他一生的话，他却始终不能忘记。并且，他体悟到了人生苦难的另一番境界。

上帝是个精明的生意人，每给我们一分天才，就会搭配以几倍于天才的苦难，所以，每个人都会或多或少地有所缺失。当遇到这些不如意时，最重要的不是怨天尤人或自暴自弃，而是找出一个合适的"理由"来自励自慰。比如，就像另一位老师说给一位因为天生双目失明而郁郁寡欢的孩子的话："每个人都是上帝咬过一口的苹果，因为我们太芬芳，所以上帝咬我们的一口大了些。"

大道理

> 让暴风雨来得更猛烈些吧！上帝喜欢把苦难放在表面，把才华和成功用各种方式掩藏起来。如果你被艰难的表面吓倒，你将永远触摸不到其背后的辉煌。

35. 贫穷是最大的资本

"不要以为作为富家的子弟，就得到了好的命运。事实上，大多数纨绔子弟，都是财富的奴隶。他们没有能力抵制任何诱惑，以致于总会很容易地陷入堕落的境地。所以说，享乐惯了的孩子，绝不是那些出身贫贱的孩子的对手。你看那些出身贫寒的孩子们，哪怕穷苦得连读书的机会都没有，有一些最终还是成就了大业。而那些从普通学校毕业，然后投身于平凡岗位的穷孩子，大多也能成为各行各业的领头军，甚至积累起丰厚的资产，获得无上的荣誉。"这段话，是世界著名成功励志大师卡耐基说的。

的确，从艰难困苦中走出来的人，其韧性、毅力、本领，往往要比出身富贵、一直一帆风顺的人要丰厚一些。说到这里，我想起了一件小事。一次，有人问一位著名的艺术家，一个跟他学画的青年将来能否成为一位著名画家。艺术家摇摇头说："不，绝对不可能。"问者惊道："您为何如此肯定？"艺术家答："因为他每年有 6000 英镑的收入啊！"看来，在这位艺术家的眼中，富裕境况下也是很难产生有作为的青年的。

曾经两度出任美国总统的格鲁夫·克利夫兰也是"逆境出人才"的明证。年轻的时候，格鲁夫在很长时间里都做着穷苦的店员。那时，他每年只有 50 英镑的工资。但是后来他却说："那种极度贫困所激发出来的雄心，比任何时候都切实而有力。"

大道理

任何事情都有两面性。上苍在拿去你的财富的同时，会补偿给你奋发向上的力量和才智。我们要承认，每个人都是带着一定资本来到世上的，而最终会成为何种人，关键就看你如何运用这些资本。

36. 幸运中的不幸

在一次战争中，这位年轻人所在的战舰被敌军击沉了。全船战士遇难。但幸运的是，他活了下来。

他攀着一截枯木随波漂流，最后漂到了一个荒无人烟的孤岛上。在当时的他看来，流落到这个孤岛上其实和遇难并没有什么两样。在求生欲望的支持下，他采拾水果，并开始狩猎，过起了野人的生活。但不管怎么说，他毕竟活了下来。后来，他还建了一间能够遮风避雨的茅草屋。

不知不觉中，他已经在这个孤岛上过了五六年。他是多么希望能早日回到家人身边啊。可数年来，一直没有从这个岛边经过的船只。一直听天由命的他越来越感觉无望了。

一天，当他在那个茅草屋里煮食物时，一不小心引燃了茅屋。由于岛上的风很大，火趁风势，不一会儿，他辛辛苦苦搭成的茅屋便付之一炬了。想想雨季马上就要来了，上天却把他的茅草屋夺去，难道他真的注定该命绝于此吗？

正当他绝望无助的时候，一艘路过此地的轮船出现了。原来，船上的人看到孤岛上的浓烟，便明白这个岛上肯定有落难的人，所以立即到小岛上查看。就这样，他得救了。

大道理

塞翁失马，焉知非福。幸与不幸并没有绝对的界限和区别。那些我们最难接受的苦难，时常会是上天的奇妙安排。所以，你无需为自己的任何不幸而怨天尤人，只需寻找对自己有利之处。

37. 奇迹与厄运同时来临

由于智商偏低，他在 16 岁升入高中二年级那年，成绩与同学们拉开了很大的距离。所以，尽管他很努力，校方最后还是没有同意让他再留在学校里。

那个下午，他带着深深的失望走出了学校的门。"难道我真的一无是处吗？"他一边想一边走进一个公园，坐在长椅上，任凭失落感袭上心头。

正在这时，一位白发苍苍的老者走到了他面前。看见他一副无精打采的样子，老者问他："年轻人，怎么了？遇到什么难事了吗？"

听到问话，他抬眼一看，这位老者装着一条假腿，少了一只胳膊，还瞎了一只眼睛。好可怜的人啊，比我还可怜，他心想。接着，他把自己的痛苦说给了老者。他满以为老者会安慰他几句，或者是反过来诉说自己的苦楚。不想老者却只是看了看他，一句话不说吹起了口哨。老者的口哨声真是太动听了。10 分钟以后，许多鸟儿都被吸引过来，落到了附近的树上……良久，老人停了下来说："虽然我们有很多方面比不上别人，但只要我们有一样比别人强就行了。"

听了这句话，他变得积极起来。

半年后，他找到了一份替人整建园圃、修剪花草的活儿。虽然这份工作在别人看来非常简单，但他却非常勤勉用心地做着。

某天，他路过一块满是污泥浊水和垃圾的场地，而这块肮脏场地的旁边就是已经绿化的美景。多么不协调啊！于是他决定把这里改造成一个美丽的花园。经过他的努力，不久以后，这块泥泞的污秽场地便有了绿茸茸的草坪、幽幽的小径，真的成为了一个美丽的花园。

到这里，该告诉大家他的名字了。他叫琼尼·马汶，是加拿大著名的风景园艺家。

大道理

奇迹从来都不是独自出现的，大多是伴着厄运出现的。所以，什么时候都不要看低自己，要知道"天生我才必有用"。无论你怎么样，只要坚持活着，世界就会有你一席之地；只要你继续承受着不幸，并不断努力，幸运就开始光临你。

38. 障碍让跳蚤爆发

如果在动物界挑选跳高运动员，绝对非跳蚤莫属。因为它跳跃高度的平均值均在其身高的 100 倍以上，堪称世界上跳得最高的动物。

可是，就是这样一个"跳高冠军"，居然也可能变成再也跳不起来的"爬蚤"。这是一位生物学教授用实验向我们证实的。

开始时，教授用一个 50 厘米高的玻璃罩罩住跳蚤，让跳蚤在玻璃罩里跳来跳去。当然，每一次跳跃它都会碰到障碍。于是连续多次后，它主动改变了起跳高度以便适应环境。也就是说，这只跳蚤现在最高只能跳到 50 厘米了。接下来，教授换了一个 25 厘米高的玻璃罩。结果可想而知，数次碰壁之后，跳蚤的最高跳跃高度又降至了 25 厘米。

就这样，教授不断降低着玻璃罩的高度，以"迫使"跳蚤的跳跃高度不断降低。最后，当教授把玻璃罩换成玻璃板时，可怜的跳蚤已经连1厘米都跳不起来了。于是，跳高冠军变成了只能在桌面上爬行的"爬蚤"。任凭人们再怎么吓它或鼓励它，它都只会乖乖地"委曲求全"，小心翼翼地前"爬"。

不要认为实验到这里就结束了，因为接下来教授还有非常惊人的动作。只见他在桌子上洒了些酒精，并"腾"地点着了火。结果，当火苗就快烧到跳蚤的一瞬间，跳蚤突然跳了起来。这次，它几乎跳到了超过它身体1000倍的高度！

大道理

> 人是充满智慧的动物。生活总在不知不觉中压制了人许多的原始能量，但是，我们的潜力并不会因此而消失。所以，你无须畏惧任何一种困境。千钧一发的时刻，你一定可以做到最好的自己，释放自己的潜能。

39. 障碍给你的不仅是苦恼

爱迪生是世界上有名的发明大王。他的发明有一千多项，像电灯、留声机、电影机等都是他发明的。

然而童年的爱迪生因为家中贫穷，只上过几年学，12岁便到火车上去卖报了。不能去学校读书，他就自学。他非常热爱学习，一边卖报一边看书看报，抓紧时间学习和做实验。

爱迪生的父亲平时对家里人要求很严格，他规定全家每天晚上十一点半前必须关灯睡觉。可是，爱迪生卖完报纸回到家常常是晚上十一点了，这样他回家后就没时间做自己喜欢的实验了。这可怎么办呢？这对于喜欢学习、摸索的爱迪生来说，简直是难以忍受的。于是他想来想去，终于想出一个好办法，能让爸爸支持自己做实验。

一天，爱迪生用铜线在树上架起了电线，直接接到他的好朋友家里，并把当天卖剩下的报纸和一台电报机留在朋友家。晚上回到家后，他爸爸要看报纸，爱迪生说今天的报纸卖完了。起先他的爸爸并没有非常可惜。爱迪生为了引起爸爸的兴趣，就开始说起今天报纸的内容如何新鲜有趣，没有看真是非常可惜。爱迪生的爸爸听到他讲得如此绘声绘色，真的非常想看。于是他问爱迪生还能不能想办法找一份来。爱迪生说，他的朋友家里还有一份，他可以用电报把报纸的内容传过来。这个时候，爱迪生的爸爸想看报纸的瘾上来了，于是就痛快地答应了他。

爱迪生的爸爸看到儿子自制的土电报机还真能用，心里非常高兴，心想，这孩子也不简单！从此以后，他就再也不阻止爱迪生晚上搞电报实验了。后来，爱迪生经过艰苦的努力，终于成了世界上伟大的科学家。

大道理

在走向成功的道路上，我们总会遇到很多障碍，但这不应该成为阻碍我们成功的绝对理由。因为，很多成功人士的经验告诉我们，只要我们坚持不懈地与困难作斗争，破除种种阻碍我们前进的顽石，就一定能够在日出之前看到黎明。

40. 不要让阴影埋没了心灵

祖父用纸给我做过一条长龙。长龙腹腔的空隙仅仅只能容纳几只蝗虫。投放进去，它们都在里面死了，无一幸免！

祖父说："蝗虫性子太躁，除了挣扎，它们没想过用嘴巴去咬破长龙，也不知道一直向前可以从另一端爬出来。因而，尽管它有铁钳般的嘴壳和锯齿一般的大腿，也无济于事。"

当祖父把几只同样大小的青虫从龙头放进去，然后关上龙头。奇迹出现了：仅仅几分钟，小青虫们就一一地从龙尾爬了出来。

> 不同的人面对同样的困难会有不同的反应，是拼命在原地乱挣扎，还是冷静地寻找出路，结果必然不同。其实，许多人之所以走不出人生中各个阶段里的阴影，并不是因为他们的自身条件不如别人，而是他们在面对困难时不能保持冷静，也没有耐心慢慢地找准一个方向，一步步地向前走，直到眼前出现新的阳光。不要让阴影埋没了你的心灵，须知你已经是一个全新的自己了。

41. 恰当的时候为自己鼓掌

1991年，一位来自沈阳的父亲带着9岁的儿子，来到北京寻找他们的音乐梦。

可是，父子俩一无关系、二无背景，仅凭着对音乐的执著与热爱，根本不足以引起音乐界的重视。为了能够待在京城，父亲费尽周折，勉强将儿子送进了一家小学。因为儿子的特长是弹钢琴，父亲花高价联系了一位有名的钢琴师上辅导课。第一天，钢琴师只教了儿子一段简单乐谱，就摇起了脑袋："这孩子，脑子比一般人笨，反应也慢，肯定上不了中央音乐学院的，趁早改行吧！"结果，性格倔犟的儿子当场就和老师吵了起来。父亲怎么也劝不住，师生俩闹得不欢而散。

看着不争气的儿子，父亲心里一阵难过："这些年，爸爸辞职、卖房子，背井离乡，到处求人，不都是为了你能学好钢琴，将来上中央音乐学院吗？你现在却成了这个样子！"儿子的倔劲又上来了："爸，我再也不学琴了，我想回沈阳！"经过又一场争执之后，父亲由失望变成绝望，决定带儿子离开北京。在他们动身的当天，接到了一个意外的通知：儿子所在的小学办晚会，老师们指定要儿子弹奏一曲钢琴。儿子显然还在气头上："不弹了，不弹了，连钢琴老师都说我笨。反应慢，我再也不摸琴了！"几位老师都很奇怪："弹得好好的，怎么说不弹就不弹了？""不摸琴？你父亲送你来北京，不就是为了学琴的吗?"然而,无论老师们怎么做工作,儿子就是不肯再摸琴了。

他们的争执引来了一群好奇的观众,那就是儿子班上的同学。接下来,令儿子感动的一幕出现了,小朋友们你一言我一语地帮着劝开了:"弹吧,我们都喜欢听你弹琴!""在我们心中,你的钢琴是弹得最棒的!"那天晚上,儿子流着泪,以从未有过的激情,弹奏了几支中外名曲。台下的听众们如痴如醉,掌声四起,久久没有停下。儿子站起身来,一遍又一遍向着鼓励他的人们鞠躬。在那些连绵不绝的掌声中,儿子做出了一个改变一生的决定:"我要学钢琴! 我一定要学好!"凭着过人的自信加努力,两年后,儿子以第一名的成绩考入中央音乐学院附小;10 年之后,他成了中央音乐学院最年轻的客座教授,并且凭着一系列成功的演出技惊中外。他就是被誉为"百年不遇的钢琴天才"郎朗。

成名之后,很多人问起郎朗成功的秘诀。郎朗无一例外都会提及小学时那场特殊的晚会,提及激励自己的掌声。后来,一位记者在专访中动情地写道:"这些掌声,是对草根艺术的肯定。尽管它们不是出自名人大腕,但却在关键时刻,以恰到好处的声音,拯救了一位音乐天才。"

大道理

在人生的道路上,每个人都有倒下的时候,但人生并不会因此而落幕。这不是最后的终点。只有那些真心接受别人的劝诫,重新鼓足勇气站起来的人,才能最终用实力证明自己的价值,他的人生大戏才会越来越精彩。你的表演正在开始,请不要因为偶然的困难而推迟演出。

42. 坦然面对生活的艰难

一天，女儿满腹牢骚地向父亲抱怨起生活的艰难。

父亲是一位著名的厨师。他平静地听完女儿的抱怨后，微微一笑，把女儿带进了厨房。父亲往三只同样大小的锅里倒进了一样多的水，然后将一根大大的胡萝卜放进了第一只锅里，将一个鸡蛋放进了第二只锅里，又将一把咖啡豆放进了第三只锅里，最后他把三只锅放到火力一样大的三个炉子上烧。

女儿站在一旁，疑惑地望着父亲，弄不清他的用意。

20分钟后，父亲关掉了火，让女儿拿来两个盘子和一个杯子。父亲将煮好的胡萝卜和鸡蛋分别放进了两个盘子里，然后将咖啡豆煮出的咖啡倒进了杯子。他指着盘子和杯子问女儿："孩子，说说看，你见到了什么？"

女儿回答说："还能有什么，当然是胡萝卜、鸡蛋和咖啡了。"

父亲说："你不妨碰碰它们，看看有什么变化。"

女儿拿起一把叉子碰了碰胡萝卜，发现胡萝卜已经变得很软。她又拿起鸡蛋，感觉到了蛋壳的坚硬。她在桌子上把蛋壳敲破，仔细地用手摸了摸里面的蛋白。然后她又端起杯子，喝了一口里面的咖啡。做完这些以后，女儿开始回答父亲的问题："这个盘子里是一根已经变得很软的胡萝卜；那个盘子里是一个壳很硬、蛋白也已经凝固了的鸡蛋；杯子里则是香味浓郁、口感很好的咖啡。"说完，她不解地问父亲，"亲爱的爸爸，您为什么要问我这么简单的问题？"

父亲严肃地看着女儿说："你看见的这三样东西是在一样大的锅里、一样多的水里、一样大的火上和用一样多的时间煮过的。可它们的反应却迥然不同。胡萝卜生的时候是硬的，煮完后却变得那么软，甚至都快烂了；生鸡蛋是那样的脆弱，蛋壳一碰就会碎，可是煮过后连蛋白都变硬了；咖啡豆没煮之前也是很硬的，虽然煮了一会儿就变软了，但它的香气和味道却溶进水里变成了可口的咖啡。"

父亲说完之后接着问女儿："你像它们之中的哪一个？"

现在，女儿更是摸不着头脑了，只是怔怔地看着父亲，不知如何回答。

父亲接着说："我想问你的是，面对生活的煎熬，你是像胡萝卜那样变得软弱无力，还是像鸡蛋那样变硬变强，抑或像一把咖啡豆，身受损而不堕其志，无论环境多么恶劣，都向四周散发出香气，用美好的感情感染周围所有的人？简而言之，你应该成为生活道路上的强者。让你自己和周围的一切变得更好、更漂亮、更有意义。"

大道理

人生在世，难免会遇到各种各样的挫折，是一味抱怨，变得软弱无力，还是强硬无比，还是在恶劣的环境中保持斗志，不断提升自己，由我们自己决定。我们唯有相信自己，做自己的主人，做生活中的强者，才能享受到每一寸时光的意义。

43. 锤炼让自己发光

有一个人一直想成功。为此，他做过种种尝试，但到头来，都以失败告终。他非常苦恼，就跑去问他的父亲。他父亲是一个老船员，意味深长地对儿子说："要想有船来，就必须修建自己的码头。"

儿子听了这话沉思良久。这之后，他不再四处尝试，而是静下心来，好好读书。后来，他不但上了大学，而且成了令人羡慕的博士后。不少公司经常打电话来，希望他能够加盟，而且待遇好得惊人。

人生就是这样有趣。人生的道路，看起来好像很曲折，但事实并非如此。做人如果能够做到抛弃浮躁，安定自己的内心世界，锤炼自己，让自己发光，就不怕没有人发现。与其四处找船坐，不如自己修一座码头，到时候何愁没有船来。人这一生，出身、地位、身份并不会影响你所修建的码头的质量。但是恰恰相反，你所修建的码头的质量，却会影响到你这里停靠的船只。你所修建的码头的质量越高，到你这里停靠的船只就会越好；而你所修建的码头越大，停靠的船只也会越多。

面临失败的时候，不要怨天尤人，更不要自暴自弃，而应该要看到失败的教训，思考、分析其中的原因。有时候，之所以失败，不是因为生活不给我们机会，而是我们自己努力得还不够，还没有真正让自己做到千锤百炼，还不具备成功的条件。只有不断地"修建自己的码头"，才能最终有船来停靠，并且越来越多。

44. 从自身找原因

一个旅客经过一番长途跋涉后，又累又渴，发现前面的大树下有一口水井，于是奔过去捧起清凉甘洌的水美美地喝了个够。大树底下特别凉快，微风吹来很舒服。由于太过疲乏，他就躺在井旁睡着了。

可是，他的位置十分危险，只要一翻身就会掉进井里。命运之神看到他危险的境地，感叹地说："人啊人！净让我为难！他找到了井水，却并不感谢我命运之神对他的照顾。可是如果他在这个时候掉进井里淹死了，人们肯定会诅咒我的不公平！"

命运之神走过去，正要把他叫醒，旅客果真一个翻身就掉了下去。"天啊！命运之神啊！你为什么要这么对我？"旅客掉下去的时候喊叫道。

"明明是你自己不小心，还把所有的罪过都推给我！先让你吃点苦头！"命运之神让旅客抓住一块突出的石头，让他在那里悬挂了足足半天，最后才被一个过路的人救了上来。

大道理

当我们遇到困难的时候，不要第一反应就把责任推给别人。别人或许能帮助我们一时，却帮助不了我们一世。因为，人遭遇波折和不幸往往都是因为自己的疏忽和大意。与其抱怨命运的不公，还不如时时刻刻提醒自己，不要把自己陷于危险的境地。

45. 上帝没有看轻黑人

一位父亲带着儿子去参观凡·高故居。在看过那张小木床及裂了口的皮鞋之后，儿子问父亲："凡·高不是一位百万富翁吗?"父亲答："凡·高是位连妻子都没娶上的穷人。"

又过了一年，父亲又带儿子去了丹麦，前去参观安徒生的故居。儿子又困惑地问："爸爸，安徒生不是生活在皇宫里吗? 怎么他生前会在这栋阁楼里?"父亲答："安徒生是位鞋匠的儿子，他就生活在这里。"

这位父亲是一个水手，他每年往来于大西洋的各个港口。他儿子叫伊东布拉格，是世界历史上第一位获普利策奖的黑人记者。

20 年后，伊东布拉格在回忆童年时，他说："那时我们家除了很穷以外，而且还是黑人，父母都靠卖苦力为生。有很长一段时间，我一直认为像我们这样地位卑微的黑人是不可能有什么出息的。是父亲让我认识了凡·高和安徒生，也是父亲让伊东布拉格认识了黑人并不卑微。通过这两个人的经历让我知道，上帝没有轻看黑人。"

大道理

每一个人生来都有其生存的意义。上帝没有放弃过任何人，他把机会撒到每个人的面前。不管我们的身份、地位多么卑微，只要我们不畏眼前的困难和不幸，努力争取自己想要的东西，为自己的梦想而奋斗，我们就会发现好的机会其实就在我们的身边。

46. 安逸让你慢性死亡

19世纪末，美国康奈尔大学曾进行过一次著名的"青蛙试验"。

他们将一只青蛙放在煮沸的大锅里。青蛙触电般地立即跳了出去。后来，人们又把它放在一个装满凉水的大锅里，任其自由游动，然后用小火慢慢加热。青蛙虽然可以感觉到外界温度的变化，却因惰性而没有立即往外跳，直到后来虽热度难忍，但已失去逃生能力而被煮熟。

科学家经过分析认为，这只青蛙第一次之所以能"逃离险境"，是因为它受到了沸水的剧烈刺激，于是便使出全部的力量跳了出来。第二次由于没有明显感觉到刺激，因此，这只青蛙便失去了警惕，没有了危机意识，觉得这一温度正适合。然而当它感觉到危机时，已经没有能力从水里逃出来了。

大道理

"生于忧患，死于安乐"。突然的刺激会让人变得警觉而机智。然而，习惯了环境的安逸就会慢慢产生惰性，以至于不愿付出任何努力。而这样做的结果，最终会让自己失去激情和斗志，即使中途翻然醒悟也已经晚了。所以，请快速从温水中逃离，不要让习惯侵蚀了你。

47. 残疾冠军不向命运低头

一个残疾人和健全的人共同参加体育比赛，显然是不公平的。但就是这种不公平，成就了乔治的神话。如果你承认自己处于弱势，那你就真的无法超越别人，更不能超越自己。但是如果你能够用不认输战胜自己，那么战胜别人就是很容易的事情了。

如果说一位残疾人获得了奥运金牌，可能你并不会对这样的消息感到吃惊，因为你会将其解释为"残奥会"。但如果是在残奥会产生之前，一位残疾人获得了冠军，你会不会感到惊奇？也就是说，这位残疾人和其他身体健全的人共同竞争，获得了奥运会的最高荣誉。

这位明星就是乔治·易瑟，他以自己的举动照亮了奥运赛场，也感动了全世界。

乔治生于 1871 年，在一次不幸中，他的左腿被火车辗过后截肢了，但是这没有阻止他的创举。在装上木腿之后，他来到了圣路易斯，准备参加最高水平的体育比赛。

在圣路易斯奥运会上，他代表康考迪亚·特那瑞恩俱乐部，摘取了不止 6 块奖牌，其中有 3 块金牌。易瑟在各种器械上展示了他的非凡的力量和敏捷。这些才能是身体健全的对手无法比拟的。他摘取了长鞍马冠军和双杠冠军；他还获得了爬绳比赛的胜利；他在鞍马和混合项目中获得第二名；在高低杠项目中获得第三名。

虽然易瑟后来的职业生涯无人知晓，但他仍代表康考迪亚·特那瑞恩俱乐部参加了 1908 年在德国法兰克福举行的国际运动会和 1909 年在美国辛辛那提举行的全美国运动会。

可以说，他是不会向命运低头的人，就像贝多芬一样。

大道理

生活中，我们总会震惊于一些人和事，不是因为他们取得的成绩，而是因为他们在自身条件欠缺的情况下，超越了自己，超越了大多数人的想法。他们经历了常人无法接受的困难和挫折之后，不但没有沉沦，反而越挫越勇，以惊人的毅力和意志实现了人生的飞跃。其实，无论是谁，心有多大，舞台就有多大，只要他不向命运低头，就能成为命运的主人。

48. 困境即是赐予

有一天，素有草原之王之称的狮子来到了天神面前："我很感谢你赐给我如此雄壮威武的体格、如此强大无比的力气，让我有足够的能力统治这整片草原。"

天神听了，微笑着问："但是这不是你今天来找我的目的吧！看起来你似乎为了某事而困扰呢！"

狮子轻轻吼了一声，说："天神真是了解我啊！我今天来的确是有事相求。因为尽管我的能力再好，但是每天鸡鸣的时候，我总是会被鸡鸣声给吓醒。神啊！祈求您，再赐给我一个力量，让我不再被鸡鸣声给吓醒吧！"

天神笑道："你去找大象吧，它会给你一个满意的答复的。"

狮子兴冲冲地跑到湖边找大象。还没见到大象，就听到大象跺脚所发出的"砰砰"响声。

狮子加速地跑向大象，却看到大象正气呼呼地直跺脚。

狮子问大象："你干吗发这么大的脾气？"

大象拼命摇晃着大耳朵，吼着："有只讨厌的小蚊子，总想钻进我的耳朵里，害我都快痒死了。"

狮子离开了大象，心里暗自想着："原来体型这么巨大的大象，还会怕那么瘦小的蚊子，那我还有什么好抱怨呢？毕竟鸡鸣也不过一天一次，而蚊子却是无时无刻地骚扰着大象。这样想来，我可比他幸运多了。"

狮子一边走，一边回头看着仍在跺脚的大象，心想："天神要我来看看大象的情况，应该就是想告诉我，谁都会遇上麻烦事，而他并无法帮助所有人。既然如此，那我只好靠自己了！反正以后只要鸡鸣时，我就当做鸡是在提醒我该起床了。如此一想，鸡鸣声对我还算是有益处呢？"

大道理

人生路上，无论多么强大的人都会有"软肋"。有些人只要稍有不顺，就会习惯性地怨天尤人，并期望得到别人的帮助。要知道，每个困境都有它存在的价值。上天是公平的，就像它对狮子和大象一样，关键看你怎样面对这种困境。一个困境就给你一种新的可能。只要你愿意，你就可以超越你自己。

49. 坚强走出困境

德国姑娘朱丽叶·科比特这一年刚好17岁。眼看年终快到，一天，她和母亲从居住地秘鲁首都利马搭乘飞机前往普克尔巴，准备和父亲一起欢度圣诞节。飞机起飞没几分钟，天气陡变，一片片乌云伴随着闪电雷鸣，迎面压了过来。只听一声炸响，飞机机尾被雷电击中，摇晃了几下，便急速下坠……

等到朱丽叶苏醒过来时，她才发现自己躺在一大片又软又厚的树叶上，浑身疼痛难忍。她明白飞机失事了，挣扎着站了起来，四下观察。这是一片原始森林，不远处飞机的残骸还在燃烧，边上横七竖八地躺着遇难者的尸体。"妈妈，妈妈！"朱丽叶用嘶哑的声音呼喊着，可是回答她的只是一阵空旷的回音。

想到自己是唯一的幸存者，眼下又置身于这荒无人烟的原始森林中，朱丽叶真是不寒而栗，坐在地上伤心地哭泣着。很快，求生的本能使她镇定了下来。她想起了老师平时经常说的一句话："勇气和智慧，是一个人战胜困难和挫折的法宝。"也想起了作为生物学家的爸爸野外考察时的经验之谈："在森林中迷了路，只要寻找到河流，再顺河向下游走去，一定能走出森林。"这无形中增强了朱丽叶自救的信心。她发誓要走出这"绿色的地狱"，把飞机失事的情况报告给人们。

朱丽叶忍着伤痛，艰难地寻找可在途中充饥的食物。她捡到了一只大旅行袋，又把散落在地上的糖果、饼干装了进去，还特意带上了一条御寒的毛毯和用以壮胆的小手风琴。

朱丽叶一脚高一脚低地行走在空寂、阴森的森林中，还不时暗暗地激励自己："我一定能走出去！一定能！"走着走着，她口渴难熬，好不容易找到了一个水塘。水还算干净，却有几只癞蛤蟆在水中游动，令人恶心。要是在平时，朱丽叶怎么也不会喝这样的水，现在为了生存，她已顾不了那么多，趴在池塘边，用手掬起水喝了好几口，觉得非常甜美，人也舒畅了好多。

夜幕笼罩下的大森林寂静得让人毛骨悚然。朱丽叶已经累得筋疲力尽，急于找一个过夜的地方，好不容易在一棵大树下发现了一个大洞，里面还铺着干草，便钻了进去，倒头就睡。半夜里，朱丽叶被一阵咆哮声惊醒，睁眼一看，一只黑熊徘徊在洞口。她吓出了一身冷汗。情急之下，她抓住那条毛毯，使劲挥舞起来。黑熊大概从未见过这样的情景，吓得掉头就走。朱丽叶气喘吁吁坐在地上休息了片刻，刚想睡下，谁知那只黑熊又返回来了，仿佛一定要夺回自己的"领地"。朱丽叶故伎重演，又挥舞起毛毯。黑熊却毫无退却之意，蹲在原地一动不动。朱丽叶为免遭袭击，一步步向洞里退却，无意间碰响了手风琴。黑熊受惊不小，噌地站了起来。有了！朱丽叶灵机一动，顺手披上毛毯，又拉响了手风琴，发出的怪声在洞内轰鸣。黑熊转身狂奔而去。朱丽叶再也不敢大意，赶紧用毛毯和手风琴堵住洞口，才美美地睡了一觉。

朱丽叶不停地走啊，走啊。为了减轻负担，她扔掉了随身带的所有的东西。饥肠辘辘时，她用平时从爸爸那里学来的生物常识，摘捡一些无毒的果实充饥；夜晚为了御寒，她摘了许多大树叶盖在身上权作被子；为了防止野兽的侵犯，身旁总是放一根粗木棍。

那一日，快近晌午，忽然下起倾盆大雨。朱丽叶在泥泞中一脚深一脚浅，艰难地跋涉着，终因疲劳过度而昏厥过去。当她被大雨淋醒后，发觉穿着的一双鞋不知何时丢了。她只得撕下衣服，包在脚上，继续行走。

到了第七天，朱丽叶累得实在走不动了，倚在大树旁，昏昏欲睡。朦胧中她隐约听到了溪水的流淌声，顿时兴奋得站了起来，因为有了小溪就有可能有河流，有了河流就能辨别行走方向。果然，朱丽叶没走多远，就发现了一条小溪，再沿溪边朝前走了几里路，一条小河出现在眼前。此刻，朱丽叶忘了疲劳，忘却了伤痛，不知从哪里来了一股力量，沿河朝前大步走去。河面越来越宽。"小船！"朱丽叶绝处逢生，惊喜地大叫道，又捡起一把树枝，向着小船拼命挥舞。小船上的人终于发现了她，向岸边划来。

朱丽叶躺在船上，双目微睁，断断续续地说："你们好，我是飞机失事后幸存下来的。"话没说完，又昏过去了。

朱丽叶躺在病房里，来探望她的人络绎不绝。人们传说着她走出"绿色地狱"的传奇经历，更交口称赞她勇敢、坚强的精神。

大道理

　　每个人都有可能会遭遇意想不到的挫折，无论这个挫折有多大，我们都不能失去生存的希望。只要有意志在，只要坚强而冷静地面对发生的一切，从容地奔着希望走去，我们就能走出困境。

50. 勇敢面对失败也是成功

在外人看来，一个绰号叫斯帕奇的小男孩在学校里的日子应该是难以忍受的。他读小学时各门功课常常亮红灯。到了中学，他的物理成绩通常都是零分，他成了所在学校有史以来物理成绩最糟糕的学生。

斯帕奇在拉丁语、代数以及英语等科目上的表现同样惨不忍睹，体育也不见得好多少。虽然他参加了学校的高尔夫球队，但在赛季唯一一次重要比赛中，他输得干净利落。即使是在随后为失败者举行的安慰赛中，他的表现也一塌糊涂。

在自己的整个成长时期，斯帕奇笨嘴拙舌。社交场合从来就不见他的人影。这并不是说，其他人都不喜欢他或讨厌他。事实是在大家眼里，他这个人压根儿就不存在。如果有哪位同学在学校外主动向他问候一声，他会受宠若惊并感动不已。

他跟女孩子约会时会是怎样的情形，大概只有天才晓得。因为斯帕奇从来没有邀请过哪个女孩子一起出去玩过。他太害羞了，生怕被人拒绝。

斯帕奇真是个无可救药的失败者。每个认识他的人都知道这一点，他本人也清清楚楚地知道这一点，然而他对自己的表现似乎并不十分在乎。从小到大，他只在乎一件事情——画画。

他深信自己拥有不凡的画画才能，并为自己的作品深感自豪。但是，除了他本人以外，他的那些涂鸦之作从来没有其他人看得上眼。上中学时，他向毕业年刊的编辑提交了几幅漫画，但最终一幅也没被采纳。尽管有多次被退稿的痛苦经历，斯帕奇从未对自己的画画才能失去信心。他决心今后成为一名职业的漫画家。

到了中学毕业那年，斯帕奇向当时的沃尔特·迪斯尼公司写了一封自荐信。该公司让他把自己的漫画作品寄来看看，同时规定了漫画的主题。于是，斯帕奇开始为自己的前途奋斗。他投入了巨大的精力与非常多的时间，以一丝不苟的态度完成了许多幅漫画。然而，漫画作品寄出后却如石沉大海。最终迪斯尼公司没有录用他——失败者再一次遭遇了失败。

生活对斯帕奇来说只有黑夜。走投无路之际，他尝试着用画笔来描绘自己平淡无奇的人生经历。他以漫画语言讲述了自己灰暗的童年、不争气的青少年时光——一个学业糟糕的不及格生、一个屡遭退稿的所谓艺术家、一个没人注意的失败者。他的画也融入了自己多年来对画画的执著追求和对生活的真实体验。

连他自己都没想到，他所塑造的漫画角色一炮走红，连环漫画《花生》很快就风靡全世界。从他的画笔下走出了一个名叫查理·布朗的小男孩，这也是一名失败者：他的风筝从来就没有飞起来过，他也从来没踢好过一场足球，他的朋友一向叫他"木头脑袋"。

熟悉斯帕奇的人都知道，这个小男孩正是漫画作者本人——日后成为大名鼎鼎漫画家的查尔斯·舒尔茨——早年平庸生活的真实写照。

大道理

　　成功从来就不是一件容易的事情，但在那些不怕挫折、不怕失败的人眼里，却是那么简单。承受挫折和失败，对于某些人来说很困难，但对于有着执著追求和梦想的人来说，却是那么容易。因为有目标，有追求，坚强，自信，不怕为之付出一切，更不怕一个接一个的挫折，所以才获得了巨大的成功。

51. 屈辱是一种动力

在美国，有一位叫库帕的大学生毕业后找不到工作。就在衣食无着落的时候，他决定去乔治的公司试试。库帕是一位无线电爱好者，从小就崇拜无线电界的资深人士乔治。如果乔治能够接纳他，他想，他肯定能够学到很多东西，日后也能像乔治一样在无线电行业取得巨大的成绩。当库帕敲开乔治的房门时，乔治正在专心研究无线电话，也就是我们现在常用的手机。

库帕将自己在心里想了很久的话，小心翼翼地在乔治面前讲了出来。他说："尊敬的乔治先生，我很想成为您公司的一员。如果能够留在您的身边，当您的助手，那就更好了。当然，我不求待遇……"谁知，还没等库帕说完，乔治便粗暴地将他的话打断了。乔治用不屑的眼神看着库帕说："请问你是哪一年毕业的？干无线电多长时间了？"

库帕坦率地说："乔治先生，我是今年刚毕业的大学生，从没干过无线电工作，但是我很喜欢这项工作……"

乔治再次粗暴地打断了库帕："年轻人，我看你还是请出去吧。我不想再见到你了，也请你别再耽误我的时间。"

原本诚惶诚恐、忐忑不安的库帕，这时心情反倒平静了下来。他不慌不忙地说："乔治先生，我知道您现在正在忙什么。您在研究无线移动电话，是吗？也许我能够帮上您的忙呢！"

虽然对库帕能够猜出自己正在研究的项目而感到惊讶，但乔治还是觉得面前的这个年轻人太幼稚，还不足以为自己所用，所以他坚决地下了逐客令。

1973 年的一天，一名男子站在纽约街头，拿着一个约有两块砖头大的无线电话，引得过路人纷纷驻足注目。这个人就是手机的发明者马丁·库帕。当时，库帕是美国摩托罗拉公司的工程技术人员。库帕说："乔治，我现在正在用一部便携式无线电话跟您通话。"

乔治怎么也想不到，当年被自己拒之门外的年轻人真的在自己之前研制出了无线移动电话——手机。现在，手机已成为人们日常生活中不可缺少的通信工具，而马丁·库帕的大名也为人们所熟知。有记者采访马丁·库帕时问："如果当时您被乔治收留，您肯定会协助乔治完成手机的研制，而这一功劳也肯定会是乔治的，是不是？"马丁·库帕回答说："不，如果当时乔治收留了我，我成了乔治的助手，我们也许永远也研制不出现在的手机来。正因为他拒绝了我，掐断了让我想向他学习的念头，所以我才重新开辟出一条研制手机的道路，并且成功了。那条道路的名字就叫屈辱。我将乔治对我的羞辱化成了前进的动力。如果没有这种动力，即使我跟乔治联手也不一定能完成这项研制工作。"

大道理

回应别人的屈辱就是改变自己，证明别人是错的。如果我们认为自己行，那就把那些阻碍我们前进的东西都清理开，即使受到屈辱又何妨。只有越挫越勇，把屈辱化成一股督促我们前进的力量。这样我们才能在逆境中发现自己的长处，得到自己梦寐以求的收获。

52. 华盛顿选择艰苦

乔治·华盛顿（1732—1799 年）享有"美国国父"之称。1789 年。在美国立国后的第一次大选中他以全票当选为美国总统，之后，又于 1793—1797 年连任，但他拒绝蝉联第三次。这就形成了美国总统任期一般不超过两届的惯例。

华盛顿早熟。16 岁时，他本可以过悠闲舒适的生活，可是，他却选择了艰苦。他主动要求参加勘探队，到弗吉尼亚的大河谷去进行勘探。白天，他和勘探队员们顶着烈日，在河谷、土坡、丛林里穿行测量；晚上，只能在荒野里燃起篝火，裹着爬满臭虫的破毯子露宿。有时整天冒雨在泥泞的道路上行进；有时睡得正香，帐篷却被大风刮翻了。

艰苦的生活锻炼了他。华盛顿 19 岁就当上了少校级的副官长。他潜心地阅读军事著作，虚心学习武器的使用和战术的运筹。

一次，在抗英的战斗中，刚开始，华盛顿的军队处于劣势，伤亡很大。他的军衣被打穿四个洞，两匹马也先后被杀；他所在省份经济匮乏，军官开不出支。可他全然不顾这些，志愿参战，不光没有薪饷，还要自己负担一大笔开支。他乐意干这种既破财还可能丧命的苦差事。最后他的队伍终于打败了敌人，而他本人也赢得人们的爱戴，使他在后来被推举为独立战争的总司令，成为改变美国历史的一个重要人物。

大道理

每个人都一样，不要被悠闲舒适的生活冲昏了头脑。无论何时，都要保持一颗平常心，跟大多数人一样接受磨难，自食其力，用实际行动证明自己。因为阳光总在风雨后，自己挣来的才是最真实的。

53. 勇敢站起来

李小双出生于湖北仙桃市。

双胞胎李小双与哥哥李大双仅仅相隔 5 分钟来到这个世界。对于李家来说，双子临门无疑是件大喜事。然而，对于这个收入菲薄的普通工人家庭而言，生活的担子无疑又增添了几分重量。迫于无奈，妈妈早早地给哥俩断了奶。大双被送到外婆那儿，小双则留在乡下爷爷奶奶家。直到 5 岁那年，哥俩才重新回到妈妈的身边。

家里太穷了，小哥俩根本谈不上什么营养，面黄肌瘦的，小肚子倒长得很大。就是这么两个不起眼的孩子，却由于一次偶然的机会，一起走上了体操之路。

那是一个夏天的傍晚，小哥俩在电影院门口的台阶上跳上跳下地玩，引起了一位路人的注意。他就是湖北省仙桃市少年体校的校长丁霞鹏。从此，小哥俩有了一个更好玩的去处——体操房。

经过丁教练的 3 年"雕琢"，小双达到了儿童甲级体操运动员的水平。9岁那年，他和大双一起离开家乡，来到湖北省体操队，投师于刘长胜教练门下。

刘长胜教练对孩子们要求非常严格。有一次，小双和几个队员偷偷地学抽烟，被刘教练发现了，气得他大发雷霆，扬起手要劈头盖脸向小双打来。小双吓得闭起了眼睛，可是巴掌并没有打在身上，却狠狠拍到桌子上，发出的声响，犹如一声长长的叹息回荡在小双的耳边。然而，这比打更刺痛了小双的心，他逐渐明白了一个道理：一个体操运动员不但要有良好的技术，更重要的是要懂得自尊、自爱和自强。

在李小双的童年时代和少年时代，没有电动玩具，没有巧克力，也没有父母的宠爱，但他的精神却是富有的，因为他的生命已经和他深深热爱的体操融为一体了。

1989 年 12 月，李小双被调到中国体操队著名的教练黄玉斌门下继续深造。黄玉斌在国家队里是出了名的"狠教练"。他的训练特点是严格、细致，再有就是训练量大，训练时间长。与小双同在一组的有李敬、李春阳两位世界冠军。在众多的高手中，小双只能排在最末一个。"先练练再说吧。"小双这么想。可黄教练却郑重其事地宣布，让他准备冲击 1990 年亚运会。这可着实让小双吃了一惊，他咬咬牙，投入了紧张的训练。

大运动量、高强度的训练终于创造了奇迹：1990 年亚运会上，李小双这个从未参加过国际比赛和全国成人比赛的默默无闻的后起之辈，居然一举夺得团体和自由体操两枚金牌。当时他只有 17 岁。

大道理

只要精神完整无缺，任何人都能奏响自己生命中的最强音！家庭条件不好能怎样，艰难困苦又如何。只要自强不息，勇敢面对生活中的挑战，不向命运低头，闯过去，就能迎来希望的明天。当你要挣脱的时候，你就能勇敢地站起来。

54. 盲女孩儿的受难与拯救

莉蒂雅是意大利人，她出生在很久以前的庞贝古城。虽然自打出生就双目失明，但是莉蒂雅从来没有怨天尤人或者垂头丧气过。她非常热爱生活，对一切都充满了信心和希望。

稍稍长大一点后，她拒绝家人过分地呵护和别人出于同情而给予的帮助，坚持要像个正常人一样参加劳动，靠卖花来自食其力。

几年后，维苏威火山大爆发。庞贝古城一下子陷入空前的灾难中，整座城市都被浓烟尘埃笼罩了。浓密的火山灰遮住了太阳、月亮和星星，使整个大地一片漆黑。黑暗中，恐惧至极的居民惊慌失措地乱跑着。可是每个人都像走进了地狱一般，无论如何也找不到出路。

这时候，莉蒂雅出现了，她靠着自己多年来走街串巷卖花积累的经验，熟练地为大家指引着方向，并凭借自己异常灵敏的嗅觉与听觉引领大家避开各种危险。

最终，这位向来被大家认为"不中用"的盲女孩拯救了成千上万的市民。后来，感激不已的市民们将她的名字写入了传记和小说中，并一直流传到现在。

大道理

从一个"不中用"的小女孩到一个拯救千万人的女英雄，人们的评价总会随着你的努力而改变。记住，没有永远的不幸，也没有永远的幸运。公平的上苍一直在遵守这个原则：为你关闭一扇门的同时，为你开启一扇窗。

55. 积极面对失败

出身贫寒的松下幸之助，年轻时到一家电器工厂去谋职。这家工厂人事主管看着面前的小伙子衣着肮脏，身体又瘦又小，觉得不理想，信口说："我们现在暂时不缺人。你一个月以后再来看看吧。"

这本来是个推辞，没想到一个月后松下真的来了。那位负责人又推托说："有事，过几天再说吧。"隔了几天松下又来了。如此反复了多次，主管只好直接说出自己的态度："你这样脏兮兮的是进不了我们工厂的。"于是松下立即回去借钱买了一身整齐的衣服穿上再来面试。负责人看他如此实在，只好说："关于电器方面的知识，你知道得太少了。我们不能要你。"

不料两个月后，松下再次出现在人事主管面前："我已经学会了不少有关电器方面的知识。您看我哪方面还有差距，我一项项来弥补。"这位人事主管紧盯着态度诚恳的松下看了半天才说："我干这一行几十年了，还是第一次遇到像你这样来找工作的。我真佩服你的耐心和韧性。"

于是松下幸之助这种不轻言放弃的精神打动了主管。他得到了这份工作，并通过不断努力逐渐成为电器行业非凡的人物。

大道理

一次一次的拒绝并不能说明我们就永远与成功无缘，而是意味着我们离成功更近了一步。因为，每一次拒绝都会让我们有一些新的收获，拒绝一次我们离成功的距离就少了一步。坚持下去，下一个成功的人就是我们。

56. 终归会有一粒种子适合它

有一个女孩高中毕业后没有考上大学，被安排在本村的小学教书，结果，不到一星期就回了家。

母亲安慰她："满肚子的东西，有的人倒得出来，有的人倒不出来。你不会教书不要紧，也许有更合适的事情等着你去做。"

后来，这女孩先后当过纺织工，干过市场管理员，做过会计，但是无一例外都半途而废了。

然而，每次女儿失败回来，母亲总是安慰她，从来没有抱怨的话。

30岁的时候，女儿做了聋哑学校的一位辅导员，后来又开办了一家自己的残障学校，并且在许多城市开办了残障人用品连锁店，有了自己的一片天地。

有一天，功成名就的女儿问母亲："那些年我连连失败，自己都觉得前途非常渺茫，可你为什么总对我那么有信心呢？"

母亲的回答朴素而简单："一块地，不适合种麦子，可以试试种豆子；豆子也种不好的话，可以种瓜果；瓜果也种不好的话，也许能种荞麦。终归会有一粒种子适合它，也总会有属于它的一片收成。"

大道理

每个人都有自己的闪光点。即使我们现在失败了，哪怕是接连失败，也并不代表什么，千万不要气馁，不要放弃，因为我们可能还没有发现最适合自己的东西。没关系，多试几次，"总有一粒种子适合我们"。

57. 摔倒并不能阻碍你的成功之路

一个急于成功的人在寻找成功的路上遇见一位智者，便向他打听："走哪条路才能够得到成功?"

智者没有说话，只是把手向远处一指。这个人看看智者指引的方向，十分激动。他认为成功近在咫尺，很快便可以得到，于是向着智者指点的方向大步奔去。不久，路上传来咕咚一声，是那人摔倒的声音。"哎呀!"那人疼得叫了起来。

过了一会儿，那个人满身尘土、一瘸一拐地走了回来。他寻思着自己一定是误解了智者的意思。再次向智者问那个问题，智者依旧把手指向那个方向。

那个人半信半疑，但他还是顺从地沿着这条路走去。很快，路上又传出咕咚一声，紧接着又是"哎呀!"

这回他是爬着回来的，衣衫褴褛，浑身血污，一脸愤怒。"我问的是走哪条路我能够成功!"他向智者咆哮，"我完全是按照你所指引的方向走的，但我所得到的却只有痛苦与伤害! 不要再用手指了! 用嘴告诉我成功的方向。"

这时，智者终于开了口，他说："成功就在那个方向。在你摔倒的地方不远处。"

大道理

不经一番寒彻骨，怎得梅花扑鼻香。任何成功都不是一帆风顺的，没有经历过"摔倒"的成功就不算真正的成功。每个成功人士风光的背后都隐藏着这样那样"摔倒"的故事。不抱怨，不气馁，在哪里摔倒就在哪里爬起来，拍拍身上的尘土，继续往前走。成功就在离摔倒的地方不远处。

改变人生的轨迹

——成就你一生的那些小故事大道理

第三辑

生活仍在继续 唯有坚持努力

人生的道路总是曲折的。但是当我们真正遭遇到了这种曲折时，总是害怕去面对，进而在沉默中埋没自己的才华。其实，生活就像弹簧一样，你弱它就强，你强它就弱。一旦你坚持、努力、奋斗，你就会在曲折的路上留下自己深深的脚印。生活也因此才变得有活力，你也可以成为一个真正的打不倒的强者……

1. 苏格拉底的问题

苏格拉底是古希腊著名的大哲学家和大教育家，他教学生的方法总是别出心裁。

开学第一天，他对学生们说："今天，我们只学一样东西，就是把胳膊尽量往前抬，然后再尽量往后甩。"他示范了一下。结果，所有学生都笑了。

"老师，这还用学吗?"一个学生打趣道。

"当然，"苏格拉底很严肃地回答道，"你不要觉得这是件很简单的事，其实它很困难的。"听到这话，学生们笑得更厉害了。

苏格拉底一点也不生气，他宣布说："这堂课我就教大家好好学这个动作。学会以后，从今天开始，每天你们都要把它做 100 遍。"

10 天之后，苏格拉底问："谁还在坚持做那个甩手动作?"大约 80％的学生举起了手。

20 天之后，苏格拉底又问："谁还在坚持做那个甩手动作?"大约 50％的学生举起了手。

一年后，当苏格拉底再次提问时，只有一位学生举起了手。他就是后来成为古希腊另一位大哲学家、大思想家的柏拉图。

大道理

塞内加说过："只要持续地努力，不懈地奋斗，就没有征服不了的东西。"坚持是世界上最简单同时也是最困难的事情，因为人人都能做到，却未必人人都做得到。只有那种即便一件简单事都能坚持做到底的人，才可能有所成就。

2. 黄蜂也能飞舞

"看来，这个说法是完全没有问题的。凡是会飞的动物，它的形体构造必然是身躯轻巧而双翼修长的，比如麻雀、燕子、蜻蜓……"几位动物学家正在探讨动物飞翔的原理，作为主任，张教授最后总结发言道。可是不等他说完，一只大黄蜂就冲着研究室窗台上的花盆飞过来了，弄得数位专家顿时面面相觑、尴尬无比。是啊，为何大黄蜂如此短小、薄弱的翅膀能够带动起它相对来说极为肥胖、粗笨的躯体呢？

带着这个疑问，几位动物学家带着大黄蜂来到了某著名物理学家的实验室。物理学家仔细观察了半天，又埋头计算了半天，结果还是困惑地摇了摇头："这真是不可思议，它简直就是所有能飞的物种里的一个另类。因为根据流体力学的原理，它应该是根本飞不起来的。如果今天不是亲眼所见，我真不敢相信这是事实。"

无奈之下，几位专家又把大黄蜂摆在了一位社会学家的办公桌上。没想到不等他们说完，社会学家便哈哈大笑起来："这么简单的问题还用得着问吗？""简单？"几位动物学家异口同声，个个大跌眼镜。"当然简单，因为答案只有一句话，它必须飞起来，否则，它只有死路一条！"社会学家大声说道。

没错，当只有死路一条时，不仅仅大黄蜂，我们人类更是能突破所谓的极限，创造出在此之前想都不敢想的奇迹来。社会学家不曾深入地研究过动物，也不懂什么流体力学，但是他却破解了黄蜂飞舞的秘密。

大道理

　　阻碍我们前进的，往往不是未知而是已知。所以，我们唯有不断去开拓未知的世界才能知道新的美好。生命永远蕴含着无限希望和可能性，如果过去已经不能成为生存的必需；我们要做的就是努力让自己更适应这个社会。

3. 执著——成功的法则

一个农场主巡视谷仓时不小心遗失了腕上名贵的金表。他找遍整个谷仓也没有找到，便贴出了一张告示：如果谁能帮我找到金表，我就给谁100美元作为酬劳。

面对重赏，人们纷纷四处翻找，但谷仓内谷粒成山，还有一堆堆的稻草，想要在其中寻找一块小小的金表，简直就像大海捞针。

等到太阳快下山时，人们还没有找到金表。于是他们开始抱怨，或者埋怨金表太小了，或者埋怨谷仓太大、里面杂物太多了。终于，大家一个接一个地放弃了那100美元的重赏，沮丧地回家了。最后，谷仓内只剩下一个穷人家的小男孩。由于太穷，他已经整整一天没吃上饭了。现在，他很希望能把表找到，以解决一家人的吃饭问题。

天越来越黑，小男孩依然在谷仓里摸来摸去。夜晚来临了，喧嚣的谷仓渐渐静了下来。突然，他听到了金表发出的轻轻的"滴答、滴答"声。喜出望外的小男孩努力屏住呼吸，顺着这种声音摸了下去。终于，他找到了那块金表，获得了100美元的重赏。

小男孩并没有大人的智慧和力气，但却做到了大人做不到的事，只因为他比大人们多坚持了一会儿。

大道理

成功的法则中，最基本的一个叫执著。其实，成功并不需要我们拥有超常的勇气与智慧，而只需要我们坚持去做。只要永不放弃，你早晚会听到成功发出的"滴答"声，最终会见到上帝为你开启的伊甸园。

4. 努力带来的成功

晴朗的阳春三月天，一位卖气球的老人推着货车走进了公园。五颜六色的气球立刻吸引了公园里的孩子们。他们一窝蜂似的跑了上去。不一会儿，公园里到处是拿着气球的小孩子。

一个黑人孩子静悄悄地站在公园一角看着那些白人小孩，脸上写满了羡慕之色。终于，他鼓起勇气走到了老人的货车旁，怯生生地问道："爷爷，你可以卖给我一个气球吗？"

老人微笑着蹲下身去，摩挲着黑人孩子的小脸，很和蔼地说："当然，为什么不能呢？你想要什么颜色的？"

黑人孩子一听，立刻欢欣雀跃起来："我想要一个黑色的，可以吗？"

"当然。"老人一边说，一边从架子上拿下了一个黑色的气球，递给孩子。

黑人孩子高兴地拿着气球跳啊跳啊，不一会儿，他小手一松，气球在微风中冉冉升起了。孩子顿时惊讶地大叫道："爷爷，快看啊，黑色气球也能飞起来。"

老人看看上升的气球，用手轻轻地拍了拍孩子的脑袋："当然了，孩子，气球能不能飞起来，不在于它的颜色，而在于它里面充满了氢气。"说到这里，老人加重语气说了一句，"记住，人也一样！"

黑人小孩眼睛忽闪着，似乎有所领悟。

大道理

我们的成败不应由这些与生俱来的东西评判，更重要的是我们自己的后天的努力。这个世界是被自信和努力创造出来的。有了自信，人就会有登上成功山顶的力量；有了努力，人就会身处通向成功山顶的途中。

5. 摔倒了就再爬起来

美国总统林肯在任期间政绩辉煌，但他战胜人生灾难的成绩实际上比政绩更辉煌。

1809 年，林肯出生在一个一贫如洗的伐木工人家庭。

7 岁时，因为太穷，他的全家被赶出了原居住地。小林肯从那时便承担起了抚养家庭的重任。

9 岁时，慈爱的母亲去世，林肯受到了巨大的精神打击。

22 岁时，第一次经商失败，生活陷入艰难。

23 岁时，竞选州议员落选。

同年，失业。

同年，争取进入法学院，失败。

24 岁时，再次经商失败，欠下巨额债务，16 年后才全部还清。

25 岁时，再次竞选州议员，终于赢了，这多多少少让他饱经沧桑的心得到了些许安慰。

26 岁时，订婚后正准备结婚，未婚妻却突然死亡。

27 岁时，精神完全崩溃，卧床半年之久。

29 岁时，竞选州议员发言人失败。

31 岁时，争取成为选举人失败。

34 岁时，参加国会大选落选。

39 岁时，寻求国会议员连任失败。

40 岁时，争取自己所在州的土地局局长职位失败。

45 岁时，竞选美国参议员落选。

47 岁时，在共和党的全国代表大会上争取副总统职位提名，支持票数还不到 100 张。

49 岁时，再度竞选美国参议员落选。

51 岁时，当选美国总统。

一生，他都被忧郁症所折磨，并且，婚姻生活很不幸。

如果问林肯是如何走过这一路艰辛的，他会略表惊讶又很无所谓地回答你："这很奇怪吗？那些都只不过是滑一跤，又不是死去爬不起来。"

果戈理："您得相信，有志者事竟成。古人告诫说，天国是靠努力进入的。只有当勉为其难地一步步向它走去的时候，才必须勉为其难地一步步走下去，才必须勉为其难地去达到它。"其实，成功，就是爬起来的次数比跌倒的次数多一次。困苦磨难本身从来不是魔鬼，面对它时你所表现出的委靡和屈服才是最大的灾难。如果每次跌倒之后都能爬起来，你就离成功越来越近。

6. 熟能生巧

宋朝有个叫陈康肃的人十分擅长射箭。他能够在百步开外射中杨树的叶子，这样的射技举世无双，再没有第二个人能够比得了。陈康肃对自己的本领很是自负。

有一次，陈康肃在自家后花园的场地上练习射箭，引来很多人围观。有一位卖油的老头儿挑着担子经过，也停下来，放下担子，斜着眼睛看陈康肃射箭，很久都没有离开。

陈康肃的箭术果然名不虚传，射出的箭十次有八九次都射中靶心。旁边围观的人们大声喝彩，手心都拍红了。只有那位卖油的老头儿，仍用斜眼瞅着，只稍微点了下头。

陈康肃见老头儿似乎有点看不上他射箭的技艺，又生气又不服气，就放下弓箭走过去问老头儿说："你也懂得射箭吗？难道你认为我射箭的技术还不够精吗？"

老头儿平静地回答说："我觉得这也没啥了不起的，只不过你练得多了，手熟而已。"

陈康肃终于发怒了，质问道："你怎么敢如此贬低我的绝技！"

老头儿不慌不忙地说:"我是从我多年来倒油的技巧中懂得这个道理的。我就演示给你看一看吧。"

说完以后,老头儿把一个葫芦放在地上,又取出一枚圆形方孔的铜钱盖在葫芦嘴上。然后他用一把油瓢从油桶里舀了一满瓢的油,再将瓢里的油向盖着铜钱的葫芦嘴里倒。只见那油呈细细的一线流向葫芦嘴,均匀不断。等油倒完了,把铜钱拿下来细细验看,竟然连一点油星子都没有沾上。在人们一片啧啧称奇声中,卖油翁笑了笑说道:"我这点雕虫小技也没有什么了不起的,不过是手熟而已。"

陈康肃看了表演以后笑了起来,客客气气地把卖油翁送走了。

大道理

熟能生巧,任何一件精湛的技术都是经过无数次练习才成功的。可见,再难的事情,只要我们反复地、不间断地练习和实践,日复一日,年复一年,必定会练成人们啧啧称奇的"绝技"。

7. 坚持承受一切

胡皮·戈德堡是美国著名的黑人女演员,由她主演的《修女也疯狂》注定是一部要载入艺术史册的经典影片。她在其中扮演了一位很另类的修女。但是了解戈德堡的所有人都说,这位修女其实并非她"扮演"的,而是就是她自己。

的确,戈德堡在日常生活中就是一位非常另类的女性,她的许多风格都跟周围人格格不入。并且,尽管为此深受打击与讽刺,她依然装聋作哑地不改初衷。

据戈德堡自己说,她的另类和个性得益于她母亲的教诲。

她说:"自从出生到长大,我一直居住在环境复杂的纽约市劳工区切尔西。我成长的时期正值嬉皮士时代,而我是一个很喜欢追随潮流的人。于是那时,我经常身穿大喇叭裤,头发梳成阿福柔犬蓬蓬头,脸上也常涂满五颜六色的彩妆。为此，我常常遭到附近各类人士的批评。

"我至今仍然对一件事记忆深刻。那是一个晚上，我约邻居友人一起去看电影。约会时间刚刚到，我便穿着一件扯烂的吊带裤、一件脏衬衫去赴约了。结果，当我出现在朋友面前时，她非常不满地对我说道，'你必须换一套衣服。'

"'为什么？'我不解地问道。

"'你装扮成这个样子，要我怎么跟你出门呢？'她生气了。

"这下，我也生起气来，于是我回应道，'要换你换！'就这样，她赌着气走了。

"我并不知道，当我跟朋友争吵时，母亲就在一旁看着。我永远也忘不了母亲当时告诉我的话，因为那些话成了我此后一生的座右铭。母亲说，'你可以去换一套衣服，变得跟其他人一样，也可以继续这样下去。但是，如果你选择后者的话，你必须坚强到可以承受住外界任何嘲笑的程度，因为你一定会因此引来批评。这便是与众不同者的不容易。'

"说实话，当时我受到了极大震撼。但正是从那一刻开始，我注定了一生都不能再摆脱与众不一致的话题。

"我成名之后，也曾经听到很多人议论我，'她怎么会在这种场合穿运动鞋呢？''她为什么不穿礼服出场，难道不应该这样吗？'……但是最后，因为受我的吸引，她们纷纷学起了我的样子，比如绑细辫子头。"

说到这里，戈德堡使劲摇了摇她那绑满细辫子的头，然后得意地笑了起来。

大道理

每一个人都有自己的特殊秉性，我们也承认：你可以与众无异，也可以与众不同，但如果选择后者，你必须坚强到可以承受住外界任何批评的程度，因为这注定是一条漫长而艰辛的道路。所以当你一旦决定了什么，就必须去坚持，去勇敢地承受一切。

8. 没有不受伤的船

在西班牙港口城市巴塞罗那有一家大型的造船厂。该厂有一间陈列室，是专门用来陈列该厂出产的船只模型的。由于造船厂历史悠久，该陈列室至今已经陈列了近 10 万只船舶模型。

据说，所有走进这间陈列室的人都会被深深震撼，并从中得到深刻的启迪。这倒不是因为它的超大规模或者千姿百态的船舶模型，而是因为每一个模型上雕刻的文字——关于本船的航行历史。比如，那艘名为"西班牙公主"的船上这样记录着："本船 1984 年下水，共计航海 50 年。在这 50 年间，它曾经 138 次遭遇冰川、116 次触礁、27 次被海上风暴扭断桅杆、21 次因为故障抛锚搁浅、13 次遭海盗抢劫、9 次与其他船舶相撞，但是，它却一直没有沉没。"

另外，在该陈列馆最里面的墙上还有这样的文字记录："该厂成立几百年来，共出厂近 10 万只船舶。在这 10 万只船舶中，有 6000 只在大海中沉没，有 9000 只因受伤严重不能再进行修复航行，有 6 万只遭遇过 20 次以上的灾难……"最后的结论是，"凡是下过水，没有一只船不曾有过受伤的经历。"

我们的人生不也如此吗？

大道理

在浩瀚无垠的海上航行，就没有不受伤的船；在人世间行走，就也不会有一帆风顺的人生。而不管遭遇什么样的风雨伤痛，都坚强勇敢、百折不挠地前进，才是我们需要的态度。

9. 坚强才能成为强者

松下电器正在招收一批基层管理人员。经过笔试和面试双重考核后，几百位报名者只剩下了十位优胜者。其中一位叫做神田三郎的优秀青年给老板松下幸之助留下了深刻印象。神田三郎才华突出、口才一流而且品貌俱佳，真可谓是十位优胜者中的优胜者。

第三天，当助手把录取名单送到松下幸之助的办公室时，松下意外地发现"神田三郎"竟然并没有在名单之内。

"为什么没有那个叫做神田三郎的小伙子呢？我看他很不错啊。"松下问助手。

助手一愣，立刻回到办公桌前去查。哦，原来是电脑出了故障，把录用者的名字跟分数排错了。按照老板的指示，助手马上给神田三郎下发了录用通知书。

不想一天、两天……一周时间过去了，神田三郎始终没有来报到。怎么回事？难道松下公司不符合他的要求吗？多少感觉有些不可思议的老板松下于是派助手亲自去请。

下午时分，助手回来了，他带来了一个惊人的消息：由于未能被松下公司录用，踌躇满志的神田三郎经不起打击，已于一周以前跳楼自杀了。

听到这个消息，松下立刻陷入了沉默之中。为了缓和气氛，助手轻声说道："真是可惜啊！如此才华出众的青年，我们竟然没有录用他。"

"不！"松下立刻否定道，"你应该说，幸亏我们公司没有录用他！如此不坚强的人，我们能指望他干什么呢？"

大道理

真正的强者不是屡战屡胜者，而是屡败屡战者。任何人的一生都难免遭受挫折扣击。意志薄弱之人，非但干不成大事，还有可能成为别人的累赘。倘若承受不了生活的苦难与挫折，又何来的勇气面对更多的未来呢？所以，优秀者并不一定是强者。

10. 坚持把"不可能"变成"可能"

1968 年，美国的罗伯·舒乐博士突发奇想，打算在加州用玻璃建造一座水晶大教堂。有了这个念头之后，他来到著名的设计师菲力普·强生家里。描述完自己的构想后，他便向强生咨询起建筑预算，并且坚定地对对方说："我现在一分钱也没有，所以零美元与 100 万美元的预算对于我来说没有什么区别。但重要的是，这座教堂本身要具有足够的魅力来吸引捐款。"

经过精心计算，菲力普·强生告诉舒乐博士至少需要 700 万美元。听清这个数字后，舒乐博士拿出一张白纸，在上面写下了"700 万美元"，然后又写下如下 10 行字：

寻找 1 笔 700 万美元的捐款；

寻找 7 笔 100 万美元的捐款；

寻找 14 笔 50 万美元的捐款；

寻找 28 笔 25 万美元的捐款；

寻找 70 笔 10 万美元的捐款；

寻找 100 笔 7 万美元的捐款；

寻找 140 笔 5 万美元的捐款；

寻找 280 笔 25000 美元的捐款；

寻找 700 笔 1 万美元的捐款；

卖掉 10000 扇教堂窗户，每扇 700 美元。

然后，舒乐博士长长地出了一口气，似乎已经打定了某种主意。

两个月后，他用水晶大教堂奇特而美妙的模型打动了当地的一位富商约翰·可林。这位富商捐出了第一笔 100 万美元。

3 个月后，一位被舒乐博士的精神所感动的陌生人，在其生日的当天寄给舒乐博士一张 100 万美元的银行支票。

6 个月后，一名捐款者对舒乐博士说："如果你以你的诚意与努力能筹到 600 万美元的话，那剩下的 100 万美元我将会全部支付给你。"

第二年，舒乐博士开始以每扇 500 美元的价格请求美国人认购水晶大教堂的窗户，付款的办法为每月 50 美元，10 个月分期付清。6 个月内，1 万多扇窗户全部售出。

1980 年 9 月，历时 12 年，可容纳 1 万多人的水晶大教堂竣工。水晶大教堂最终的造价为 2000 万美元，全部是舒乐博士一点一滴筹集起来的。

大道理

　　没有不可能，只有不去做。阻碍理想实现的最大障碍永远在我们自身，只要不被"不切实际"吓倒，并坚持不懈地做下去，最适合你的那条成功途径终究会被你找到。

11. 勇气让梦想开花

　　年轻人在这家大公司里工作已经有一段时间了。虽然他很努力，上司也认为他很不错，但他很想知道公司对自己的真正评价。于是，他偷偷给公司总裁写了一封信。在信中，他描绘了自己现在所做的工作，并把自己的成绩也作了比较详细的陈述。然后，他问了总裁几个问题，其中最重要的一个是"我能否在更重要的位置上干更重要的工作?"寄出这封信之后没多久，年轻人就把这件事忘得一干二净了，因为他觉得，总裁是肯定不会理睬他这种小角色的。

　　哪知几天后，他竟然意外地收到了公司总裁的回信。在信中，总裁对他提出的几个问题进行了回答，最后还说:"公司正准备建一个新厂，就由你来负责监督新厂的机器安装吧。"然后，几张关于机器安装的图纸从信封里掉了出来。

　　他并没有学过这方面的知识，也不曾有过任何相关的训练，但总裁却要求他在短时间内完成任务，这分明是在为难他嘛。可想到这其实也是一个难得的机会，他便真的投入到了对图纸的研究中，遇到不懂的问题他就向有关人员虚心请教。结果，身为门外汉的他最终居然很出色地完成了任务。

　　当他应总裁之召，兴冲冲来到那间豪华的大办公室时，总裁正微笑着等待他的到来。只听总裁对他说："现在，我正式聘任你为新厂的总经理。你的年薪，将会比原来提高 10 倍。"

他听呆了，忙问原因。

总裁解释说："据我所知，你原本对那张图纸一无所知……不想你却具备如此快速接受新知识的能力，而且还有相当出色的领导才能。其实，当你在信中向我要求更重要的职位和更高的薪水时，我就发现你的与众不同了。你是一个很有勇气的年轻人；而新公司正打算物色一位这样的总经理，所以，你是最好的人选。我祝你好运。"

大道理

有勇气的人，心中才会充满信念；有信念的人，行动起来才会有动力。一切都需要我们自己去面对，去选择，去坚持。只有让梦想化为行动，我们才能让笑容绽放出花朵。我们可以失败，但是我们不能没有勇气继续走下去。

12. 耐心也是成功的秘诀

某金牌推销大师在结束推销生涯时召开了一个介绍经验的会议。这次会议吸引了保险界的五千余名精英参加。会中，人们最关心的问题当然是："你是如何成功的？你有什么秘诀？"面对人们如潮的问询和期待的眼光，推销大师微笑着沉默不语。

这时候，几位大汉把一只很大的铁球搬到了台上。人们好奇地静了下来，期待着大师精彩的演讲。没想到，大师根本没有要说话的意思，只是拿起一个小铁锤开始敲击大铁球。一下，大铁球没有动。5 秒钟之后，他又敲了一下，还是没有动。再过 5 秒，他又敲了一下……当这种单调的击打动作重复了上百次时，台下的人们已经烦躁不堪了。接着，一部分人便陆陆续续地离开了会场，一边走一边抱怨花这么贵的门票来听这种无聊的讲座简直就是浪费。

半小时以后，原来的五千余人只剩下了几百人，场内又恢复了当初的安静。响亮的敲击声还在继续着，一下、一下……突然，大铁球开始慢慢晃动了，而且越来越剧烈，任何人都无法让它再停下来。

大师这时清清嗓子说道："耐心、重复，这就是我的秘诀。"台下顿时掌声雷动。

大道理

　　成功，就是耐心重复成功的行为。坚持不懈地重复这种有意义的行为，我们才不会在摔倒的地方困惑不已，才不会在暂时美丽的风景前流连忘返；当我们真正从内心到行动都一直坚持，我们将是一个真正的成功者。

13. 失败也不能让你放弃

　　虽然也渴望成功，但因为太害怕失败，杰克从来都守规守矩。一天，他遇到了一位水手，两人攀谈起来。

　　杰克："你为什么要当水手呢？"

　　水手："因为我喜欢大海，我们家辈辈人都向往大海。"

　　杰克："哦？那你的祖辈人也是水手了？"

　　水手："是啊，我祖父就死在大海里。"

　　杰克："那你父亲呢？"

　　水手："我父亲也死在大海里。"

　　杰克："哦，那你可要小心点。你是独生子吗？"

　　水手："不，我还有一个哥哥，不过三年前他也死在大海里了。"

　　杰克："天哪，如果我是你，我将再也不会靠近大海一步！"

　　水手扭过头来看着杰克："你的祖父死在哪儿？"

　　杰克："床上。"

　　水手："你父亲呢？"

杰克："也是床上。"

水手："那么如果我是你，我将再也不会到床上去！"说完，水手便转身走了，留下杰克愣在原地。

几年之后，杰克又和那位水手相遇了。

水手："嗨，伙计，你还好吗？"

杰克："我还是老样子。你呢？没遇上什么危险吧？"

水手："我遇上过很多次危险，但却因此积累了丰富的经验。现在，我已经是船长了。"

水手说完又走了，杰克又一次愣在了原地。

大道理

失败与成功就是一母同生的兄弟。事情要不就是成功，要不就是失败。尽管我们每个人都期盼成功，这就免不了失败的命运。如果害怕失败，那么成功也不会来临。所以请记住：经历过失败，离成功还会远吗？

14. 坚持就能有转机

冬天来了，院子里的几棵无花果树纷纷凋零，进入了睡眠状态。

一个小男孩拉着父亲来到无花果树下，指着其中一棵说道："爸爸，就是它呀。"原来他在玩耍中发现这棵无花果树已经死掉了，遂告诉父亲把它砍掉。

父亲蹲下身去观察了一下，发现这棵树的树皮已经剥落，枝干也不再呈青灰色，而是完全枯黄了。他伸出手去碰了碰树上的一个细枝，只听"咔吧"一声，细枝便折断了。这时，他转头对儿子说道："也许它的确是死了，但我们最好还是等明年开春再砍它。因为，它也许正在养精蓄锐，冬天过去会继续萌芽抽枝呢。孩子你记住，冬天不要砍树。"

果然不出父亲所料，第二年春天，这棵无花果树竟然由黄转绿，重新萌发新芽了。秋天时，它也和其他几棵一样硕果累累。原来，这棵树真正死去的只是几根枝杈。春天一到，它就又能枝繁叶茂、绿荫宜人了。

这件事在小男孩的心里留下了深刻的印象。随着年龄的增长，他越来越深刻地领悟到了其中的道理。而身为教师，往日学生们的成长经历也一次又一次地证明了他的感悟。比如，那个叫李倩的小女生，上小学时是个打死也不开口的"小哑巴"，可是 10 年后，她居然在某个大都市里做起了律师，听说还做得不错。再如那个门门功课都不及格的淘气包李涛，自费上了高中以后竟然奋发图强，成了那所高中有史以来的第一位考上清华的学生，后来，他又成功考过了托福。还有……

其实最不可思议的是他自己。要知道，当他指着那棵死去的无花果树给父亲看时，还不到 10 岁的他，右腋窝底下已经架了一支拐杖。但是正因为父亲懂得"冬天不要砍树"的道理，才使他一直像个正常孩子一样生活着，并最终像正常人一样成了有用之才。

今天，当他再次站在课堂上给学生们讲这个小故事时，已经年过不惑的他总爱说："只要不轻易放弃，凡事都将有转机。"

大道理

> 　　只要你不轻易放弃，凡事都将有转机。冬天不要砍树，我们也要自己让自己重生。不要因为痛苦、失败就裹足不前；唯有坚持活着，才会活得很好。

15. 转弯去坚持

　　两只老鼠——鼠爸爸和它的儿子一起掉进了一桶牛奶里。为了求生，它们拼命地挣扎着、游着，但游了好久还是看不到希望。

　　体力不支的鼠爸爸气喘吁吁地对儿子说"我不行了，我已经太累了。看样子是没希望了，我们还是等着被淹死吧。"

　　鼠儿子努力鼓励着老爸："不要，继续游，继续游啊！坚持住，奇迹一定会出现的。我们都要有信心。"

可是半个钟头后，鼠爸爸的动作还是慢了下来，最后，他停住了，任凭疲倦至极的身体向牛奶桶底沉去。而鼠儿子依然咬紧牙关坚持了下去，一小时、两小时……慢慢地，被搅拌个不停的牛奶形成了一个黄油球。再过一会儿，黄油球变硬了，鼠儿子将这个"球"当作平台，拼尽最后的力气使劲一跃，它竟然跳出了那个牛奶桶！

"幸好我多坚持了一会儿！"鼠儿子回头望望差点儿置自己于死地的牛奶桶，感慨万千地说。

大道理

危机，就是"危险"加"机遇"。可见每一个危险的背后，都会跟随着某种机会。所以请你看到危险的同时也要看到可能的机遇，不要轻易就放弃，或许你会得到更多不同的东西。

16. 努力吃一对鲸鱼

美国著名作家马克·吐温由商人转向文学创作之后，才华迅速展露了出来，并因一本《跳蛙》而声名鹊起，一下子由原来的穷困潦倒变成了腰缠万贯。这不但刺激了大量热爱写作的人更加坚守自己的梦想，还吸引了一些无所事事但自以为是的青年投入写作。罗杰尔就是后者当中的一个。

不得不说，罗杰尔真是没有写作的天分，但是他却一直自信满满，认为自己天生就是当作家的料。在遭遇出版社一次又一次的退稿之后，骄傲的罗杰尔自视其作品为无人理解的阳春白雪，便把他的退稿连同一封信一起寄给了马克·吐温，并在信的末端写了这么一段话："听说，磷质非常有益于大脑，而鱼骨是含磷最丰富的东西。所以我天天都吃鱼，以便能够早日成为像您那样的大作家。请问您吃过多少鱼？吃的是哪一种呢？"

马克·吐温看过这个青年的稿子又看过这个青年的信之后，感到哭笑不得，于是便提笔给这位青年回了一封极短的信："照你的稿子看，你得吃一对鲸鱼才行。"

17. 傻人的秘诀就是努力付出

　　从小我就是一个心胸宽阔、不喜欢计较的人，所以大家总把不爱干的活儿交给我。他们知道，我一定会做，而且毫无怨言。包括一些老师，也总是让我给他们帮忙，比如算考卷分数、做课代表，甚至是给他们倒茶、跑腿。我不觉得这有什么不好。被别人看重，这难道不是一件好事吗？

　　但是我不明白，为什么那些找我帮忙的同学总叫我"傻子"，而且我越辩驳他们越笑，越这样叫。时间久了，我也懒得理他们了。傻就傻吧，不是说"傻人有傻福"吗？我这样安慰自己。

　　一直到大学毕业参加工作，我还是保持着原来的习惯。一天，那个有事请假的保洁员为了不被扣工资，竟然理直气壮地要求我代他值班。我觉得这无所谓，所以一边擦着马桶，一边愉快地吹着口哨，不知道一旁的同事为什么笑我。

　　后来经济大萧条，我失去了赖以生存的工作。正当我为生活发愁时，大学里总喜欢找我帮忙的那位教授给我打来电话，问我有没有时间去给他做几个月助手，并许诺给我高薪。当时我快活得差点喘不过气来，我当然有时间！

　　在母校工作了几个月后，我出人意料地被留在了那所学校里，成了人人羡慕的大学老师。直到那一刻我才明白，傻人有傻福是因为傻人能做聪明人不做的事情。

第三辑　生活仍在继续 唯有坚持努力

大道理

> 傻人之所以有傻福，是因为他们做了许多"聪明人"能做却不愿意去做的一件聪明事——任劳任怨、不去算计地付出。一味地为梦想付出，或许不是最符合经济效益的，但是更能够接近成功。

18. 努力与收获成正比

曾国藩小时候天赋一点也不高，甚至经常被人耻笑为"愚蠢之辈"。据说，哪怕一篇很短的文章，他也要念上几十遍才能念熟。好在他是个勤奋好学的孩子，从来都不认为读书是份苦差事。

这天晚上，曾国藩又在家读起了书，一篇不到 300 字的小文章，他念了不下 20 遍还没有背下来。这时他家来了一个贼，躲在他家的屋檐下向屋里偷窥，想等这个读书人睡觉之后捞点值钱的东西走。可是这贼等啊等啊，曾国藩就是不睡觉。约摸一个时辰之后，他还在翻来覆去地读那篇文章。终于，那贼受不了了。他霍地跳下来，冲曾国藩大怒道："像你这种笨人还读什么书！"然后将那篇文章一字不落地背诵了一遍，扬长而去！

看到这里，我们不得不感叹这贼人的聪明。曾国藩对着课本念几十遍都背不下来的文章，他仅是听几遍便能一字不落地背诵了。但是同时，我们恐怕也得感叹另一点：虽然他如此聪明，却只不过是个贼；而天性愚钝的曾国藩，却因为"天道酬勤"而成为在中国历史上极有影响的大人物。

大道理

> 努力与收获是成正比的，伟大的成功可以通过辛勤的劳动换得。即便天生愚钝，只要不懈不怠，日积月累，奇迹早晚也会被创造出来。

19. 画凤凰背后的劳动

这位画家以画水彩画著名。人们都称赞他画的花能散发香气，他画的鸟能开口鸣叫，意思就是说他能把东西画活。

国王听了此事，便专程去拜访那位画家。"请你为我画一只凤凰吧。此生我最想见的鸟就是凤凰了。"国王对他说。画家答应了国王，并告诉他一年后才能来取。

一年之后，国王如约登门来访。一进门他便问道："我的凤凰呢？你可为我画好了？"

"陛下请稍等一下，您的凤凰马上就来。"画家边行礼边回答道，然后便不紧不慢地铺了画纸，润湿了画笔，当着国王的面挥笔如飞起来。不一会儿，一只美丽鲜艳、情态动人的凤凰出现了。国王连连叫好，可是画家叫出的价格却把他着实吓了一跳。

"什么？300万？"国王睁大了眼睛，"就这么一小会儿工夫，而且看起来你毫不费力、易如反掌地就画成了，竟要这么高的价钱。你这简直就是欺君罔上！"

"陛下请息怒，在您接受这个价格之前，我请您先看看我的画室。"说完，画家便领着国王走遍了他的院子。国王看到，画家小院的每个房间里都堆着满屋的画纸。展开来看，原来每张纸上画的都是凤凰。

"我希望您觉得这个价格是公道的，因为这件看起来毫不费力、易如反掌的事，花费了我多半的时间与精力。为了在这一会儿工夫里给您画出这只凤凰，我已经准备了整整一年的时间！"画家说道。

大道理

没有谁能够不劳而获，巨大的成功背后必然隐藏着辛勤艰苦的劳动。看到别人成功的背后，也要看到他为了成功付出了多少努力；同样的，你的努力与付出也会成就自己的梦想。

20. 努力让天分变天才

从小到大，我一直被一个问题缠绕着：世界上到底有没有命运？

一天，我偶然遇到了一位事业上颇有成就的朋友，便跟他闲侃了起来。不知不觉中，我们谈到了"命运"。于是我趁机问他："你认为这个世界上有命运吗？"

"有！"他不假思索地说道。

他的肯定把我吓了一跳。我条件反射地问道："大学的时候咱们宿舍可就数你最唯物了。怎么？工作了几年，难道全变了？"

"开玩笑，我还是老样子，不过我现在相信一定有命运存在。"他很认真地说。

我糊涂了："如果真有命运存在的话，也就相当于一切都已经是注定的了。既然如此，那你还奋斗什么？看你现在兢兢业业、努力奋斗的样子，可一点儿也不像信命的。"

朋友笑了，拉过我的手说："我来给你看看手相。"

接着，他就生命线、事业线、感情线地给我讲了一大通。讲完后，他突然使劲儿把我的右手握成了拳头。

我一愣："这是什么意思？"

"你看，无论是哪条线，现在都在你自己的手心里了。"他微笑着对我说。

我如遇当头棒喝，恍然大悟。可不是，命运线全在我自己的手里，而且，一直都在。

"你再看，"他微微转了转我的拳头说，"有一小部分线你还没有攥住，它们就是我们生命当中那些不由自己把握的东西。而'奋斗'的意义就是把能把握的尽可能都把握住，把不能把握的尽可能减少一些。"

21. 好大的"一点点"

　　两个下岗女工都在自己家附近的街边上摆了一个早餐点，都是卖包子和油茶。结果一个月后，一家生意日益兴隆，一家却关门大吉。怎么回事呢？原来一切都起因于一个鸡蛋。

　　生意日渐兴隆的那家，在顾客点油茶时，总会询问"打一个鸡蛋还是打两个鸡蛋"；而关门大吉的那家问的则是"打不打鸡蛋"。两种略有差别的问法，总使得第一家比第二家每天多出二三十块钱的收入。这样一来，前者负担各种费用就相对轻松一些，所以生意就做了下去；而后者呢，由于越来越不堪重负，最后只好收摊走人。又因为两家相距不太远，第二家垮掉以后，她的顾客都跑到第一家这边来了，这就更让第一家的生意再上一层楼了。

　　说到这里，我又想起了名满天下的饮料可口可乐。据说，在可口可乐的配方中，99％是水、糖、碳酸和咖啡因，这一点与世界上所有饮料的构成都差不多，它们的区别仅仅在于剩下的那1％。这个在其他饮料中绝对不存在的1％，让可口可乐每年都有逾4亿的纯利润收入，也让它有能力长年雄踞饮料业的霸坛，无人能敌。的确，对于其他饮料来说，每年能有七八千万的收入就算不错了，怎么可能成为可口可乐的竞争对手呢？

　　看来，世界上的成与败之间，距离有时就那么"一点点"。也许，它仅仅等于一个鸡蛋，也许，它仅仅等于1％的其他成分。但所谓的成功秘诀，往往也就在于这宝贵至极的"一点点"。不知道有多少人，用多少次失败才能换来这秘密的"一点点"，然后走向成功。

　　所以，无论何时，我们都不要轻视一件小事，忽略一个细节。要知道，如果你最后是成功的，这"一点点"也许微不足道；但如果你是失败的，这

"一点点"会放大成你全部的教训与遗憾，让你后悔不迭！

大道理

　　"一点点"说大不大，说小不小。凡事多思考一点点、多坚持一点点，多努力一点点，多发现一点点，可能你的命运牌就会出现不一样的符号。

22. 1885 次拒绝

　　他是一位穷困潦倒的小伙子，口袋里仅揣有 100 美元，来好莱坞的目的是希望从这里起步成为一名电影明星。他太喜欢当演员了。而之所以开着这辆又旧又破的金龟车来，是因为对于他来说，好莱坞的旅馆实在是太贵了，自己口袋里的钱根本用不了几天；而睡在车里呢，既省了房租，又减少了交通花费。为了让这仅有的 100 美元每一分都花得有价值，这个穷小子常常把车停在 24 小时营业的超市门口，因为那里的车位是不用付钱的。

　　自打来到这座城市的第二天，他就开始挨家挨户地敲电影制片公司的门了。不想全城 500 余家电影公司，居然无一想录用他。面对 500 次冷酷无情的拒绝，这位小伙子毫不灰心，他决定从头再来——再挨家挨户地敲一遍。这一次的结果怎么样呢？答案还是 500 次拒绝。

　　为了鼓励自己坚持下去，这位穷小子把"1000 次拒绝"当成了"绝佳经验"，然后又从第一家公司开始挨个自荐了。不过这一次，他在争取演出机会的同时，还向对方努力推荐着自己苦心撰写的剧本。

　　第三轮拜访完毕之后，这位可怜的青年已经遭到 1500 次拒绝了。怎么办？在这种情况下，任何人恐怕都会退缩了，但是固执的他却依然选择了"再来一遍"。

　　在总共经历了 1885 次严苛的拒绝、无数的冷嘲热讽之后，终于有一家电影公司愿意采用他的剧本了，并且答应让他出演其中的男主角。这部影片的名字叫《洛基》。其中的男主角扮演者，也就是我们这个故事的主人公，名叫席维斯·史泰龙，也就是后来轰动全世界的好莱坞动作巨星。

借助"坚强的意志"和"不懈的努力"这两个法宝，史泰龙完成了从身上仅有 100 美元的寻梦小子到每部影片片酬超过 2000 万美元的超级巨星的蜕变。

23. 精卫填海

传说炎帝有一个女儿，叫女娃。女娃十分乖巧，黄帝见了她，也忍不住夸奖她。炎帝视女娃为掌上明珠。

炎帝不在家时，女娃便独自玩耍。她非常想让父亲带她出去，到东海——太阳升起的地方去看一看。可是因为父亲忙于公事，太阳升起时来到东海，直到太阳落下，日日如此，总是不能带她去。这一天，女娃没告诉父亲，便一个人驾着一只小船向东海太阳升起的地方划去。不幸的是，海上突然起了狂风大浪。像山一样的海浪把女娃的小船打翻了。女娃不幸落入海中，终被无情的大海吞没，永远回不来了。炎帝固然痛念自己的小女儿，但却不能使她死而复生，也只有独自神伤嗟叹了。

女娃死了，她的精魂化作了一只小鸟，花脑袋，白嘴壳，红脚爪，发出"精卫、精卫"的悲鸣。所以，人们便叫此鸟为"精卫"。

精卫痛恨无情的大海夺去了自己年轻的生命，她要报仇雪恨。因此，她一刻不停地从她住的发鸠山上衔了一粒小石子，展翅高飞，一直飞到东海。她在波涛汹涌的海面上飞翔，悲鸣着，把石子投下去，想把大海填平。

大海奔腾着，咆哮着，嘲笑她："小鸟儿，算了吧，你这工作就干一百万年，也休想把我填平！"

精卫在高空答复大海："哪怕是干上一千万年，一万万年，干到宇宙的尽头、世界的末日，我终将把你填平！"

"你为什么这么恨我呢？"

"因为你夺去了我年轻的生命，你将来还会夺去许多年轻无辜的生命。我要永无休止地干下去，总有一天会把你填成平地。"

精卫飞翔着、鸣叫着，离开大海，又飞回发鸠山去衔石子和树枝。她衔呀，扔呀，成年累月，往复飞翔，从不停息。后来，一只海燕飞过东海时无意间看见了精卫，他为她的行为感到困惑不解。但了解了事情的原委之后，海燕为精卫大无畏的精神所打动，就与其结成了夫妻，生出许多小鸟，雌的像精卫，雄的像海燕。小精卫和她们的妈妈一样，也去衔石填海。直到今天，她们还在做着这种工作。

精卫锲而不舍的精神、善良的愿望、宏伟的志向受到人们的尊敬。晋代诗人陶渊明在诗中写道："精卫衔微木，将以填沧海"，热烈赞扬精卫小鸟敢于向大海抗争的悲壮战斗精神。

人们同情精卫，钦佩精卫，把它叫做"冤禽"、"誓鸟"、"志鸟"、"帝女雀"，并在东海边上立了个古迹，叫做"精卫誓水处"。

大道理

精卫鸟衔运木石以填东海的顽强执著精神，表现了古代劳动人民征服自然、改造自然的强烈愿望和持之以恒、艰苦奋斗的精神，比喻志士仁人成就卓越的事业意志坚决，不畏艰难。其实真的是这样，无论是谁，要想成就一番大事，就必须有坚定的意志，坚持到底。

24. 竭尽全力去做

某青年海军军官走进海曼·里科弗将军的办公室。将军接见了他。坐定之后，将军请他挑选任何他所希望讨论的领域进行谈话。青年军官选择了时事、音乐、文学、海军战术、电子学等。

在整个谈话过程中，将军一直在注视着青年军官的眼睛，并不断地问这问那。当青年军官被问得瞠目结舌时，将军微微一笑。顿时，青年军官明白了将军的用意——自己挑选的这些自以为懂得很多的问题，看来都知道得很少，更何况其他的呢？

正当青年军官为自己的无知感到羞愧时，将军又问道："你在海军学院的学习成绩怎样？"

"在820人的年级中，我名列第59名。"这个问题让青年军官稍稍释然了一点。诚然，这个成绩还算是不错的，但是由于有刚才的教训，他的语调和表情依然很谨慎。

"哦，那你竭尽全力了吗？"将军微笑着反问道。

"没有。"青年军官摇摇头回答道。显然，他希望通过这个回答透露给对方两个信息：一是自己很谦虚；二是自己还有更大的发展空间。

谁知将军根本不买账，说："哦？那你为什么不竭尽全力呢？"

立刻，青年军官窘得无话可说了。是啊，自己为什么不竭尽全力呢？之后，他便沉默着退出了里科弗将军的办公室。

在此后的几十年中，青年军官一直把老将军的那句话当成自己的座右铭。无论做什么事，他都会"竭尽全力"。凭着这种精神，数年之后，他成了美国的第三十九任总统，他的名字叫做詹姆斯·厄尔·卡特。

大道理

即便不求成功，当你以最大的热忱去对待自己所做的或者将做的事情时，成功也会不请自来。最起码，你会获得一种了无遗憾的幸福。就算你已经取得了不小的成功，但是如果稍微再努力一点点就有另一个大的成功的话，你会不会后悔自己没有竭尽全力？

25. 天才的"基因"

所谓天才，必然有着与众不同的特殊基因。这个观点，是为世界上绝大多数专门研究天才的科学家所认可的。可是最近，美国佛罗里达州州立大学的心理学教授阿里克森博士却根据某个实验推翻了这一点。

实验是法国凯恩大学的佐瑞欧·马佐尔博士和其同事在不久之前共同进行的。实验对象是一位名叫瑞格·盖姆的数学天才。瑞格·盖姆有着超常的计算能力。他能够在数秒内计算出一个 10 位数的 5 次根；在同样短的时间里，他还能够计算出一个 2 位数的 9 次方；而在被要求将一个整数除以另一个整数时，他能毫不迟疑地讲出精确至小数点后 6 位数的答案。

佐瑞欧·马佐尔博士的实验过程，就是在这位数学天才进行计算表演时，对他的大脑活动情况进行精密的检测。通过运用正电子放射层 X 线照相术，佐瑞欧·马佐尔发现：与常人相比，瑞格·盖姆在计算表演时的大脑活动部位多出了 5 个。由于可以使用这种额外的记忆区，所以他可以避免发生常人易犯的计算错误。由此看来，所谓天才的"特殊基因"似乎的确是存在的。可是我要告诉你，现年 26 岁的瑞格·盖姆并非生来就具备这种超强的计算能力。20 岁时，他还是一个与常人没什么两样儿的普通青年。20 岁之后，他才接受了一位专家的训练：每天都进行 4 个小时的记忆练习。只不过短短的 6 年时间，原本与常人无异的他便成了人人惊叹的数学天才。这不正是"天才"非"天生"的最好证明吗？

除了上述实验之外，佐瑞欧·马佐尔博士及同事还对瑞格·盖姆进行了他所不熟悉领域的技能测试。结果证明，他根本没有任何不同于常人的表现。

看来，只要经过足够的训练和努力，任何人都可能拥有这种因为"长期工作记忆功能"而产生的天才表现。事实是这样吗？阿里克森博士通过对只能记住 7 位数字的普通人训练一年，证明了这一点：他们都可以记住长达 80 至 100 位的数字。

而匈牙利的拉兹罗·波尔加及其夫人也用试验证实了这一点。当地的人们普遍认为女子不宜参加激烈的西洋棋比赛，而他们却把 3 个经过严格心理训练的女儿培训成了具有世界级水准的西洋棋大师。

"天才的能力不是天生的，"阿里克森教授总结说，"那种貌似天才表现的'长期工作记忆'，是能够通过训练刻意培养的。"

大道理

> 所谓天才的"基因"，就是天才们不同于常人的刻苦努力与全身心投入。天才就是靠着每一次的磨炼练成的，天生的蠢材才会以为不用做任何努力就可以达到目标。

26. 刻苦求知的大学士

明朝大学士宋濂小时候特别喜欢看书，但因为家里贫穷，无钱买书来读，只好每天向有藏书的人家借，把书抄录下来，到时归还给人家。天气寒冷的时候，墨汁都结成了冰，握笔的手指也冻僵了，但他依然忘我地抄写着。抄完之后，再跑着去送还，以免误期。因为他守约，所以人们都愿意把书借给他。这样，他才能够读到不少书籍。

20 岁后，宋濂很羡慕古代的圣贤，但没有老师教诲，也没有知名人士与他交流。为了学习圣贤之道，他只能拿着儒家经籍去百里外求教。到名人那里求教时，名人脸色并不宽和。宋濂遇到名人发脾气时，就露出恭敬的脸色，不敢顶撞半句，等到名人高兴起来了，再请教别的问题。

宋濂跟随老师学习的那时候，时常背着书籍，拖着鞋子，要经过深山大谷，皮肤都被凛冽的寒风吹裂了，在数尺深的大雪中有时连脚都拔不出来。回到家里，他的四肢僵硬不能动弹，家人就用热水慢慢擦洗，并用被子裹住他，很久才能让他暖和过来。

当时他住在客栈里，一天只吃两餐，根本没有美味可以享受。同住的学子有的被子上有刺绣，又戴着用珠宝、红绸带装饰的帽子，腰间挂着白玉环、佩刀、香袋，光彩夺目。宋濂的衣服仅仅能遮体而已，但他毫无羡慕豪华之意。

学问之中自然有让人快乐的地方，物质的享受算不了什么。就这样，宋濂官至大学士，承旨知制诰，主修《元史》。

大道理

> 如果我们想在某一方面取得成就，比别人突出的话，就必须时刻保持自己对事物的激情，不畏艰难险阻，埋头孜孜以求。宋濂能做的，我们一样也能如此努力。

27. 努力找多余的时间

威尔福莱特·康是世界织布业的巨子之一。他腰缠万贯、家资无数，真可谓要什么有什么，但他却总感觉生活中缺了点什么东西似的，于是他想起了自己儿时的梦想。

威尔福莱特小时候曾经梦想着成为一名画家，但因种种原因，他已经数十年都未拿过画笔了。现在去学画画还来得及吗？现在的自己还能有那些空闲时间吗？他犹豫着自问。但想来想去，最后他还是决定每天抽出一个小时来安心画画。

自从下定了这个决心，一向以毅力著称的威尔福莱特再次显露了他的特长。虽然很忙，可他还是每天都抽出一小时来画画并坚持了下来。多年以后，这位半路出家的学画者已经在绘画上得到了不菲的回报：他曾经多次举办个人画展，在油画方面成就更是非常突出。其实他以前从未接触过油画，一切都是从他那个决心开始，然后靠每天一小时的积累完成的。

"每天抽出一个小时来画画"，对于一个大企业的负责人来说，要想真正做到这一点并不容易。你可知道，为了保证这一小时不受干扰，威尔福莱特每天早晨 5 点钟就得起床，一直画到吃早饭为止。他后来回忆说："现在想想，那也并不算苦，因为自从我决定每天都学一小时画之后，一到清晨那个时候，渴望和追求就会把我唤醒，想睡也睡不着了。"

再后来，为了方便画画，他干脆把顶楼改为了画室。

时间是公平的，更是"知恩图报"的。因为数年来威尔福莱特从未放弃过早晨那一小时，所以时间给了他惊人的回报——他的收入又多了一个来源。而他则把这一小时作画所得到的全部收入变成了奖学金，专门奖给那些搞艺术的优秀学生们。

"钱并不算什么，从画画中所获得的启迪和愉悦才是我最大的收获。"威尔福莱特如是说。

大道理

> 时间是公平的，每人每天都是 24 小时。而成功者总能挤出时间，失败者总在感叹没有时间。很多时候不是你没有时间，是你不想为了争取多余的时间而努力。

28. 永不放弃

他是一个黑人，从小到大，因为肤色的缘故，他的生命一次又一次走进低谷。

上小学时，白人孩子们经常以打骂他为乐。他在这样的环境中向前挣扎着。

小学毕业时，他才知道当地的中学不收黑人，到别处借读又需要缴纳高额的借读费。为了攒齐那笔钱，他不得不又忍受了一年的侮辱。

大学毕业后，由于找工作处处碰壁，他决定自己创办一份杂志。可是钱又成了问题，因为银行贷款给黑人是需要大额财产作抵押的。无奈之下，他借了母亲那一套贵重家具。这套家具可是母亲用攒了半辈子的钱买下的。

一年后，他的杂志获得了成功。除了赎回母亲的家具外，他还赚了为数不小的一笔钱。但是金融危机让他遭遇了灭顶之灾，他甚至连吃饭都成了问题。没办法，他只得一边以捡破烂为生，一边着手重新组织公司。

几年后，他的杂志社终于又起来了，而且越做越大。可是由于公司内部的一点小矛盾，数位股东突然撤资，令他的事业再一次跌入谷底。

"妈妈，这次我真的是失败了。"他蜷缩在母亲的怀里，泪流满面。

"孩子，你努力过了吗?"妈妈问。

"是的，但已经没用了。"他回答说。

"不，努力永远不会没有用，孩子。如果每次失败后你都选择坚持，那最后肯定不会是失败。"妈妈说。

这句话确实有理，所以他的信心又被重新点燃了。最后，他果然使自己的杂志成了当地发行量最大的一家。

他的名字叫约翰·H·约翰森。在美国，这个名字意味着三个意思：一、驰名世界的美国《黑人文摘》的创始人；二、约翰森出版公司总裁；三、拥有三家无线电台。

大道理

　　真正的失败只有一种，就是选择放弃。人生就像船行大海，需要不断搏击，无论何时，都会遇到困难，若一遇到挫折就放弃，是永远不会成功的。所以，请继续奋斗，继续为人生而执着的坚持着

29. 再试一次

　　一位生物学家和一位心理学家在一起讨论"信心和勇气"这个话题。生物学家做了一个实验给心理学家看。

　　他给一个很大的鱼缸放上水，然后用一块干净的玻璃板把鱼缸隔成了两半，一半放上一条已经饿了好几天的食肉大鱼，另一半则放上大鱼最爱吃的数条小鱼。刚开始，饥肠辘辘的大鱼两眼放光，拼命冲击着小鱼所在的区域。可是一次又一次的碰壁之后，它的速度和冲击力都明显地减弱了。一刻钟之后，撞得鼻青脸肿的大鱼停止了攻击，失望地伏在缸底呼呼喘气。这时，生物学家轻轻地抽掉了那块玻璃板，让小鱼可以自由自在地游到大鱼嘴边去。结果，对于近在咫尺的美食，食肉大鱼居然无动于衷，只敢看不敢

吃！很显然，是多次的失败经历把大鱼吓住了。

"在动物界，大鱼吃小鱼本是天经地义，当然也是轻而易举。可是这条大鱼却害怕起自己的手下败将来，这不得不说是它的悲哀啊！"生物学家叹道。

"再相信自己一次你就可以吃到美味了！"心理学家对着麻木的食肉大鱼说道，而后又转过身来，"看来，哪怕失败999次，我们也必须第1000次地站起来，因为很可能，这一次就是捅破窗户纸的时候。"

"由此可见，因为一次两次的失败便放弃努力，有时会留下很多遗憾！"生物学家总结说，"我们应该记住这句话，无论何时，都要再试一次。"

大道理

因为害怕失败的痛苦，所以我们选择放弃或者是不再尝试。可是不选择也是一种选择。放弃不等于选择了一种更大的痛苦吗？那么不妨再多试一次，说不定就会得到你要的结果。

30. 切木板锻炼出的耐心

他是个名人，每当有人问起他为什么会有今天的成就，他就会提起小时候的一件事。

很小的时候，他是一个没有耐性的孩子，哪怕碰到一点困难，他都会半途而废。其实只要他稍微努力一下，事情就可以做好了，但他就是缺少那一点耐心。

一天，父亲给了他一块木板和一把小刀，要他在木板上切一条刀痕，并且再三强调只允许在木板上切一刀。当时，他不明白父亲的用意，只把这当成了一个好玩的游戏。

谁知从那以后，每天父亲都要他在切过的痕迹上再切一次。

终于，他忍不住问父亲道："为什么我不能多刻几刀呢？我实在不明白您到底想让我做什么。"

父亲笑着对他说："不要着急，过几天你就会知道了。"

许多天过去了，木板上的刀痕越来越深了。某天，他一刀下去，木板被切成了两半。

"爸爸，木板被切成两半了。"幼小的他得意地挥着手中的木板。

"是啊，"父亲忽然意味深长地问他，"这次你只用了和平常一样的力气，却能把木板切成两半。想想看，这是为什么呢？"

"因为以前我已经切了很多刀啊。"他立刻答道。

"那么如果你很用力，却只切一刀的话，木板会不会断呢？"父亲又问。

"不会。"他摇头道。

"没错，好孩子！"父亲忽然感慨地叹道，"所以你应该记住，人一生的成败，并不在于一下子用多大力气，而在于是否能持之以恒。"

这句话像一道闪电，照亮了幼时的他的心。至今，他还记得父亲当时的语气。

大道理

有耐心，是成功的必要条件之一。确定目标之后，持之以恒、锲而不舍地行动，才可能到达所希望的目的地。耐心，让你的行动不仅具有行动力更具有说服力。

31. 多坚持一会儿

她是一位游泳健将，平生最大的心愿就是成为世界上第一位横渡英吉利海峡的人。为了实现这一理想，在许多年里，她都坚持天天练习，为这重要的一刻做了最好的准备。

极具历史意义的一天终于来临了。在众多媒体、观众的关注下，信心十足的女选手跃入海中，开始朝对岸的英国游去。

天气很好，气温适宜，女选手愉快地前进着，不像是在挑战自己，而像是在享受生命。但当她就快接近海峡对岸时，海上突然起了浓雾，而且越来越浓，最后达到了伸手不见五指的程度。因为身处茫茫大海而失去方向的她一下子恐慌起来，她不晓得还要游多远才能到达对岸，所以她越来越心虚，越来越感觉筋疲力尽。最后，她终于宣布放弃了。

可是你知道当时她距对岸还有多远吗？不到一百米！

当知道这一结果时，遗憾和惋惜一下子把她击倒了。她说："如果我知道距离目标只有这么近时，我一定会坚持到底、完成挑战的，不管多辛苦！"但是一切都过去了，"如果"是不存在的。

想一想，现实生活中不知道有多少这样的"游泳健将"，都是在最接近成功的时候放弃的。因为那个时候，同时也是当局者最疲惫、最沉重、最迷茫的时候。

看来，"否极泰来"的确是一个真理。成功往往会在我们最苦、最累、最艰难的时候现身。既然如此，当坠入"谷底"时，我们就应该多徘徊一会儿。哪怕是"徘徊"，我们也要比别人多坚持一会儿。因为成败之间，差的往往就是这么一点。

大道理

　　最艰苦、最沉重的时刻往往就是最接近目标的时刻。大多数失败者，都是因为在这个时候选择了放弃；而大多数成功者，则是因为在这个时候多坚持了一会儿。所以请记住王尔德说的"切莫垂头丧气，即使失去了一切，你还握有未来"。

32. 努力寻找更多

　　年轻的沙利王登基了。为了治理好自己的国家，这位雄心勃勃的国王决定学习天下所有的智慧。他征召国内的智者们，让他们把所有的智慧书籍都找来，供他学习。

　　10年很快就过去了，每位智者都背着满满一箱书回来了，看样子约有5000本。国王一看头就大了："天哪，这么多，我整天这么忙，哪有时间看哪！"便命令智者们去精简一下。

又是 10 年过去了，智者们这次带回来约 500 本书。可是国王仍嫌太多，要他们继续精简。

再过 10 年，50 本智慧巨著摆在了国王的面前。可是由于国内问题重重，已经不再年轻的国王早已心烦气躁，懒得天天翻书了，所以智者们不得不再次精简。

又过了快 10 年，当一本天下无双的智慧经典呈给国王时，四面强敌早已经不断入侵，国势衰微，国王哪还有精力去读书呢？正在一筹莫展之际，风华正茂的太子求见，用太子贡献的妙计，这位国王很快打败了各方强敌，重振了国家。

当问起太子何以如此聪明时，太子说了这么一句话："我从很小的时候就开始读国库中的智慧宝典了，到现在为止已经读完了 5000 本。据说，这些书还是我父王当年让人找来的呢。"

大道理

主动去做每件事，主动去为自己的"为什么"找到答案，人的聪明绝不是上帝一开始就给予的。上帝只是给了我们一个选择：坚持努力还是彻底放弃。

33. 坚持才能转败为胜

不知道大家是不是还记得 2000 年的世界花样滑冰比赛。在那次大赛中，最后获得冠军的是美国华裔选手关颖珊。

其实，虽然关颖珊一心想赢得第一名，可是在最后一场自选曲项目比赛之前，她的总积分只排在第三位。在那种情况下，关颖珊只有两种选择：或者挑一个非常难的自选曲项目突破自己，或者选一个普通项目稳保前功。

这两者在当时看起来都非常难。前者有可能令她获得梦寐以求的冠军，但风险却非常大。虽然平时训练时关颖珊曾经达到过相当水平，可她毕竟不敢说"稳拿"，要知道一旦失败，她就很可能连前三都不能进入。而后者呢，虽然足够让她稳保前三，却必然会使她与冠军无缘。

思索片刻，这位年轻姑娘的眼中闪过一丝刚毅，她选择了前者——突破自己。在4分钟的长曲中，关颖珊结合了最高难度的三周跳，而且还非常大胆地连跳了两次！这个过于出人意料的动作立刻让看台上所有的观众为她疯狂。结果不出所料，裁判亮了极高的分数。关颖珊取得了总决赛的冠军。

事后，记者采访她时曾问道："为什么你敢选择如此高难度的挑战呢？要知道你可能会败得很难看。"

"但我毕竟成功了。"关颖珊微微一笑道，"我之所以如此选择，是因为我不想等到失败时，才后悔自己还有潜力没发挥。"

的确，如果有人问这样一个问题："你是不是宁可永远后悔，也不愿意试一试自己能否转败为胜呢？"恐怕没有人会说"是的"。然而现实中，我们却常常在不该打退堂鼓时拼命后退，常常因为恐惧失败而不敢尝试成功。听了关颖珊的故事，我们是不是应该反思一下了呢？希望反思过后，人人都能吼出一声："做人，何妨放手一搏！"

大道理

如果为了不失败便放弃尝试成功，结果只会是永远的无所事事。因为胜利的希望和有利情况的恢复，往往产生于再坚持一下的努力之中。放弃，你或许觉得明智，但是在智者眼中，你已经被世界淘汰。

34. 柳公权发奋练字

有一天，少年柳公权和几个小伙伴正在举行"书会"。这时，一个卖豆腐的老人看到他写的几个字"会写飞凤字，敢在人前夸"，觉得这孩子太骄傲了，便皱皱眉头，说："这字写得并不好，好像我的豆腐一样，软塌塌的，没筋没骨，还值得在人前夸吗？"小公权一听，很不高兴地说："有本事，你写几个字让我看看。"

老人爽朗地笑了笑，说："不敢，不敢，我是一个粗人，写不好字。可

是，人家有人用脚都写得比你好得多呢！不信，你到华京城看看去吧。"

第二天，小公权起了个五更，独自去了华京城。一进华京城，他就看见一棵大槐树下围了许多人。他挤进人群，只见一个没双臂的黑瘦老头赤着双脚，坐在地上，左脚压纸，右脚夹笔，正在挥洒自如地写对联。笔下的字迹似群马奔腾、龙飞凤舞，博得围观的人们阵阵喝彩。

小公权"扑通"一声跪在老人面前，说："我愿意拜您为师，请您告诉我写字的秘诀……"老人慌忙用脚拉起小公权说："我是个孤苦的人，生来没手，只得靠脚巧混生活，怎么能为人师表呢？"小公权苦苦哀求，老人才在地上铺了一张纸，用右脚写了几句话：

"写尽八缸水，砚染涝池黑；博取百家长，始得龙凤飞。"

柳公权把老人的话牢记在心，从此发奋练字，手上磨起了厚厚的茧子，衣肘补了一层又一层。经过苦练，柳公权终于成为我国著名的书法家。

大道理

如果想要成功，就要有傲人的资本。而要想有这种本事，就应该勤奋刻苦。就像柳公权练字一样，哪怕手上磨起了厚厚的茧子，衣肘补了一层又一层，也决不放弃。唯有这样努力，才能学到真本领。

35. 勤能补拙　笨鸟先飞

在宋朝时期，陈正之先天智力发育不良，所以看上去傻头傻脑的。有一次，老师教大家学一篇几百字的文章，其他的同学很快便会背了，而他费了九牛二虎之力才认识了几十个字。按理说，认识了几十个字就可以记在脑子里了。可他却不同，认识的字不多，却不仅张冠李戴，还经常读错。内容短或浅显的文章，别的同学读几遍都能倒背如流了，他却读几十遍、几百遍都还是结结巴巴的。就因为这样，所以经常受到老师的训斥、同学的讥笑，人们就给了他一个外号——"陈傻子"。

陈正之没有灰心，更不自暴自弃。他心里十分清楚自己笨，就想方设法，左思右想，想出了"以勤补拙"的好办法。在学习时，别人读一遍，他就读三遍四遍，甚至八遍十遍；别人用一个时辰读书，他就用上几个时辰埋头苦读。他坚持一句一句读、一个字一个字读，天天如此，从不间断。跟老师学《诗经》，他就一段一段地读，直到读懂为止。每学完一章，他又把整篇文章串起来读，白天读，夜晚读，一直读到全部弄懂，背下来为止。从此以后，老师同学不再鄙视他，而是对他刮目相看了。

日复一日，年复一年，陈正之坚持不懈地努力，不仅博览群书，还养成了锲而不舍的好习惯，学问与日俱增。"有志者，事竟成"，陈正之终于成为一位著名的博学之士。人们从此尊称他为"陈学者"。

大道理

因为先天有缺陷而遭到了大多数人的鄙视和嘲笑，但陈正之却没有因此自暴自弃，而是想尽一切办法弥补自己的不足，不断进取，勇敢地面对一切困难，并努力克服它，战胜它，最终不光扭转了自己的尴尬局面，而且成为人人尊敬的学者。所以，坚持面对一切，我们才能让自己变成强者。

36. 努力让出身不再成为问题

当美国马萨诸塞州一个偏远山村的一家农户中传出一声响亮的婴儿啼哭时，乡村的宁静被这婴儿的啼哭声划破了。这个婴儿带给农户一家的既有为人父母的喜悦，又有对难以维持的贫困生活的担忧。用这个孩子后来在其自传中的话来形容，那就是"当我还在襁褓中的时候，贫穷就已经露出了它凶恶的面目"。

当这个婴儿渐渐长大，已经咿呀学语之时，父母为了维持几个孩子的温饱不得不同时打好几份工。但即使是这样，这家人依然一天只吃一顿饭，吃了上顿没下顿，时时面临饥饿的威胁。就在这个孩子刚刚记事时，他就比有钱人家的同龄孩子们懂事得多，这可能就是人们常说的"穷人的孩子早当家"吧。在那时，当他稍稍感到饥饿时不会向母亲要东西吃的，只有在感到非常饥饿时才会用一双深陷在眼窝中的眼睛观察母亲，如果看到母亲脸上的表情不是十分严肃，他就会伸出一双小手向母亲要一片面包。

贫困使得这个家中的孩子们都没能受到完整的教育。本文的主人公更是在 10 岁就不得不出外谋生，之后当了整整 11 年的学徒。学徒的工作又苦又累。如果不是被逼无奈，没有任何一对父母愿意让孩子受如此的苦难。

当结束了充满血泪的学徒生涯之后，这个孩子又到遥远的森林里当伐木工。森林离家很远，而且当地除了几名一贫如洗的伐木工之外几乎没有人烟。在森林里当了几年伐木工之后，已经长成强壮青年的他又继续依靠自己的能力干其他工作。虽然这期间的工作都十分辛苦，但是他居然利用夜间休息的时间读了千余本好书。这些书都是他在干完活后跑十几里山路从镇上的图书馆里借来的。就这样，他一边辛苦地工作，一边从书本中学习知识、汲取智慧。

无论面临怎样的困苦和艰难，他从来没有抱怨过任何人和任何事，即使是面对极不公平的待遇时他也仍然如此。

一次，他得知伐木厂附近的一家政府机构要招书记员。以他的能力和水平是完全可以胜任书记员这一职务的，于是工友们都支持他去报名。结果在报名时，一位负责人不屑一顾地告诉他："要想成为这家机构的书记员，首先要有高等学历，同时还要有当地资金丰厚的人愿意担保。"这两项条件他都不符合。

当初拒绝过他的那位负责人可能怎么也不会想到，这样一个几乎完全依靠自学获得知识的孩子竟然在四十岁左右的时候以绝对优势打败竞争对手进入美国国会；后来，他又因为出色的政绩成为人们爱戴的美国副总统。他就是美国历史上最优秀的副总统之一——亨利·威尔逊。无论是他本人，还是他为美国历史，都创造了令世人瞩目的伟大成就。

大道理

不要因为一时的成败得失而影响自己整个人生旅程，更不要让出身来决定自己未来的走向。没有人知道以后会发生什么。只要相信自己，然后为之坚持不懈地奋斗，总有一天会取得我们想要的成就。

37. 居里夫人的"镭"情结

1867 年 11 月 7 日，玛丽·居里出生于波兰首都华沙。她的父亲是中学的一名数学和物理教员。在他的影响下，玛丽从小就对物理现象产生了浓厚的兴趣。童年的玛丽聪慧过人，做起事情来总是认认真真。

1883 年 6 月，玛丽以第一名的成绩和一枚金质奖章完成了中学学业。

1891 年，她用自己做家庭教师攒下的钱来到法国巴黎大学求学。经过三年的刻苦努力，她先后获得了物理学和数学学士学位。艰辛的求学生涯，使她的青春尽显奋斗者的风采。她也因此显得十分消瘦，甚至有些憔悴。

1895 年，玛丽和志同道合的皮埃尔·居里喜结伉俪。1898 年，居里夫人着手提交自己的博士论文。她也以此为契机，开始向化学领域的神秘之海起航。她测试了所有的化学物质以及近万种金属。结果证实，强而有力的放射线是来自一种未知的新元素。皮埃尔·居里停下了自己的实验，全身心帮助妻子共同研究这种新元素。

夫妻俩反复试验数月后，他们发现了一种比铀的放射能多 200 万倍的金属。这种金属的放射线可穿透木材、石材，甚至钢铁，唯一能挡住放射线的只有厚铅板而已。如果这个发现成为事实，那么几个世纪以来，科学界的基础理论将被彻底推翻。居里夫人将这个放射性金属命名为"镭"。

但是，由于镭的本质和所有的金属完全不同。所以那时人们认为不可能有镭金属存在。此时，学术界提出反论，并且要他们提出证据，要求他们提炼纯粹的镭，仔细地研究、测度，并且测定其原子量。

从 1898 到 1902 年整整 4 年间，居里夫妇为了证明镭的存在继续努力研究。后来，他们经过 4 年的苦心研究，终于提炼出了 1/10 克镭，休积相当于半颗糖的大小而已，可那竟是用 8 吨的矿石提炼而成的。他们是如何提炼成功的呢？据说，他们的实验室是早就不堪使用的破旧仓库，没有床板，屋顶也会漏雨。屋里虽有一个老式的火炉，却不能使用，所以冬天里屋内和屋外的寒冷度没有什么两样。又加上煮矿石、化学药品所冒出来猛烈的烟会使眼睛受到感染，也使他们的喉咙经常发炎。在极为艰难困苦的条件下，居里夫妇持续了 4 年的实验。最后，居里先生失望了："等到时机成熟时再做吧！"但是居里夫人却顽强地继续着实验。在居里夫人的一再坚持之下，终于成功地提炼出了 1/10 克的镭。因此他们俩获得了 1903 年的诺贝尔物理学奖。

正当夫妻俩的事业蒸蒸日上的时候，1906 年 4 月 19 日，比埃尔·居里被飞驰的马车夺去了年轻的生命。意志坚强的居里夫人没有被失去丈夫的噩耗所吓倒，她仍然顽强地继续研究放射性元素"镭"。

1911 年，居里夫人完成了镭的单独分离。瑞典皇家科学院再次向她颁发了诺贝尔化学奖。

大道理

> 陀思妥耶夫斯基说："事情是很简单的，全部秘诀只有两句话，不屈不挠，坚持到底。"成功不是轻易能够获得的。它需要我们具备坚强的意志，不断克服一个接一个的困难，并在克服困难的过程中不断完善自己的人生价值。拥有这种品质的人是毫无疑问会成功的。

38. 百折不挠的诺贝尔

一声震耳欲聋的巨响，滚滚的浓烟霎时冲上天空，一股股火焰直往上蹿。仅仅几分钟时间，一场惨祸发生了。当惊恐的人们赶到现场时，只见原来屹立在这里的一座工厂只剩下残垣断壁。火场旁边，站着一位 30 多岁的年轻人。突如其来的惨祸和过分的刺激，已使他面无人色，浑身不住地颤抖着……

这个大难不死的青年就是后来闻名于世的弗莱德·诺贝尔。诺贝尔眼睁睁地看着自己创建的硝化甘油炸药实验工厂化为了灰烬。人们从瓦砾中找出了五具尸体。四人是他的亲密助手，而另一个是他在大学读书的小弟弟。五具烧得焦烂的尸体，令人惨不忍睹。诺贝尔的母亲得知小儿子惨死的噩耗，悲痛欲绝；年迈的父亲因大受刺激而引起脑溢血，从此半身瘫痪。

事情发生后，警察局立即封锁了爆炸现场，并严禁诺贝尔重建自己的工厂。人们像躲避瘟神一样地避开他，再也没有人愿意出租土地让他进行如此危险的实验。但是，困境并没有使诺贝尔退缩。几天以后，人们发现在远离市区的玛拉仑湖上，出现了一只巨大的平底驳船。驳船上装满了各种设备，一个年轻人正全神贯注地进行实验。毋庸置疑，他就是在爆炸中死里逃生、被当地居民赶走了的诺贝尔！

无畏的勇气往往令死神也望而却步。在令人心惊胆战的实验里，诺贝尔依然持之以恒地行动着。他从没放弃过自己的梦想与决心。

功夫不负有心人，他终于发明了雷管。雷管的发明是爆炸学上的一项重大突破。随着当时许多欧洲国家工业化进程的加快，开矿山、修铁路、凿隧道、挖运河等都需要炸药。于是，人们又开始亲近诺贝尔了。他把实验室从船上搬迁到斯德哥尔摩附近的温尔维特，正式建立了第一座硝化甘油工厂。接着，他又在德国的汉堡等地建立了炸药公司。一时间，诺贝尔的炸药成了抢手货。诺贝尔的财富与日俱增。

然而，初试成功的诺贝尔好像总是与灾难相伴。不幸的消息接连不断地传来。在旧金山，运载炸药的火车因震荡发生爆炸，火车被炸得七零八落；德国一家著名工厂因搬运硝化甘油时发生碰撞而爆炸，整个工厂和附近的民房变成了一片废墟；在巴拿马，一艘满载着硝化甘油的轮船在大西洋的航行途中，因颠簸引起爆炸，整个轮船葬身大海……

一连串骇人听闻的消息再次使人们对诺贝尔望而生畏，甚至把他当成瘟神和灾星。随着消息的广泛传播，他被全世界的人所诅咒。

诺贝尔又一次被人们抛弃了。不，应该说是全世界的人都把自己应该承担的那份灾难给了他一个人。面对接踵而至的灾难和困境，诺贝尔没有一蹶不振。他身上所具有的毅力和恒心，使他对已选定的目标义无反顾，永不退缩。在奋斗的路上，他已经习惯了与死神朝夕相伴。

大无畏的勇气和矢志不渝的决心激发了他心中的潜能。最终，他征服了炸药，吓退了死神。诺贝尔赢得了巨大的成功，一生共获专利发明权 355 项。他用自己的巨额财富创立的诺贝尔奖被国际学术界视为一种崇高的荣誉。

为了心中那个执著的梦想，与灾难相伴又何妨。即使失败在所难免，我们唯一要做的就是不退缩，不放弃，义无反顾、矢志不渝地奋斗到底。只有这样才能让我们从困境中走出，并一步一步走向成功，就连死神都会给我们让路。

39. 俾斯麦的坚持

在别人的眼里，他桀骜不驯、刚愎自用，甚至暴力残忍。但他头脑清醒，意志坚定，凭着超人般的冷静与毅力实现自己的梦想。他是一位真正的铁血英雄。

在德国近代史上，只要一提到奥托·冯·俾斯麦（以下称俾斯麦），世人的脑海里就会呈现出这样一种印象：身材魁梧、桀骜不驯、刚愎自用、飞扬跋扈、傲慢无理、性格粗俗、暴力残忍。像彼得大帝、拿破仑一样，俾斯麦在世时就是人们争相传颂的传奇式人物。他运用"铁血"的手段，完成了德意志的统一大业，把德意志作为世界强国推上了历史舞台。

俾斯麦 35 岁时，担任普鲁士国会的代议士，这是他政治生涯的转折点。1851 年 5 月 11 日，年仅 36 岁的俾斯麦作为一名新代表进入法兰克福联邦议会。当时奥地利在各邦中势力最为强大，而俾斯麦所代表的普鲁士势力相对较弱。在联邦议会中，他对奥地利藐视一切的做法十分不满，想找机会对奥地利人提出挑战。

在议会中有一个不成文的惯例，就是只有担任主席的奥地利人才有权吸烟。俾斯麦看不惯这种做法。在一次会议中，当主席抽出一支雪茄烟时，他立即拿出一支烟，并向主席借火点燃，大模大样地抽了起来，以此表明普鲁士与奥地利是平起平坐的。俾斯麦这一举动令主席和其他各邦代表刮目相看。

俾斯麦做梦都想击败奥地利，统一德国。但令人惊异的是，这样一个好战分子居然在国会上屡次主张和平。其实这并不是他的真实意图。他说：

"没有对于战争后果清醒的认识，却执意发动战争，这样的政客，请自己去赴死吧！战争结束后，你们是否有勇气承担农民面对农田化为灰烬的痛苦？是否有勇气承受身体残疾、妻离子散的悲伤？"在国会上，他为奥地利的行动辩护，这与他一向的立场背道而驰。很多人被他迷惑了。不过，当他当上首相后，立即对德国公众说："对于一个外交家来说，最大的危险就是抱有幻想。"并立即想方设法对奥地利宣战。法国外交家格腊蒙曾对俾斯麦进行过细致的观察，深刻揭示了俾斯麦嬗变而灵活的秉性："他的眼睛从来不显出笑意。他说话时，好像总咬着牙关。他的言行举止表现出他对秘密故意采取一种满不在乎的态度，似乎他不愿意影响事物的自然发展。尽管如此，他却使人感到，他随时都准备斗争。"

1862 年 9 月，俾斯麦迎来了人生最重要的转机。普鲁士国王威廉一世任命他为普鲁士首相兼外交大臣。从此，他得以在德国统一大业中一展才华，成为"千古名相"。

在统一德国的过程中，俾斯麦纵横捭阖，无所不用其极。1866 年 4 月 8 日，他同意大利结成同盟，随时准备向奥地利开战。但是，大家都指责俾斯麦。如果推行武力政策失败，他将成为历史的罪人。俾斯麦在御前会议上坚定地说："我知道我被咒骂。正像人们常说的，命运无常。我拿脑袋作赌注，哪怕我上断头台，也要赌到底。普鲁士和德意志都不能保持原状，两者都必须走（武力）这条路，别无他途！"

群众的反战情绪终于达到极点。5 月 7 日，俾斯麦回家途中突然听到身后两三声枪响。他急转身，看到一个青年正向他射击！俾斯麦猛扑过去，一手抓住青年的右手腕，一手抓住青年的喉咙。刺客用左手拿过手枪，再向俾斯麦射击两枪。一颗子弹打在俾斯麦的裤子上，一颗击中了他的肋部。这时，一个过路人和两名士兵赶来抓住刺客，俾斯麦才得以脱险。

俾斯麦肋部隐隐作痛，但他还是坚持走回官邸。夫人约翰娜正陪客人用餐。俾斯麦没有打搅他们，而是走进书房，给威廉一世写了一个简短的报告，然后走进餐厅，吻了夫人的前额，像讲故事似的说："小宝贝，你不要害怕，一个人开枪打我，感谢上帝，我没有事！"就是凭着这种冷静和毅力，俾斯麦走完了统一德国的最后一步。

人的一生中，总会遇到许多困难和阻碍。任何时候都不要忘记"冬天来了，春天还会远吗"。当它们毫不留情地来袭时，一定不要惊慌，不要急躁，冷静地对待和处理，也许更有利于解决问题，不然只会陷入问题的无尽烦恼中。

40. 我们还需要拼搏

有一位名叫西尔维亚的美国女孩，他的父亲是波士顿有名的整形外科医生，母亲是大学教授。家庭对她有很大的帮助和支持，她完全有机会实现自己的理想。她从念中学时起，就一直梦寐以求地想当电视节目的主持人。她觉得自己具有这方面的才干，因为她与别人相处时总能从人家嘴里套出"心里话"。她常说："只要给我一次机会，我相信一定会成功。"

但是，为达到这个理想她做了些什么呢？其实什么也没有做！她只是在等奇迹出现，希望一下子就当上电视节目主持人。

西尔维亚不切实际地期待着，结果什么奇迹也没有出现。

谁也不会请一个毫无经验的人去担任电视节目主持人。而且，节目的主管也没有兴趣跑到外面去搜寻人；相反都是别人去找他们。

另一个叫辛迪的女孩却实现了西尔维亚的理想，成了著名电视节目主持人。辛迪并没有白白地等待机会出现。她不像西尔维亚那样有可靠的经济来源，所以白天去做工，晚上在大学的舞台艺术系上夜校。毕业之后，她开始谋职，跑遍了洛杉矶每一个广播电台和电视台。但是，每一个地方的经理对她的答复都差不多："不是已经有几年经验的人，我们不会雇用的。"

但是，她不愿意退缩，也没有等待机会，而是去寻找机会。她一连几个月仔细阅读广播电视方面的杂志，最后终于看到一则招聘广告：北达科他州有一家很小的电视台招聘一名预报天气的女主持人。

辛迪是加州人，不喜欢北方。但是，有没有阳光，是不是下雪都没有关系，她只希望找到一份和电视相关的职业，干什么都行！她抓住了这个机会，动身到北达科他州。

辛迪在那里工作了两年，后来在洛杉矶的电视台找到了一个工作。又过了5年，她终于得到提升，成为她梦想已久的节目主持人。

记住莫泊桑的一句话："只要有一种无穷的自信充满了心灵，再凭着坚强的意志和独立不羁的才智，总有一天会成功的。"那些不畏困难，辛勤工作，不断寻找机会的人往往能够超越平庸，走上成功之路。而那些本来有着良好条件，却没有为之做出努力，只是停留在幻想上的人，只能与梦想擦肩而过。所以，请相信你的拼搏是会有收获的。

41. 李嘉诚也是这样努力

香港首富李嘉诚是香港长江实业集团主席、江丰银行副主席。他的成功靠的是永不停息的奋斗。

李嘉诚祖籍广东潮安县，1928年出生。李嘉诚3岁的时候，祖父去世。从此，家里的生活越来越困难了。他的父亲几次被迫丢下教鞭，到南洋去做生意，却都没有赚到钱，最后只好回到家乡来继续教书，艰难地维持着一家人的生活。李嘉诚放学后，也常常到码头去拣煤屑。李嘉诚14岁的时候，父亲由于操劳过度，不到40岁就病逝了。为了养家糊口，他只好辍学工作。刚上了几个月中学的他从此失学了。李嘉诚艰苦地工作了8年，省吃俭用，攒了一笔钱。他在亲友的资助下，创办了长江塑胶厂。

那时工厂很小，只能生产一些普通玩具和家庭用品。李嘉诚每天至少工作16小时，根本没有节假日。由于睡眠不足，怕早上起不了床，他买了两个闹钟，放在枕边。就这样，李嘉诚一干就是7年，终于创立了长江实业公司。

就在这么繁忙的工作中，李嘉诚也不忘记坚持自学。他每天在工作之

第三辑 生活仍在继续 唯有坚持努力

后，都会自修。不断地学习开阔了李嘉诚的眼界，增长了他控制全局的能力，保证了他的事业蒸蒸日上。

晚年的李嘉诚并没有原地踏步，他要为祖国教育的发展作贡献。他在汕头毅然投资 2.4 亿港元兴建汕头大学。他说："汕头大学的创办是为国为民，比我从事的其他事业更为重要。我必须千方百计以破釜沉舟的精神建成它，这是我最大的心愿。能为国家办一点事，是我应尽的国民之天职。"

大道理

> 不能吃得苦中苦，怎么能为人上人？任何一个企业家、一个成功人士，都不是轻易就能得到他想要的一切的。要想得到的比别人多一点，就必须付出的比别人多十点。只有这样长期坚持下去，才能获得别人无法企及的成功。所以，成功不是将来才有的，而是从决定去做的那一刻起，持续累积而成。

42. 执著才能致富

在阿根廷首都布宜诺斯艾利斯有一家著名的郝根烟草公司。一段时间里，总有一个年轻人在那里徘徊。他叫奥纳西斯，出身于希腊一个难民家庭，靠在货船上做帮工才漂洋过海来到阿根廷。

奥纳西斯每天到郝根烟草公司寻找机会。别说业务人员不理他，就连看门的也动不动给他白眼。尽管遭受冷遇，奥纳西斯还是像上班一样，天天"报到"。后来，人们习以为常了，就让他出入公司大楼。奥纳西斯在楼里从不打扰别人，只是在董事长办公室门口耐心地等待。

起先，董事长郝根并没注意到奥纳西斯。3 个星期后，他终于注意到门口这个年轻人满面愁容、举止拘谨、欲言又止，便问道："年轻人，你有什么事儿吗？"

奥纳西斯回答说："我手里有一些中东优质烟叶，想卖给贵公司，但我不知怎么办才好。"

"我们总是欢迎生意人的，你为什么不早点儿说呢？"

"我见您一直很忙，所以不想为这小事儿来麻烦您。"

"不错，我确实很忙。你可以到本公司的购货处去洽谈。"

奥纳西斯连声称谢，可还是不走。这时，郝根恍然大悟："奥纳西斯等了3个星期，并不是为了弄明白什么地方能收购烟叶，而是有求于我。"郝根被这年轻人的诚意感动了，就说："请到我办公室来稍候片刻，我打个电话去购货处联系一下。"

从此，奥纳西斯从中东源源不断地运来烟草，卖给郝根烟草公司。3年后，他从烟草生意中赚得5万美元，买下了第一条旧货轮，开始了航运事业。后来，他成为希腊船王。

奥纳西斯带着诚意在董事长办公室门口等了3个星期，用诚意赢得了致富机会。

大道理

执著是一种面对困难和挫折的勇敢精神。为了达到自己的目标，不顾众人的冷遇和白眼，勇于面对一切困难，静静地努力克服它，战胜它；机会来了便不失时机地紧紧抓住，不让自己错过任何一种可能。这样的人当然会成为成功者。

43. 一旦决定了就要坚持下去

有一次，甲、乙、丙、丁四人结伴去大森林旅行。当他们旅行结束准备离开时，在森林中迷失了方向。

此时，甲信誓旦旦地说："根据我多年的旅行经验，应该朝左边这个方向走。"于是，四人就按甲所指的方向出发了。大约走了半个小时，有人开始说话了："是不是走错方向了，怎么这么久还没有走出这片森林？"

此时，乙站出来信心十足地说："我们之前的方向走错了，应该朝右边方向走才对。"于是，他们调整了方向，大约也走了半个小时。又有人开始嘀咕了："怎么还没到呀？是不是又走错了？"

此时，丙站起来说话了："你们都错了，这回听我的，绝对错不了！"经过一番讨论，大家又调整了方向，朝着新的方向继续前进。

可是每当走了半个小时，就会有人开始说话、提出质疑。就在大家都很迷茫，不知所措时，丁从行李包中意外翻出一枚指南针。焦虑不安的四个人立刻现出了希望的眼神，他们按照指南针的指示方向一直前行。这次再也没有人提出质疑了。因为他们相信指南针是不会错的。无论遇到多么大的艰难险阻，他们始终坚持这个方向，绝不动摇，终于走出了森林。

当他们走出这片森林，每个人都在感谢这枚伟大的指南针时，结果却发现意想不到的事情。这枚指南针已经坏了，无论什么情况，指南针永远朝着一个方向。尽管如此，这四人还是十分地庆幸有了这枚指南针。否则，他们可能会一直困在森林里走不出来。

大道理

一个已经坏了的指南针竟然能够帮助几个迷失方向的人走出森林，可见，有些时候，即使是错误的方向，也比走一段路又改变方向强。因为，如果没有一个固定的方向，而是经常变换方向，最终只能是在原地踏步。所以，凡是最后决定了的事情就要认为它是对的，一直坚持下去，最终就能"走出森林"。

44. 15 年不曾休息过的格林森

格林森是 1927 年诺贝尔文学奖获得者。师范学院毕业后，他从事了教学工作。在教学的同时，他花了大量的时间阅读古今的各种哲学著作，并不断思索着，进行自己的哲学研究。在几年的时间里，他完成了《论意识的即时性》及其他论文，这标志着他的学说——"格林森主义"开始逐渐形成了。

长期的研究和繁多的工作使格林森感到极度疲劳。他曾经对朋友说：

"近15年来，我从来没有真正休息过一天或半天。"

66岁时，格林森瘫痪了。后来病情严重，格林森不得不辞去职务。为了继续自己的研究事业，他与病魔顽强地搏斗着。他坐在写字台前，为了防止跌下来，必须像婴儿一样被系在椅子上。他的动作十分困难，连吃一顿饭都得需要几个小时。然而即使这样，格林森也从不放弃工作。晚年。他决定不再像以前那样先拟出提纲，而是直接着手写正文。他的右手几乎僵硬，但他还是坚持完成了最后一部著作。

大道理

> 每个伟人都是自凡人而来的。他们之所以成为伟人，就是因为他们总是会为了自己热爱的事业，用尽自己毕生的精力，全力以赴地去行动，从来都不会放弃。如果你有这样的精神，你也会成为伟人的。

45. 坚持求学的法布尔

法国大科学家法布尔少年时代家境十分困难，中学没念完就去谋生了。他曾经沿街叫卖汽水，也在铁路上当过小工。贫困的生活让他逐渐认识到，唯有知识能够帮助他摆脱困境，所以，尽管生活条件极差，他仍然利用一切机会忙里偷闲地自学。15岁时，他以第一名的优异成绩考上了阿维尼翁师范学校，并获得了奖学金。

毕业后，法布尔成了一名中学教师。学校条件很差，他的薪水也很低，只能让他勉强糊口。但他仍然坚持学习，没钱买书，就到图书馆借阅。他什么书都读，有数学方面的，有物理学方面的，有化学方面的，有教育学方面的，还有生物学方面的。遇到难题时，他读得废寝忘食。坚持不懈的业余自修使他获得了自然科学学士学位、数学硕士学位和物理学硕士学位。31岁时，他又以《关于兰科植物节结的研究》和《关于再生器官的解剖学研究及多足纲动物发育的研究》这两篇专业性极强、学术质量极高的论文，获得了自然科学博士学位。

当中学老师时，他曾经很羡慕大学老师，梦想有朝一日能在大学里讲课。由于在中学里坚持自然科学研究并有突出成就，他受到了拿破仑三世的接见。接着，阿维尼翁的大学邀请他不定期地开讲座。当时，法布尔在昆虫学界已经具有相当大的影响力，达尔文在《物种起源》中已将他称为"难以效法的观察家"。

大道理

> 无论条件怎样艰苦都坚持不懈地学习，遇到难题，也要努力解决。有了这样的精神，还有什么梦想是不能实现的呢？有梦想就为之奋斗吧！命运之花正是因为这样的坚持才能盛放出五颜六色的人生。

46. 10年画蛋的功夫

达·芬奇的童年是在家乡度过的。他从小勤奋好学，善于思考。他对绘画有特别的爱好，也喜欢玩弄黏土做一些稀奇古怪的玩意儿。有一天，达·芬奇在一块木板上画了一些蝙蝠、蝴蝶、蚱蜢之类的小动物。他的父亲看见了，觉得画得不错。为了培养他的兴趣，父亲送他到佛罗伦萨的著名艺术家佛洛基阿的画坊去学艺。那时，他正好14岁。

佛洛基阿是一位富有经验的画师，对学生要求十分严格。他教达·芬奇的第一课就是画鸡蛋。从此，达·芬奇根据老师的要求，每天拿着鸡蛋，一丝不苟地照着画。过了一年、两年，达·芬奇有点不耐烦了。有一天，他实在忍不住了，便问道："老师，为什么老是让我画鸡蛋呢？"佛洛基阿听了，耐心地对他说："别以为画鸡蛋很简单，很容易，要是这样想就错了。在1000只蛋当中，从来没有两只形状是完全相同的。即使是同一只蛋，只要变换一个角度，形状便立即不同了。如果要在画纸上准确地把它表现出来，非要下一番苦功不可。多画鸡蛋，就是训练眼睛去观察形象，训练得心应手地表现事物，等到手眼一致，那么对任何形象就都能应付自如了。绘画，基本功是最重要的。你不要浅尝辄止，要耐心地画下去啊！"达·芬奇点头称是，于是更加刻苦认真地画起来。

这生动的一课，不仅为达·芬奇的绘画艺术打下了扎实的基础，还对他以后钻研多方面的学问都很有启迪。达·芬奇在此整整苦学 10 年，不但在艺术方面得到了良好的训练，而且阅读了很多书籍，打下了深厚的知识基础。

大道理

人生路上总有荆棘，我们若想在事业上做出一番成就，只有勤奋刻苦，努力拼搏，花大力气，费长时间，把一些看似很简单的事情做到得心应手的人，才能超越平庸，应对自如，取得最后的胜利。

47. 把这只土拨鼠放掉

从前，有一个名叫达尼尔·韦勃斯脱的小男孩住在新哈勃郡群山间的一处僻静农庄里。他的童年大部分时光在森林和田野中消磨。

他六七岁时便学会了读书。他念起书来，语调感人，热情奔放。相邻农庄的人驱车路过，常常停车，把他唤出来，听他念上一篇有趣的文章。

在新哈勃郡的农民家中，书都是极为罕见的。但是，达尼尔总是想尽办法读一切可以到手的书。他一遍又一遍地读，直到弄懂书中的道理为止。

达尼尔的父亲除了务农，还担任乡间法庭的法官。他热爱法律，希望儿子长大之后能成为一名律师。

那年的夏天，一只土拨鼠在靠近韦勃斯脱先生家的丘陵边做穴安家。夜晚，它钻到菜园里吃洋白菜的嫩叶。日复一日，很难说这个小动物把园子糟蹋到何等地步才肯罢手。达尼尔和他的哥哥艾沙克决心要逮住这个偷菜贼。他们想尽办法，但是那小动物极为狡猾。后来，他们在它的必经之路设置了一个极巧妙的陷笼。夜间土拨鼠终于身陷囹圄。"逮住了！"艾沙克喊道，"这回呀，土拨鼠先生，你恶贯满盈，该寿终正寝了。"

达尼尔却对小动物产生了怜悯。"不，别伤害它，"他说，"让我们把它弄到山那头去。在森林那边，把它放掉吧。"

艾沙克说什么也不同意，执意要杀死它。

"我们去问父亲吧，听听他怎么说。"

"同意，我知道法官会做出怎样的判决。"

他们便提着装有土拨鼠的陷笼，到父亲住处去，听他发落。

"好吧，孩子们，"韦勃斯脱先生听完孩子们的陈述说道，"让我们用公正的方式来处理这个案件吧。我们组织一个法庭，我担任法官，你们担任律师，你们可以分别陈述对此案的看法，提出对罪犯的控告或申辩。听取你们的意见后，由我作出判决。"

艾沙克作为原告首先发言，他陈述土拨鼠所造成的损失，说世上所有土拨鼠都是坏家伙，都是不可信赖的动物。他讲到他俩如何费尽心机才抓住了这个偷食菜叶的贼，如果把它释放，简直太便宜它了。

"一张土拨鼠的皮，"他说道，"能卖上10美分，虽然数目微小，但尚可补偿它所吃去的菜叶的部分价值。假如我们把它放走，又怎么去寻求对我们损失的补偿呢？无疑，对它而言，死比活更有价值。死杜绝了它再次犯罪的可能性。"

艾沙克讲得流畅而有条理。法官暗想，这种真实有理的论点，将使达尼尔的辩护十分困难。

达尼尔开始为这可怜动物的生命作申辩了："造物主创造了土拨鼠，使它得以在灿烂的阳光和绿色的森林中欢快地生存。土拨鼠有它生的权利。这生存权是造物主赋予它的。

"上帝赐给我们人类以食物，他满足了我们所赖以生存的各种需要。难道我们不允许从这慷慨的份额之中，分一丁点儿给那个可怜的小动物吗？难道它竟没有与我们一样接受造物主赐给礼物的权利吗？

"土拨鼠并不是像狐狸和狼那般凶狠的野兽。它生活在宁静与和平之中。在山脚筑一小窠，每日攫取一小撮草本食物，就是它所企求的一切了，除了对一些植物之外，其余都不伤害。它之所以吃菜叶也是为了求生存，它只是偶尔闯入菜园才犯了罪。它有生存权利、食用权利、自由权利。我们无权剥夺这一切权利。

"瞧瞧它那柔顺恳求的眼睛，瞧瞧它那因惧怕而颤抖不已的模样吧！它不能够说话，这便是借以表达恳求赦免一死，向我们告饶的方式。我们将残酷到恣意杀戮它的地步吗？我们将如此自私地夺去造物主给予它的生命吗？"

法官被这些话感动得老泪纵横，不待达尼尔的演讲结束，他就站起身来，擦去眼中的泪水，喊道："艾沙克，把这只土拨鼠放掉。"

后来，达尼尔·韦勃斯脱（1782—1852 年）成了美国著名的政治家及演说家。

大道理

这是一个感人的故事。我们从中可以看到成功总是青睐于那些勤奋刻苦的人，很难说达尼尔为土拨鼠辩护的过程跟他的勤奋没有关系。正是因为他孜孜不倦地读尽一切可以到手的书，才最终有了更丰富的论据和语言来为土拨鼠辩护，并赢得了法官的心，获得了辩护的胜利。也是因为勤奋刻苦读书，达尼尔成为著名的政治家和演说家。如果我们有这种精神，我们也可以获得跟他一样的成功。

48. 一直坚持的奥运冠军

海耶士·钟士是 1960 年跨栏比赛的风云人物，他赢得一场又一场比赛，打破了许多纪录，轰动一时。他顺理成章地被选为参加当年在罗马举行的奥运会的选手，参加 110 米跨栏比赛。全世界都认为他能赢得金牌。

但是，出乎意料，他并没有得到金牌，只跑了个第三名。这当然是个极大的挫折。他的第一个想法是："怎么办呢？我或许该放弃比赛。"要再过 4 年才会有奥运会，而且他已经赢得所有其他比赛的跨栏冠军，何必再受 4 年更艰苦的训练？看来唯一合理的出路是退出比赛，开始在事业上寻求其他发展。

这当然非常合乎逻辑，但是海耶士·钟士却不能安于这种想法。"对自己一生追求的东西，"他说，"你不能够事事讲求逻辑。"因此他又开始了训练，一天 3 小时，一个星期 7 天。在以后几年里，他又在 60 码和 70 码跨栏项目上创造了一些新纪录。

1964 年 2 月 22 日，在纽约麦迪逊广场花园，钟士参加 60 码跨栏赛。赛前他曾经宣布这是最后一次参加室内比赛。大家的情绪都很紧张，每个人的眼睛都看着他。他赢了，平了自己以前所创的最高纪录。钟士跑完，走回跑道上，低头站了一会儿，答谢观众的欢呼。然后，1.7 万名观众都起立致敬。钟士感动得泪如雨下，很多观众也流下眼泪来。他绝不放弃，人们就敬重他这一点。

他参加 1964 年东京奥运会，在 110 米栏赛中跑出 13.6 秒的成绩，得了第一名，他终于赢得了金牌。

如果海耶士·钟士在得了不令人满意的第三名时轻易地放弃，还会有 4 年后的辉煌时刻吗？

大道理

风雨过后的阳光更灿烂，风雨过后的彩虹更绚丽。只要我们还有自信，只要我们还肯努力，那么，就别放弃。因为放弃就意味着失败的伤痛会永远留在心里，而不放弃却有成功的可能。坚持下去，我们就不会有遗憾，我们才无愧自己的人生。

49. 不放弃就能见曙光

美国前总统尼克松小时候，父母、亲人对他都寄予厚望。

一次，小尼克松生日时，她的外祖母送给他一张嵌在镜框里的林肯像，上面有几句诗句："伟人的一生常提醒我们，要使自己的一生崇高庄严。在去世的时候，要在时间的沙滩上，留下你自己的足迹。"

尼克松的外祖母对他说："孩子，外祖母希望你能学习林肯那种坚持不懈的精神。南北战争期间，有一段时间，南方占据了优势，他们希望林肯能够放弃解放黑人的做法。可是在这样的困难中，林肯还是坚持自己的意见，决不向南方妥协，即使自己牺牲了也不放弃自己的理想。孩子，你看，林肯总统的执著追求真理的精神是显而易见的。他是你应该学习的榜样。"小尼克松从此就以林肯为自己的榜样，学习他的优点，尤其是他坚强的毅力。

尼克松上中学的时候，就有很高的政治抱负。他首先想要在学生会主席的选举中取得胜利。就这样，尼克松每天晚上一下课，就在自己的房间里准备竞选演讲说词，并且在自己的房间里声情并茂地演练起来。

竞选的那天，小尼克松也和别人一样，在台上发表了他的竞选演说，表明他将会如何为同学们谋福利，如何兢兢业业地为同学服务。可是由于尼克松刚到学校不久，同学们并不能很好地认识和了解他，而且那些竞选的人都有自己的朋友圈子，拥护者很多，所以最终他的竞选失败了。

回到家里，小尼克松闷闷不乐。他的父母知道后，就开导他说："孩子，不要灰心丧气啊。这才是你的第一次竞选主席，也是你第一次从事社会活动，这才是开始。""我知道，可是……"小尼克松说不出话来。"孩子，我们知道你是以林肯为自己的榜样的。林肯也经历过失败，你知道吗？但他坚持过来了。你不要被一时的挫折吓倒，不要失去了信心，要有耐心，做事一定要执著。"父母继续开导他，"你要做一个像林肯一样伟大的人，就不能轻言放弃，就要努力去学习，去练习；知道自己哪方面不行就要努力去提高，去改正；要有针对性地做事，发挥你自己的能力。你一定能行的，这一次失败并不能说明什么啊。挺直身子，我的孩子。"

小尼克松完全明白父母的意思，领会了他们对他的殷切期望以及对他的要求。从此以后，小尼克松积极为同学们做事，赢得了大家的一致好评，更重要的是让同学们认识了他自己。同时他还积极提高自己的演讲水平。不论是在平时的课堂交流中，还是在正式的演讲比赛中，小尼克松总是很积极地参加，提高了自己的口头表达能力和语言组织能力。

大道理

　　就算遇到再大的艰难困阻，都不要放弃自己的追求，继续坚持到底。面对困难时，永不言弃，从自己的不足入手，不断提升自己，完善自己，最终就会得到大家的广泛认可，获得最后的胜利，自己也会有分外的成就感。

50. 拼命"女三郎"

亚特兰大奥运会上，当王军霞第一个冲过 5000 米终点时，看台上一名中国留学生把一面巨大的五星红旗交到她手中。她披着鲜艳的国旗绕场一周。这面红旗后来被国家博物馆收藏。这个镜头也成为经典画面，被许多中国的奥运健儿所仿效。

王军霞出生在吉林省蛟河市一个普通农民的家里。小时候，王军霞似乎发育得很慢。别的孩子三四岁就能满地乱跑，可小军霞瘦得皮包骨头，弱不禁风，走起路来摇摇晃晃。

7 岁那年，她上小学了，尽管身体还很瘦，但却特别喜欢和小伙伴们赛跑。渐渐地，她的身子结实多了。1985 年，王军霞一家迁回老家大连市的前盐村。王军霞升入大连 68 中学习。学校离家有 4 公里，许多同学都骑自行车上学。看着同学们潇洒得意的神情，王军霞真想自己也能有一辆自行车。父亲知道女儿的心愿，但窘困的家境使他无法满足小军霞的愿望。

他想起在吉林时有个少年，学校离家远，他每天都跑步上学，后来成了一名运动员。于是父亲鼓励女儿每天跑着上学。

从此以后，王军霞就每天跑两个来回，一天下来就整整 16 公里。起初，她只能跟在同学们的自行车后面跑。但王军霞生性好强，她要和自行车比个高下。渐渐地，她可以跟飞驰的车轮并驾齐驱了。日复一日，王军霞终于练就了"神行太保"般的飞毛腿。

到 68 中后，王军霞参加比赛的机会更多了。她屡战屡胜，成为远近闻名的长跑小明星。一次大连市职工田径比赛，一家大企业慕名而来，找王军霞替跑。只有十几岁的王军霞在与成年人的比赛中，当仁不让，连拿了好几项第一。

1988 年，大连市举行田径选拔赛，挑选有潜力的好苗子。68 中因经费紧张无法参加。父亲领着女儿找到 68 中校长说："我经济上虽然紧张，可这次机会太难得了！这样吧，明天您派个老师带着军霞去比赛，费用由我个人出！"孙校长同意了。

第二天，王军霞果然不负众望，在 1500 米的比赛中，第一个冲到终点。几个业余体校的教练立即围上来，对她进行几项生理测试。大家发现，王军霞心肺功能出众，恢复能力很强，是一个颇具潜质的好苗子。从此，王军霞投师于大连业余体校王世忠教练门下，开始正规训练，后来在马俊仁教练的指导下，成绩突飞猛进。

别看王军霞她平日总是笑眯眯的，待人随和，可一到训练场上就像换了个人似的，练起来有股"拼命三郎"的劲头。20 公里跑，别人跑直线，她跑曲线，每次总要多跑上一二公里。1993 年在呈贡高原训练时，她每周最大训练量达到 220 公里，有一次连续 4 天跑了 170 公里。超人的努力，自然换来了超人的成绩。1993 年她在 1500 米比赛中打破了由苏联运动员保持了 13 年之久的世界纪录。

大道理

桂冠人人都羡慕，但是要得到桂冠的冠军不是一天练就的。长跑不是有一股劲儿就能坚持下来的，这都需要坚持不懈地长期努力。光凭着一鼓作气不行，必须始终保持着这种劲头，无论遇到怎样的困难都不间断，哪怕比别人多付出几倍甚至几十倍的努力。努力与坚持才能造就不平凡的人生。

51. 日本的麦当劳传奇

统计资料表明，现在日本有 135 万间麦当劳店，一年的营业总额突破 40 亿美元大关。拥有这两个数据的主人是一个叫藤田田的日本老人，日本麦当劳株式会社的名誉社长。藤田田在 1965 年毕业于日本早稻田大学经济学系，毕业之后随即在一家大电器公司打工。1971 年，他开始创立自己的事业，经营麦当劳生意。麦当劳是闻名全球的连锁速食公司，采用的是特许连锁经营机制，而要取得特许经营资格是需要具备相当财力和特殊资格的。

而藤田田当时只是一个才出校门几年、毫无家族资本支持的打工族，根本就无法凑齐麦当劳总部所要求的 75 万美元现款和提供一家中等规模以上银行信用支持的苛刻条件。只有不到 5 万美元存款的藤田田，看准了美国连锁速食文化在日本的巨大发展潜力，决意要不惜一切代价在日本创立麦当劳事业，于是绞尽脑汁东挪西借起来。事与愿违，5 个月下来，他只借到 4 万美元。面对巨大的资金落差，要是一般人，也许早就心灰意懒，尽弃前功了。然而，藤田田却偏有对困难说"不"的勇气和锐气，偏要迎难而上，遂其所愿。

于是，在一个风和日丽的春天的早晨，他西装革履、满怀信心地跨进住友银行总裁办公室的大门。藤田田以极其诚恳的态度，向对方表明了他的创业计划和求助心愿。在耐心细致地听完他的表述之后，银行总裁作出了"你先回去吧，让我再考虑考虑"的决定。

藤田田听后，心里即刻掠过一丝失望，但马上镇定下来，恳切地对总裁说了一句："先生可否让我告诉你，我那 5 万美元存款的来历呢？"回答是"可以"。

"那是我 6 年来按月存款的收获，"藤田田说道，"6 年里，我每月坚持存下 1/3 的工资奖金，雷打不动，从未间断。6 年里，无数次面对过度紧张或手痒难耐的尴尬局面，我都咬紧牙关，克制欲望，硬挺了过来。有时候，碰到意外事故需要额外用钱，我也照存不误，甚至不惜厚着脸皮四处告贷，以增加存款。这是没有办法的事。我必须这样做，因为在跨出大学门槛的那一天我就立下宏愿，要以 10 年为期，存够 10 万美元，然后自创事业，出人头地。现在机会来了，我一定要提早开创事业……"

藤田田一口气讲了 10 分钟，总裁越听神情越严肃，并向藤田田问明了他存钱的那家银行的地址，然后对藤田田说："好吧，年轻人，我下午就会给你答复。"

送走藤田田后，总裁立即驱车前往那家银行，亲自了解藤田田存钱的情况。柜台小姐了解总裁来意后，说了这样几句话："哦，是问藤田田先生哪。他可是我接触过的最有毅力、最有礼貌的一个年轻人。6 年来，他真正做到了风雨无阻地准时来我这里存钱。老实说，这么严谨的人，我真是要佩服得五体投地了！"

听完小姐介绍后，总裁大为动容，立即打通了藤田田家里的电话，告诉他住友银行可以毫无条件地支持他创建麦当劳事业。藤田田追问了一句：

"请问，您为什么要决定支持我呢？"

总裁在电话那头感慨万端地说道："我今年已经 58 岁了，再有两年就要退休。论年龄，我是你的 2 倍；论收入，我是你的 30 倍。可是，直到今天，我的存款却还没有你多……我可是大手大脚惯了。光说这一点，我就自愧不如，敬佩有加了。我敢保证，你会很有出息的。年轻人，好好干吧！"

大道理

一切成功不是偶然的，单凭他那雷打不动地坚持存钱的举动，就说明他不是一般人，他具有一般人所不具备的执著和坚毅。他的成功向人们昭示了一个道理：人格的力量不只是一种强大的精神力量，更是一种强大的物质力量。在一定条件下，人格的魅力完全可以转换成一种突破困境的要素。

52. 李贺呕心沥血写佳作

我国唐代著名诗人李贺天赋极好，7 岁时就能写出很精彩的诗歌、文章，受到当时一些有名望的人的赞赏，被认为是小神童。尽管李贺聪颖过人，可他依然十分努力，从无丝毫的懈怠，作文、写诗都非常严肃认真，从不马虎草率。

李贺写诗、作文有与众不同的习惯，他不是闭门造车、冥思苦想，而是十分注重搜集材料、积累心得、捕捉灵感，他特别注意观察生活、实地考察。他习惯于每天早上骑着家里那匹瘦马外出游览，每每有了什么见闻或心得体会，便当即记录下来，装进随身带的绣花锦囊之中。当太阳落山的时候，李贺再往回家的路上走去，到家常常已是掌灯时分，家里人早已吃过晚饭了。

李贺回到家，他母亲赶紧叫仆人端上热过的饭菜。可是李贺依然没有慌着去吃饭，而是将白天写的那些草稿从锦囊中取出来，及时修改、整理，然后誊写清楚，集中放入另一绣花锦囊之中，这才吃饭、休息。

李贺天天如此，坚持不懈，只要不是因病或家里办重大的红白喜事，他都从不停止这样做。

一天晚上，待李贺回家做完这一切躺下睡着后，他的母亲来到他的房间，取过锦囊将里面的东西全倒出来，一看，竟都是些诗稿、笔记，除此以外，别无他物。他母亲想到这孩子一向体弱多病，再看他倒床便睡的疲惫不堪的样子，十分心疼又担忧地叹息道："这孩子真是非要把心呕出来才肯罢休啊！"

李贺虽然很年轻时就去世了，可他的很多诗作却成为人们喜爱的传世佳作。为了这些佳作，他真正是到了呕心沥血的地步。

大道理

做文章、写诗歌都不能凭主观想象，闭门造车，而是要仔细观察生活、体会生活。天赋再好，没有后天的勤奋努力和一点一滴的积累，也不会有很大的成就。我们只有一步步地走，学习更多，自己才能变得强大。

53. 在医学道路上不断进取

我国明代著名医学家李时珍的父亲是一名大夫。在小时候，李时珍看到父亲能给人解除病痛，他打心眼里很是佩服，立志将来也要当一个名医。于是他在学医方面下足了工夫。因那时的山里人劳动特别辛苦，腰肌劳损是种常见病，所以，父亲常常给这类病人炮制用白花蛇做主料的药酒。

李时珍当时特别好奇，为什么白花蛇会有这么大的功效呢？李时珍虚心地向很多医生请教了这个问题，但没能得到满意的答复。

他决定到深山里去，亲自了解一下生活在野外的白花蛇。但是他的想法马上遭到全家人的一致反对。他们说："白花蛇生活在深山里面，而且剧毒无比。万一有个闪失，你会把性命丢掉！"

但李时珍并没有被困难吓住，他一心想把这个问题弄清楚，因为只有这样，才可以使自己在医学方面有一个大的进步。

李时珍终于向深山进发了。经打听，李时珍来到了龙峰山。这里是白花蛇的理想栖息地。他在山路上足足等了两天，才等到一个捕蛇人路过。

捕蛇人告诉李时珍说："我家世代都以捕蛇为生，但是没有一个能得善终，都是被蛇咬死的。特别是白花蛇，毒性特别大！"

听了捕蛇人的说法之后，李时珍并不感到害怕，而是告诉那位捕蛇人，为了减少天下人的病痛折磨，就是死于毒蛇之口，他也在所不惜。捕蛇人被李时珍这种不畏艰险的执著精神所感动，终于点头同意带他去找白花蛇了。

路上，李时珍向捕蛇人请教了许多关于白花蛇的问题，例如生活习性、特征和毒性等。捕蛇人见李时珍确实好学，就倾囊而授，把自己所知道的知识非常详细地讲给他听。但李时珍并不满足，他还是希望自己能够亲眼看看白花蛇。

两人在山里耐心地寻找着。一连好几天，他们连白花蛇的影子都没看到。捕蛇人泄气了，但李时珍毫不气馁。他有个坚定的念头，不亲眼看见白花蛇，决不出这座山。这一天，李时珍和捕蛇人又在龙峰山山腰间搜寻白花蛇。眼看着山顶云层聚拢，暴风雨马上就要来了，于是捕蛇人便催促李时珍，赶紧往回走。

捕蛇人走在前面，李时珍在后面跟着。两人正匆匆忙忙地赶路，突然李时珍"哎哟"叫了一声。捕蛇人回头一看，不由得大吃一惊。原来有一条白花蛇缠住了李时珍的左腿，蛇头正被踩在脚底下！

捕蛇人赶紧来到李时珍身旁，费了好大的劲儿才把这条白花蛇给抓进蛇笼里。捕蛇人对李时珍说："如果不是你碰巧踩在蛇头上，今天你就没命了！"

这次深山之行，李时珍不但亲自考察了白花蛇的栖息、环境，而且还亲手抓住了野生的白花蛇。他又接连走访了好几位捕蛇人，掌握了大量有关白花蛇的第一手资料。李时珍就是这样，在医学的道路上不断进取，凭着自己顽强的进取精神，终于完成了划时代的医学巨著——《本草纲目》。如今这本巨著被多种语言翻译成译著，在国际上享有很高声誉。

大道理

"不入虎穴，焉得虎子"。为了成功就需要非一般的勇气与努力。为了掌握白花蛇的第一手资料，李时珍不惜深入险境，冒着生命危险去完成自己的理想。也正是有了这种在医学道路上不断进取、顽强拼搏的精神，才使他完成了划时代的医学巨著，成为流芳千古的人物。可见，成功人士与平庸之辈最根本的差别不在于天赋，也不在于机遇，而在于是否能够真正沉下心来为伟大目标而努力奋斗。

54. 勤学苦练是成功的必经之路

清朝在整修长城的过程中，发现号称天下第一关的山海关已年久失修，其中"天下第一关"题字中的"一"字早已脱落多时。朝廷募集各地书法名家，希望恢复山海关的本来面貌，但是没有一个人的"一"字可以与其他四个字相配。于是朝廷再下诏告，允许所有人来写这个"一"字，只要能够中选的，就可以得到重赏。经过筛选，最后中选的竟是山海关旁一家客栈的店小二。

更令人惊讶的还在后边：题字当天，那个店小二舍弃了狼毫大笔不用，而拿起一块抹布往砚台里一沾，挥臂一抹，立刻出现绝妙的"一"字。大家都感到奇怪。有人忍不住问他，为何能够如此轻松地写出令众多书法家汗颜的字。店小二久久无语，后来勉强答道："其实我也没什么秘诀，只是在这里当了三十多年的店小二，每当我在擦桌子时，就望着牌楼上的一字，一挥一擦，仅此而已。"

原来，那家客栈正对着山海关的城门。每当店小二拿起抹布清理桌上的油污时，他的视角正对准"天下第一关"的"一"字。他不由自主地天天看，天天擦，久而久之，熟能生巧，巧而精通。这就是他能够把这个"一"字临摹到惟妙惟肖的原因。

我们不是天才，但是可以通过后天的努力具备一般人所不具备的能力。如果我们富于天资，先不要骄傲，继续刻苦努力下去；如果我们没有天分，也不要自暴自弃，坚持勤奋努力下去。只要我们天天练习，就会熟能生巧，巧而精通，最终具备让专家都惊叹的本事。相信你自己，就可以做到。

55. 经受锤炼才能成器

很久以前，在某个地方建起了一座规模宏大的寺庙。竣工之后，寺庙附近的善男信女就每天祈求佛祖给他们送来一个最好的雕刻师，好雕刻一尊佛像让大家供奉。于是，如来佛就派来了一个擅长雕刻的罗汉幻化成一个雕刻师来到人间。

雕刻师在两块已经备好的石料中选了一块质地上乘的石头，开始了工作。可是，没想到他刚拿起凿子凿了几下，这块石头就喊起痛来。

雕刻的罗汉就劝它说："不经过细细的雕琢，你将永远都是一块不起眼的石头，还是忍一忍吧。"

可是，等到他的凿子一落到石头上，那块石头依然哀嚎不已："痛死我了，痛死我了。求求你，饶了我吧！"雕刻师实在忍受不了这块石头的叫嚷，只好停止了工作。于是，罗汉就选了另一块质地远不如它的粗糙石头雕琢。虽然这块石头的质地较差，但它因为自己能被雕刻师选中，而从内心感激不已，同时也对自己将被雕成一尊精美的雕像深信不疑。所以，任凭雕刻师的刀琢斧砍，它都以坚强的毅力默默地承受过来了。

雕刻师则因为知道这块石头的质地差一些，为了展示自己的艺术，他工作得更加卖力，雕琢得更加精细。

不久，一尊肃穆庄严、气魄宏大的佛像赫然立在人们的面前。大家在惊叹之余，就把它安放到了神坛上。

这座庙宇的香火非常鼎盛，日夜香烟缭绕，天天人流不息。为了方便日益增加的香客行走，那块怕痛的石头被人们弄去填坑筑路了。由于当初承受不了雕琢之苦，现在只得忍受人来车往、车碾脚踩的痛苦。看到那尊雕刻好的佛像安享人们的顶礼膜拜，它内心里总觉得不是滋味。

有一次，它愤愤不平地对正路过此处的佛祖说："佛祖啊，这太不公平了！您看那块石头的资质比我差得多，如今却享受着人间的礼赞尊崇；而我却每天遭受凌辱践踏，日晒雨淋。您为什么这样偏心啊？"

佛祖微微一笑说："它的资质并不如你，但是那块石头的荣耀却是来自一刀一锉的雕琢之痛啊！你既然受不了雕琢之苦，只能最后得到这样的命运啊！"

我们每个人都像上帝脚边的一块石料，当我们发愿要做什么，要在某一领域成就什么的时候，上帝他会看得见。他要给我们的前路摆放一堆我们需历经的苦难。当我们忍受这一个又一个苦难，跨越这一番又一番磨炼，向着心中的目标迈进的时候，上帝的刻刀已在我们身上雕琢了一遍又一遍。我们不要抱怨，那是上帝在成就我们的心愿！

据不同的文献记载，王羲之苦练书法 20 年，写完了 18 缸墨水。贝多芬练琴专注时，手指在键盘上练得滚烫滚烫的。为了能长时间地弹下去，他把手指放在水中泡凉后再接着弹。

古今中外大凡有成就者，无一不是吃过苦中之苦，并且经历过巨大苦难的。古人云："故天将降大任于斯人也，必先苦其心志。劳其筋骨，饿其体肤，空乏其身……"大浪淘沙，百炼成金。雕琢能让玉器更趋于完美，忍受雕琢之苦方能成大器。所以走过苦难、经过锤炼的生命会绽放出不可思议的光彩！

大道理

　　任何事情都不是一朝而成的。要想成为人们"顶礼膜拜"的"大佛"，就必须经历一番常人无法忍受的苦难，否则就只能躺在地上，被过往的行人和车辆踩踏。因为，只有经过锤炼的生命，才能绽放出绚烂的光彩！

56. 坚持学习让生活充实

"我明天可以休息一天吗，爸爸？"西奥多·帕克怯生生地问道。这是 8 月的一个下午。帕克的父亲是莱克星顿的一位水车木匠，他很惊讶地看着他这个最小的儿子，因为这时候正是活儿最忙的时候。但是，他从帕克充满期盼的眼睛中看出了自己别无选择。于是，做父亲的爽快地答应了这个要求。

第二天凌晨，西奥多早早地就起来了，在泥泞的道路上风尘仆仆地走了 10 英里，赶到了哈佛学院。他在这天去参加一年一度的新生入学考试。他从 8 岁那年起，就没法正常地接受学校教育，但是，他还是想方设法地在每年冬天挤出 3 个月的时间上学。在其他的时间里，无论他在犁田还是做其他的活儿，他都一遍遍地在脑海里默默地回忆和背诵学过的课文，直至滚瓜烂熟为止。他还利用所有的空闲时间来读那些借来的书籍。

有一次，有一本书他没法借到，然而他又非常渴望读到它。于是，在一个夏天的早上，天际的第一抹曙光还没有出现时，他就早早起床了。他先到原野里采摘了一大筐的浆果，然后，把这些浆果送到波士顿去卖，用换来的钱买了那本渴望已久的拉丁词典。

"好样的，孩子！"那天深夜里，当儿子回到家告诉父亲自己考试成功的消息时，水车木匠高兴地赞扬道："但是，孩子，我没有钱供你到哈佛读书啊！""不要紧的，爸爸，"西奥多说，"我不会住到学校里去的，我会在家里利用空余的时间自学并准备期末考试，只要我通过了考试，我就可以获得一张学位证书了。"后来，他成功地做到了这一点。当他长大成人以后，通过在学校里教课积攒了一笔学费。他又在哈佛学习了两年，并最终以优异的成绩毕业。

岁月流逝，时光推移，当年读不起书的那个小男孩如今成为一代风云人物。作为著名的废奴运动倡导者和社会改革家，作为国务卿西沃德、首席大法官蔡斯、著名参议员萨姆纳、加里森总统、著名教育家贺拉斯·曼、反奴协会主席温德尔·菲利普斯等人的密友和事业顾问，西奥多·帕克在整个美国的影响力是不可估量的。这位显赫人物回忆起童年在克莱星顿的岩石上和灌木丛中争分夺秒地努力学习、奋发拼搏的情景，仍然会感到无限的温馨和愉快。

大道理

　　成就的取得既需要有坚持不懈的毅力，又需要有克服种种困难的勇气，还需要有孜孜不倦努力探知的精神，当然，也需要有机遇。不过，机遇青睐有准备的头脑。只要我们肯努力，肯坚持，相信机遇一定会找上门来。唯有坚持你的坚持，才能不断丰富自己的人生。

改变人生的轨迹

——成就你一生的那些小故事大道理

第四辑

平衡心态 告诉自己一定行

　　失败了，就再站起来；成功了，就继续向前走。人生，就是一次旅行。每个人都要从起点走到终点，每个人都要完成一生的事情。我们不必为一些外界的事情耿耿于怀，也不必为了某些卑微的事情而伤神。只需记住你已经启程，是选择快乐伴行，还是选择痛苦左右。一念之间，便是不一样的人生，而这又全在于你的心态。想要一生轻松，只需平衡好自己的心态，告诉自己一定行，就能够笑对人生。

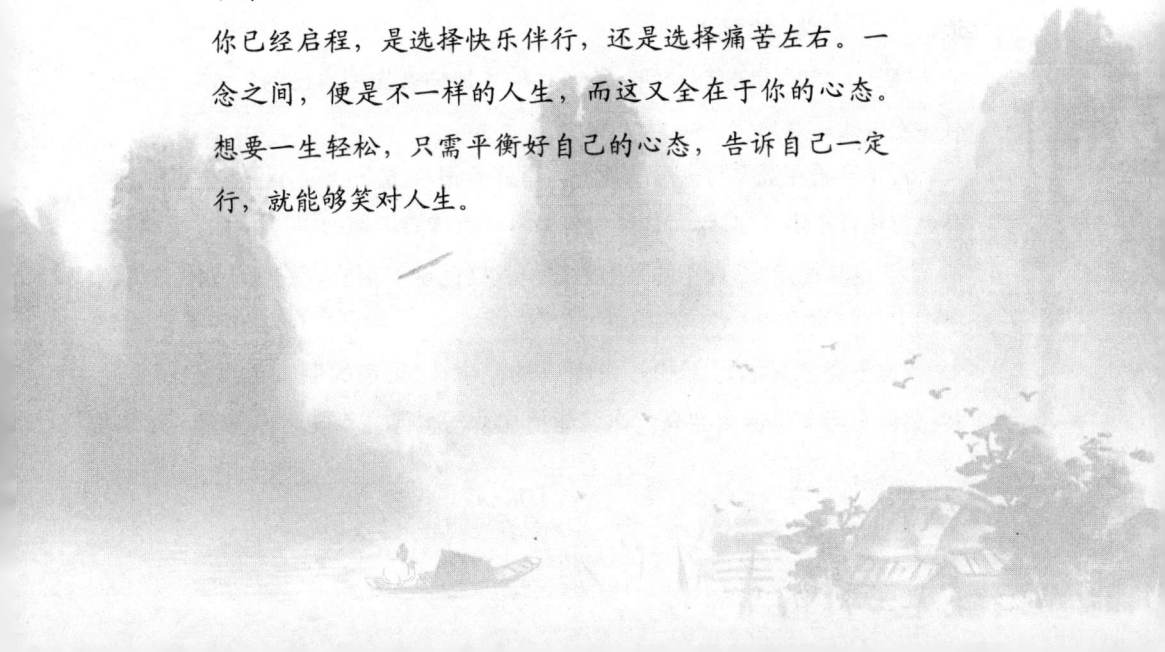

1. 请放大你的优点

他是一位穷困潦倒的青年，很久以前就失业了。可因为一无所长，他一直找不到合适的工作。

这天，他怀着殷切的希望来到了巴黎，来找父亲的一位旧日好友，希望他能帮自己找份谋生的差事。当时的他并没有意识到，对方帮他谋到的这份"差事"居然成了他辉煌一生的起点。

"你数学怎么样？精通吗？"父亲的朋友问。

青年摇摇头，表现出很难堪的样子。

"历史怎么样？"对方又问道。

青年依旧不好意思地摇了摇头。

"法律呢？法律你懂不懂？"对方口气中的希望依旧不减。

青年的回答还是否定的。

……

接连问了七八个"怎么样""懂不懂"之后，父亲的朋友也得到了同样多的回答，但都是否定的。

"那你说说自己有什么优点吧。"对面的长者也许觉得再这么问下去也没有什么意义了，于是就换了一种方式。哪知青年依旧摇摇头，很腼腆地回答道："我……没什么优点。"

"唉，"父亲的朋友轻轻叹了一口气，"那你就先把自己的住址写下来吧，有了差事我好通知你。"

青年开始在纸上写自己的地址，写好后把纸条交给对方。那位老人便惊喜地拉住青年道："哎呀，你还说自己没什么优点，你的字写得很漂亮嘛！"

"这也算优点？"青年的眼中闪过一丝疑问，但很快，他就从对方的眼中得到了肯定的答案。

"你不应该只满足于找一份糊口的差事，"父亲的朋友语重心长地说，"既然你能把字写这么漂亮，你就能把文章写得漂亮；既然你能把文章写得漂亮，你就能写书；既然你能写书，你就能……"

顺着老人的指点，青年的思路扩展了，一点点放大了自己的优点。

多年之后，这位"一无所长"的青年果然由字到文章，写出了享誉世界的经典作品。他就是家喻户晓的法国大作家大仲马。

大道理

光有优点还不够，你得继续放大你的优点才能让自己尽早地成功。因为只有经营自己的长处，人生才可能无限增值；反之，则只会贬值。

2. 抓住最小的机会

在讲今天的故事之前，我先给大家介绍一个人。他叫朱经武，是一位美籍华裔的物理学家，现任香港科技大学的校长。朱教授出生在中国湖南，在台湾成功大学取得理学学士学位，在纽约霍涵大学取得硕士学位，在加州大学圣地亚哥分校取得博士学位。

如果让现年65岁的朱教授说说自己总共有多少头衔，我想他也许会很为难，因为那实在是太多了。他是美国科学院、美国人文及科学学院、中国科学院、"台湾中央研究院"、发展中世界科学院以及俄罗斯工程学院院士，并拥有世界多所著名大学的名誉博士学位及名誉教授头衔。他还是多家专业期刊的编委，亦是超导促进美国竞争力总会董事局成员、香港创新及科技督导委员会成员以及香港科技园董事局成员。

不久之前，美国休斯顿布朗大会堂正厅里多了一道景观——名人堂。该堂以巨幅彩照加一方镌刻杰出事迹的铜牌的形式，来表彰各位名人对该市的贡献。目前，入选名人堂的人物只有10位，其中包括心脏移植外科手术权威库里博士、老布什总统任内的商务部长莫斯巴克、克林顿总统任内的财政部长班森、奥运体操全能冠军等。而朱经武教授的大名亦在其中，因为他曾任美国休斯顿大学天普科学的客座教授及物理学系教授。

看到这里，你一定会问，到底是什么突出贡献能令朱教授如此令人瞩目呢？原来，他是世界上研究超导体的主要人物，曾在高温超导方面取得了世界性的重大突破，并两次将超导温度大幅度提高，开创了这一领域研究及应用的新纪元。那么，是什么力量支撑他一步步走到今天呢？要知道他的人生可是绝不能用"顺利"两个字来形容。

关于这一点，朱教授曾经有一段非常精彩的解答，他说："我能有今天，一大部分都要归功于我的父母，归功于他们曾经对我说的一句话，那就是'要经常睁开眼睛'。可以说，我的大半生都得益于这句话。这个世界上有太多的机会等待我们去抓住，有太多的现象等待我们去研究。只有经常睁开眼睛，注意观察周围，我们才能发现这一点，让每次试验都有所得。

"我记得母亲曾经对我说过一句非常透彻的话：'要是你跌倒在地上，就想办法抓一把沙。'她的意思是连最小的机会也是值得掌握的。现在，我也这么认为。"

大道理

要想创新，就在于发现；要想发现新的东西，首先就是要睁开你的眼睛。世界上有许多机会和现象等着我们去发掘，即便有时会失败，我们仍应做到每次都有所得。如果你跌倒在地上，那就想办法抓一把沙起来。

3. 简单一点就好

大山中有座庙，庙里住着一老一少两个和尚。每个月的月初，老和尚都会交给小和尚一只大碗，吩咐他到山外去买食用油，然后告诉他："你小心一点，别把油弄洒了。我们一个月的菜肴可全靠它呢。"

小和尚答应一声就下山去了。回来时，他想到师傅的嘱咐，不禁更加用力地捧紧了油碗，一小步一小步地走着山路，丝毫不敢左顾右盼。可是不知为什么，他心里越是紧张，手中的碗就晃得越厉害。临近家门时，油已经洒掉了将近1/3。老和尚一看到油碗，就急了。他生气地指着小和尚大骂道："你这个笨蛋，怎么连这么点事都做不好！竟然把油洒了这么多！"

看师傅生这么大的气，小和尚一句话也不敢说，只是让委屈的眼泪围着眼眶打转转。

第二个月月初，老和尚又吩咐小和尚去买油。像上次一样，小和尚回来时小心翼翼地走着，生怕再出什么问题。可是大碗也像上次一样，总是晃啊晃的一点点往外洒，急得他眼泪都快掉下来了。到了庙门时，光顾碗不顾脚下的小和尚冷不防被门槛绊了一下，结果油一下子只剩下1/3了。傻了眼的小和尚忍不住放声大哭起来。听见哭声，老和尚赶紧跑了出来。当他看到装油的碗时，立刻火冒三丈："你还有脸哭！真是气死我了！"

可是气归气，第三个月来临时，因为老和尚有事走不开，所以还得吩咐小和尚去买油。但是这次，他改变了以前的态度，只听他这样吩咐小和尚："你听好了，我要你在回来的途中多观察你周围的人与事物，然后详细地报告给我。"

小和尚为难地咧了咧嘴，但最后还是去了。回来时，他遵照师傅的嘱咐留心着山路两旁，发现山路边的风景竟然很美。远方的山峰雄伟，近处的梯田片片；梯田边还时不时有开心奔跑着的孩子；路旁的古松下还有两位下棋的老先生。这样一边看一边走，不知不觉，小和尚已经到庙里了。当见到师傅时，他才注意到，碗里的油还是满满的，一点也没洒。

大道理

越是刻意地握紧拳头，越是连空气都抓不到；相反，轻松坦然张开双臂，世界就尽在怀抱中。看来，要想让生活无忧无虑，我们必须首先学会不在意。所以，不必让事情太复杂，简单一点就好。

4. 情况不算太坏

他是一位徒步穿行沙漠的勇者，计划用一个月时间走完这片沙漠。二十多天过去了，旅途一直很顺利，食物和水看来也还充足。

"我很快就能成功走出这片沙漠了。"他高兴地想着。但是沙漠可从来不会照顾行者。他这个念头还没来得及消失，扑天盖地的沙暴就起来了。他赶紧用衣服蒙住头，伏在沙地上。约摸过了十来分钟，沙暴才过去。当他抖抖衣服站起来时，发现了让人绝望的事：装有食物和水的背包被沙暴卷走了。

现在，他只剩下一个梨了，这个梨是他在沙暴前刚拿出来还没来得及吃的。他把梨紧紧攥在手里："哦，情况还不算太坏，至少我还有一个梨。"他这样想着，决心走出这片沙漠。

一天一夜很快过去了，沙漠看起来依然茫茫无际，饥饿、干渴、疲惫以及对死亡的恐惧如同魔鬼一样缠着他。但是每逢崩溃的边缘，他都强迫自己盯着那个一直舍不得吃的梨子看："情况不算太坏，至少我还有一个梨。"

一个小小的梨，成了他活命的希望，成了他勇气的来源。虽然 3 天后，当看到不远处的村落时，他晕倒了，但是毕竟他走出了沙漠，也活了下来。

大道理

保存希望是最佳的胜利武器，永远不要告诉自己"什么都没有了"。因为只要努力地寻找，你总能找到那个让你渡过难关的"梨"。这就好像是"望梅止渴"，我们需要一盏明灯指引着某种可能。

5. 如果你自己不想死

邦尼是一位晚期癌症患者，日日夜夜的剧痛让他几乎放弃了生的欲望。从发现癌细胞到现在不到两个月的时间，他的体重已经由原来的 160 多磅下降到了不到 100 磅。

转院之后，他的主治医生名叫卡尔，听说是一位专门治疗晚期癌症的名医。卡尔看起来还相当年轻，他微笑的脸有点像春天的太阳。这多多少少让心灰意冷的邦尼感觉到了一点温暖。卡尔对邦尼说："我会组织最好的医生帮你对抗病魔，每天我都会把治疗的进度详细地告诉你，而且我会向你描述你体内对药物的反应情况。也就是说，你可以随时了解你的病情。"

卡尔医生说到做到。邦尼急躁不安的情绪渐渐被缓解了，又恢复了与病魔抗争的信心。一个月以后的复查结果更是让邦尼欣喜：癌细胞扩散竟然被控制住了！

"从今天开始，你每天拿出两个小时来想象你体内白血球与癌细胞对抗的情形，并且一定要以前者打败后者为结束。"卡尔医生对他说。

他这样做了。数星期以后，既出乎意料又在人们的意料之中，医疗小组成功战胜了癌症。

"如果你自己不想死，那就没什么能够要你的命，包括所谓的绝症。"卡尔医生微笑着说。

大道理

> 每个人都只有一次生命，因此人人都会很在乎。但是我们对自己的生命有着比想象中更多的主宰权。绝大多数情况下，我们可以运用自己心灵的力量来决定自己的命运，包括生死。

6. 快乐每一天

这个男孩正在向上帝诉说他的愿望："我希望得到一位性情温和、高挑美丽的妻子，希望有一座带后花园的别墅小楼，希望有 3 个能够成为名人的儿子，还希望有一辆豪华的跑车。"

上帝祝福他的梦想能够实现。

多年后，这个男孩长成了大男人，他娶到的妻子温柔美丽，只是个子很矮；他有了 3 个可爱的孩子，只不过都是女儿而非儿子；他有一座看起来还算不错的房子，但是那是平房而非别墅小楼；房子的后面不是什么花园，而是被贤惠的妻子开辟的一个不小的菜园子；他还有一辆车，是辆给人拉货的大卡车而非他梦想中的跑车。

上帝没有给他他想要的。为此，他非常气恼地去找上帝理论。

"你为什么不给我我真正希望得到的东西？"男人问上帝。

"哦？"上帝吃惊地望着他，"我不过是想给你一些惊喜，所以给了你一点你没想得到的东西而已。再说，你不也没给我我真正希望得到的东西吗？"

"你也有所求吗？你希望得到什么？"男人很惊讶。

"我希望你能因为我给你的东西而快乐。"上帝说。

这个男人突然领悟了上帝的意思和生活的真谛，从此每天都过的非常快乐。

大道理

理想和现实之间总会有距离和差异，这正是上帝用来区分聪明的人和愚蠢的人的标准。聪明的人会带着感恩之心去享受现实；而愚蠢的人却会把手边的快乐随意丢弃。如果你只能站在现实的门里，看不到自己所拥有的，就会永远都在寻找。

7. 画一扇窗给自己

黄永玉是我国著名的书画艺术家，他自幼喜爱绘画，少年时期便因木刻作品蜚声画坛，有"中国三神童之一"的美誉。但也许你想不到，这样一位绘画大师，同时也是一位"心境"大师。

那一年，黄永玉带着他那颗饱经沧桑的心来到了北京，就住在今天被他命名为"芥末"的故居中。这是一所四壁是墙的老房子，除了一个极为狭窄的门外，整幢房子连一扇窗也没有。倘若关了门，房间里就会如同半夜一样黑得伸手不见五指。然而出人意料的是，黄永玉并没有嫌弃这个令人憋闷的家，反而开口大笑起来。只见他一边笑，一边拿出一张白纸贴在墙上，然后开始在白纸上画画。不一会儿，纸上便出现了一扇极为逼真的窗户，与真的窗户几乎毫无两样。顿时，整个房间明亮起来，就像屋外的阳光一下子都涌进了这间小屋一样。在场的所有人都被震住了，然后便纷纷鼓掌叫起"好"来。

我想，人们之所以会连连叫"好"，除了惊叹黄永玉大师出神入化、撼人心魄的画技外，恐怕更多的是被他这种"画一扇窗给自己"的豁达超然的人生态度所折服吧。

8. 蜘蛛结网的启示

一场暴风雨过后，蜘蛛辛辛苦苦结成的网被破坏得乱七八糟。没办法，蜘蛛只好再结一个。这回，它选择了一个看起来比较结实的墙角。

一根、一根又一根，蜘蛛不知疲倦地抽着丝。可是它刚刚结到一半，墙角上的树枝便随着雨后的风而摇曳起来，一下子就把这即将成形的网扫烂了。就这样，蜘蛛一遍遍地结，树枝一遍遍地扫。几个小时过去了，蜘蛛依然没能结好网。

这个过程，刚好被路过的 3 个人看到了。

第一个人笑了起来："这蜘蛛真傻。墙是死的，你是活的。这里不行，你不会换个地方，爬屋里去结啊！我以后做人做事可绝不会跟你似的这么傻。"几年后，这个人成了一个很有名的富商。当别人问他赚钱的秘诀时，他只简单地说了一句话："哪里钱好挣就往哪里去，别跟蜘蛛似的死守在一个墙角就行了。"

第二个人则感觉震惊，"天哪，小小的蜘蛛面对磨难时都能屡败屡战，我怎么能因为失去一次工作机会而如此消沉呢！"想到这里，他决定坚强起来。结果后来他真的变成了一个很坚强的人。

第三个人叹了一口气："唉，我不就是这只蜘蛛嘛，虽然忙忙碌碌却没有什么收获。"于是，他便日渐消沉下去。

大道理

　　生活对每个人都是公正的，但是当人们用不同的心态去看它时，就会得到各不相同的结论，并会因此而成功或失败。所以，请纠正你自己的抱怨的心态。

9. 让自己的人生另起一行

　　班主任林老师发现了一个怪现象：每天早晨第一个到教室的都是那个叫娜娜的小女孩。

　　终于有一天，林老师忍不住好奇地问娜娜："为什么你每天都这么早到学校啊？"

　　娜娜抿抿嘴，腼腆地笑了："因为我喜欢第一的滋味。"

　　"第一的滋味？"林老师有点不明白。

　　"是啊，"娜娜解释道，"我长得不好看，学习成绩也一般，体育也不怎么样，在家里姐妹中还排中间，我从来都不知道'第一'是什么滋味。偶然有一天，当第一个到教室时，我发现自己竟然尝到了那种'第一'的感觉。我很高兴，所以从那天开始我就天天第一个到教室了。每天，这个念头都会让我充满了兴奋和期待感。我觉得自己过得很快乐。"

　　听了这番话，林老师开心地大笑起来。

　　可是有天早晨，林老师突然发现娜娜满脸委屈。"怎么了，娜娜？"林老师问她。

　　"王刚抢了我的第一。本来我们是一起来的，可是最后他却为了超过我跑了起来。"娜娜嘟囔着。

　　"哦，那没关系呀。你看，无论横排、竖排，你不还是第一吗？"林老师以娜娜为中心比划着说道。

　　"哎呀，对啊。"娜娜一下了又高兴起来了。

　　从这以后，林老师觉得娜娜好像变了个人。她变得自信了，也开朗了。也许，那个"另起一行"的道理让她获得了许多梦寐以求的"第一"

吧。

　　没有谁不希望得第一，但第一却只能属于一个人。与其因此而失落，不如"另起一行"，寻求自己独特的"第一"。这既是一种智慧，也是一种生活的艺术。

10. 给自己的烦恼划个下限

　　周日下午，我正在散步。由于好奇，我走进了一个人们正在作礼拜的教堂，并和大家一样，围住了那个守门的修女。

　　"我每次来，都能看到你微笑着站在门口。你不觉得你的工作很单调、很乏味吗？"有人问。

　　"不，一点也不。上帝多么偏爱我，给了我一份如此轻松的活儿。"修女面带微笑，眼神很是清澈。

　　"哦，那你对烦恼可真看得开。"刚才那个人赞叹道。

　　"其实没有谁能对烦恼看得开，除非你根本就不把它当成烦恼。我就是这样。"修女依然挂着纯洁、干净的微笑。

　　她的回答顿时引起了人们的一阵"啧啧"声。的确，这句话很棒！

　　"那么，"又有人问道，"你是怎么不把烦恼看成烦恼的呢？"

　　"这很好办啊。你看，星期五是我们仁慈的天父耶稣的受难日，那可是全世界最糟糕的一天。但是3天后就是人人欢舞的复活节了。所以，每当遇到麻烦，我都会告诉自己，等待3天，3天后再烦恼。可是我发现，3天之后，那些烦恼就会自己跑掉了。"修女说道。

　　"等待3天！"人们纷纷重复着这句简短却蕴含哲理的话。的确，有了它，我们便能把烦恼和痛苦抛下，全力去收获快乐。

不要让不幸弥漫整个人生。给自己的不幸划个下限，过了期便让它们通通作废。另外，无论此刻多么糟糕，总有一天你会快乐起来的。知道了这一点，你应该让快乐尽早到来。

11. 积极心态很重要

明天就是进京赶考的日子了。寒窗苦读了几年的秀才激动地辗转反侧，难以入眠，好不容易睡着了，却又接二连三地做起梦来。第一个梦，他梦到自己在高墙上种菜；第二个梦，他梦见自己在一个艳阳天里打着雨伞；第三个梦更怪，他梦到自己跟心爱的人躺在一张床上，却是背靠着背。

第二天早晨醒来时，秀才怎么想也想不明白这三个梦是什么意思，于是便于行前去请教本村的一位算命先生。算命先生掐指一算，对秀才说："算了吧，你别去了，这次赶考你肯定不行。"秀才一听，急忙问为什么。算命先生解释道："第一个梦高墙上种菜，这不等于白费劲吗？第二个梦大晴天打伞，不是多此一举吗？第三个梦和心爱的女人躺在一起却背对背，不正是没戏吗？"

秀才一听，果然有理，于是便满脸沮丧地回到了家。正巧同院的一位老秀才前来送他，秀才便一股脑儿地把自己的郁闷对他说了。听清原委以后，老秀才哈哈大笑："这次赶考你一定要去，这可是三个大吉之梦啊！你看，高墙上种菜意为高中，晴天打伞正是有备无患，而第三个梦则暗喻翻身可得。"

秀才听了，觉得这番解释比算命先生说得更有道理，所以便精神振奋地参加了考试。结果他居然中了探花！

态度决定结果。要想成功，积极心态是必不可少的。倘若从一开始就抱着下坡的态度，你自然无从爬上坡去。所以，做任何事情之前，都要相信自己能够胜利完成。

12. 成功并不像你想象的那么难

20世纪60年代，某韩国青年在剑桥大学主修心理学。日常闲暇时，他经常到学校的茶座去听一些成功人士们聊天。这些成功人士包括诺贝尔奖获得者、某学科的学术权威以及一些创造了某领域神话的大师们。

时间一久，这位韩国青年发现了一个让他很难理解的现象：这些成功者们幽默风趣、轻松自然，对自己的成功也认为是顺理成章的事，根本不像某些名人所说的那样，成功跟"苦其心志，饿其体肤"、"三更灯火五更鸡"、"头悬梁，锥刺股"等等有必然的联系。

"难道，我们都被骗了？那些人只是在用自己的成功经历吓唬我们这些还没有取得成功的人？"韩国青年满腹狐疑。

这个题目让这位心理学系学生产生了极大的兴趣。他随即进行了深入且实际的研究。结果证明，他是对的。1970年，他的毕业论文《成功并不像你想象的那么难》被其导师——现代经济心理学的创始人威尔·布雷登教授视为心理学界的新发现，并预言这会在全韩国产生轰动效应。

果然，几年之后，这本书伴随着韩国的经济起飞了。它不但鼓舞了许多正在奋斗的人，还惊醒了许多对"成功"二字谈虎色变的人。而其作者，那位韩国青年，后来也获得了巨大的成功，成为了韩国泛业汽车公司的总裁。

看来，上帝赋予我们的智慧和时间总是足够我们圆满地做完一件事情的。只要你对某一项事业感兴趣，并于实际中长久地坚持下去，最终你一定会发现：成功并不像你想象的那么难。

大道理

世间有很多成功，并不像我们所想象的那样难，但是如果不去做，你就永远不知道有多容易。选定目标，并且坚持不懈地奋斗下去，你终会明白，造物主对世事的安排，总是水到渠成的。

13. 学会将目光放在幸福上

新学期开始了，老师决定先给学生上一堂人生课。他走进教室，拿出一张白纸，在中间画了一个大大的黑点问大家："同学们，告诉我，你们都看到了什么？"

全班同学盯着白纸看了一会儿，有点莫名其妙地齐声喊道："一个黑点啊，难道还有什么别的吗？"

老师装出吃惊的样子说道："天哪，这么大一张白纸你们没有看见，就只看见中间的这个黑点呀。好吧，既然你们看见了黑点，那就看下去。你们盯住这个黑点，3分钟之内别看别处，看看你们会发现什么。"

同学们一听，立刻饶有兴趣地盯了下去。他们以为老师会这么说，其中必有什么奇妙之处。

"现在，告诉我，黑点发生了什么变化？"老师这时候问道。

"黑点好像变大了。"同学们带着疑惑的神色答道。

"没错！"老师点点头肯定道，"看不到光明，只看到人生黑暗的人，他的一生都将会是非常不幸的。因为倘若把眼睛集中在黑点上，黑点就会越来越大，最后让他的整个世界全变成黑色的。"

同学们都听呆了，整个教室里鸦雀无声。

老师这时候又拿出一张黑纸，在中间画了一个白点，然后问学生们看到了什么，大家现在开窍了，异口同声地答道："一个白点，如果看下去，它也会变大。"

"非常棒！"老师立刻不失时机地大声叫好道，"倘若能在黑暗中看到光明，那无限美好的未来就会等着你们。而且一旦把眼睛集中在这个白点上，你的世界早晚会全部光明起来。"

下面，同学们早已掌声一片。

获得快乐和幸福其实很简单，只要把目光停留在快乐和幸福的事情上就行了。倘若只盯住痛苦与烦恼，这两者早晚会吞噬掉原本占据大部分的光明，成为你生活的全部。

14. 盐水的启示

由于接二连三地遭遇不如意，这位小和尚忍不住怨天尤人起来。终于有一天，老和尚被徒弟无休止的抱怨声搞烦了，于是他便命徒弟去取一碗水和一把盐来。小和尚虽然不知其意，但还是遵照师嘱把水和盐拿了来。

"把盐放进碗里搅一搅。"老和尚对小和尚说。

小和尚照做了。

"尝一尝它的味道如何。"老和尚说道。

小和尚诧异地看看师父，喝了一小口盐水，然后立刻摇着头吐了出来："很苦，很涩。"

"你再去拿一坛子清水和一把盐来。"老和尚又吩咐道，然后让徒弟像上次一样把盐放进坛子里搅一搅，再尝尝其味道。

这次，小和尚没有立刻把水吐出来，而是皱着眉头把它咽了下去："虽然有点咸，但还可以忍受。"

听到这话，老和尚笑起来，他让徒弟带上盐和自己一起去湖边。

来到湖边之后，小和尚遵照师嘱把盐撒进了湖水里，然后又尝了尝湖水的味道。

"还是那么甜，一点影响也没有。"小和尚回复师父道。

老和尚这时拍拍小和尚的肩膀道："你最近遇到的那些事情，就像那把数量固定的盐。要想让它不影响你的心情，你就得努力把自己承受的容器放大一些，让它像个湖，而不是一碗水。"

这句话犹如醍醐灌顶，惊醒了懵懂的小和尚。

15. 残疾军人的愿望

　　据传，在法国一个偏僻的小镇上，有一个特别灵验的喷泉。它常常会出现各种神迹，能治好多种疾病，实现许多人的心愿。因此，每天从国内以及世界各地赶来治病、许愿的人络绎不绝。

　　在二战中失去右腿的托马斯听说了这件事之后，也饶有兴致地赶来了。可是当他挂着拐杖，一跛一跛地走过小镇长长的马路，来到许愿泉前面时，周围的人都用一种异样的眼光打量着他，甚至有人开始用同情的口吻窃窃私语："可怜的家伙啊！他来做什么？""难不成是想治好他的残疾？或者是请求上帝再赐给他一条腿？"

　　听到这些议论，托马斯并没有生气。他微笑着转过身去："我并不是要向上帝请求有一条新腿，而是想请求他教会我，在失去一条腿后，也知道如何过日子。"

　　周围的人顿时都愣住了。不一会儿，他们给了托马斯一阵热烈的掌声。

大道理

　　找到自己真正所想要的，平心静气地享受每一段人生。当事情还有转机时，我们应努力把握；当遭遇已成定局时，我们应学会接纳与感恩，并积极寻找其背后的阳光。要知道无论怎样你都能快乐地生活，只要你愿意。

16. 心放下才是真正的放下

老和尚带小和尚外出办事，途中遇到一条河。师徒两人挽起裤腿正欲过河时，背后传来了喊声。

"师父，我也想过河，可是又不敢下水，您能帮帮我吗？"是位女子的声音。

师徒俩回头一看，发现是位年轻貌美的姑娘。小和尚瞅着师父，心想："与女人接触可是犯戒的，但不帮她又违背了我们'善'的教规，我看看你现在怎么办！"没想到老和尚二话没说便背上了那位姑娘，趟过了河之后，放下她便继续前行了。

小和尚一路跟在老和尚后面，心里不住地犯嘀咕："师父今天是怎么了？竟然不顾戒律背一女子过河。"想来想去，他终于忍不住说了一句："师父，你刚才犯戒了。"

"我怎么犯戒了？"老和尚不解地回头问道。

"你犯了色戒。我们身为佛门中人是不可以背女人过河的。"小和尚得意地说。

老和尚叹道："我早已经把她放下，你怎么到现在还放不下她！"
一句话说得小和尚目瞪口呆。

大道理

心胸坦荡，思想明朗，遇事拿得起，放得下，这才是真正的君子。真正的放下是一种内心的豁达。当你自己能够通透地看待一切，你也就不会再为不必要的琐事而烦恼。

17. 展现真实的自己

凯丝·达莉是美国电影界和广播界的一流红星。在成功之前，她曾经因为自己天生的暴牙走过很长一段弯路。

那时候，她在新泽西的一家夜总会里唱歌。因为暴牙会使自己本来不好看的脸显得更加难看，所以每次公开演唱时，她都会努力把上嘴唇拉下来盖住突出的牙齿，以便使自己漂亮一些。但是结果呢？她总会因此而大出洋相，并且严重影响了大家对她歌唱水平的评价。

一个坐在人群中的音乐家听出了她的天分，也看出了她的不自然，于是很直率地对她说道："我知道你想掩藏的是什么。你的暴牙，对不对？要知道观众想欣赏的是你的歌声，你只需要把歌唱好就行了，根本不用去管其他的东西。"这句话使她极为难堪。但是尽管如此，她还是大受震动，所以决定忘掉自己的暴牙，放开地唱一次，看看结果到底会怎么样。

令观众惊讶的是，当这位"小丑"忘情地投入演唱时，她的歌声竟然是那么热情而美妙，那么富有个性！顿时，所有在场的人都被震撼了。这使得凯丝在一夜之间红透美国演艺圈。而那几颗一直被她视为不能见人的暴牙也成了她最具特色的地方，广为歌迷所称道。

大道理

与其费尽心思制造一个漂亮面具，不如大大方方展露真实面貌。因为相比前者，后者反倒更容易让你获得所希望的东西。这展示的不仅仅是真实的外貌，也是真实而单纯的心灵。

18. 给困难下定义

父亲是个非常有智慧的老人。你一直这么认为，事实也在证明着这一点。

几年前，你倾注全部心血的企业因为遇上意外而突然陷入了困境。正当你愁闷时，父亲拿着一张大字走进了你的办公室。你知道父亲平常喜欢练毛笔字，可是他来的实在不是时候。可没等你皱眉，父亲便堵住了你的嘴："孩子，我知道你遇上麻烦了，所以特地跑过来给你送这幅字。"

父亲把那张纸翻过来。你看到上面写了一个"坎"字。父亲说："这困难其实就是一道坎嘛。你说，天底下有迈不过去的坎吗？"

"没有。"你说。确实没有，因为仅仅一个月之后，那场官司就被你轻松解决掉了。公司又恢复了往日的生机盎然。

再后来，你与其他合伙人产生了一点矛盾，有好长一段时间你的处境都极为不佳，"发展"看起来困难重重。这时候，父亲又给你送字来了。这回是"弹簧"两个字。"困难像弹簧，你强它就弱，你弱它就强。"父亲说。你笑了，从此再也没有在他面前提过"困难"二字，因为你已经学会了"强"。

10年之后，你创办了自己独资的公司。深受父亲影响的你把"小菜一碟"4个大字挂在了各个办公室里。久而久之，所有的员工都用这4个字代替了"困难"二字。

一次，公司接到了好大一笔订单，可是对方的条件非常苛刻，要求在一个月内交货。那可是平常两个月的任务。当你把这个消息传达给员工，问他们能不能办到时，员工异口同声地答道："没问题，小菜一碟！"于是你笑了。

后来的事实证明，这的确是小菜一碟。

大道理

> 困难没有统一的标准，每个人都有自己独道的见解。只不过，如果你不把它叫成困难，你就会想出相应的对策来；如果你非把它叫成困难，你就只有愁眉苦脸了。选择快乐还是痛苦面对，就在于我们自己。

19. 平凡的工作不平庸

某成功学大师正在做一项关于"心态与命运"的调研。这天，他来到了一个建筑工地，分别问了几位建筑工人同一个问题。

"你在干什么？"他问一位正在砌墙的工人。

"难道你看不见吗？我在砌墙。"那位工人白了他一眼，没好气地回答道。显然，对方是在嫌他耽误了自己的工作。

成功学大师笑笑，又走到另一位砌墙工人的身边问道："你在干什么？"

那人满脸诧异地看了他一眼，然后用手比划着已经初具规模的大楼道："我们在盖一座高楼啊！"

这两个人的回答令大师很是失望。但当他转身欲走时，一阵歌声吸引了他。在忙得焦头烂额的建筑工地上，居然还有人忙里偷闲唱歌！大师满腹狐疑地寻着歌声找了过去。唱歌的原来是一位目光炯炯的年轻人。只见他麻利地砌着砖，同时哼着已经不再流行的老歌。

"你在干什么？"大师又问了他同一个问题。

"我们正在建设一座新城市。"这个人声调明快地答道。

10年之后，成功学大师又因为某一课题来到了此建筑工地上进行调研。凑巧的是，他发现一件非常令他震撼的事情：10年前的那几个人，第一个还在工地上砌墙；第二个成了图纸设计师；而第三个已经成了他们两个人的老板。

大道理

任何事情都是由小到大；任何事物都是由少到多；没有任何一件小事毫无意义。你手头的小工作也许正是大事业的开始。能否意识到这一点，决定了你以后能否成就一番大事业。

20. 不要让自己太烦恼

一位老人很珍惜他的胡子，留了几年还没有剪。80岁时，他的胡子已经有半米那么长了。每当看到别人羡慕和惊讶的目光，老人都非常得意。所以虽然他的身体状况相当不佳，却因为一把胡子过得有滋有味。

冬天时，他很喜欢拉把椅子坐在大街上晒太阳。镇上的孩子们一向非常喜欢这位有着长长白胡子的老人，因此总是围在他身边问这问那。有一次，有个小孩好奇地摸了他的长胡子半天，忽然眨巴着眼睛问道："爷爷，您晚上睡觉时，这把长胡子是放在被窝里面还是外面？"

老人一愣，这个问题自己还真没有注意过。于是他就告诉孩子："这个问题，要等过了今天晚上我才能回答你。"

当天晚上，老人上床睡觉时开始观察自己的胡子。可是不知道为什么，不管把胡子放在被窝里面还是外面，他都觉得很不自在，以至于里里外外地放了几十遍还是感觉不舒服。就这样，整整一个晚上，他都在为这个问题辗转难眠。没办法，第二天晒太阳时，他只能敷衍那个孩子道："这个问题我明天才能告诉你。"

可是到了晚上，他又遇到了那种左右为难的情况，依然是折腾了一夜没睡。

第三天晚上，两天两夜没有休息好的他终于受不了了，一躺下便呼呼地大睡了过去。天亮醒了之后，他忽然发现自己的胡子有的在被窝里面，有的在被窝外面。他一下子知道了答案。

原来，刻意去做某些事情并不见得就能做好，顺其自然却能"得来全不费功夫"。

大道理

> 天下本无事，庸人自扰之。人们的大部分烦恼其实都是来源于患得患失，或者对细微琐事的过分在意。记住，顺其自然，我们人生才能更精彩。

21. 精神富裕让自己坚强

确定特困生名额时，我按照学校的指示到申请补助的学生家里考察。一家挨一家地走来，数个孩子一贫如洗的家让我的心坠得生疼生疼的。"柳子营 209 号"。我一边念着地址，一边走进了又一个学生的家。

咦？我疑惑起来，是这一家吗？这一家可一点也不穷啊！衣着干净、微笑和煦的女主人的肯定回答打消了我的怀疑。没错，这就是柳莹莹家。一瞬间，被欺骗的感觉涌向心头。我多少带了些愠色。3天的考察时间，我需要走访20余家，时间已经非常紧张了，这个柳莹莹竟然还以这种方式来增加我的工作量！

走进那间窗明几净的小屋，我开始四处打量。只见一平方多米的小窗户的每一块玻璃都被擦得一尘不染，左右两个下角处，各贴着一幅吉庆有余的窗花。窗台上，摆着一盆姹紫嫣红的假花。窗户下面，从东到西占据了整个房间一半空间的是一条大炕，炕头上整整齐齐地摆着四摞被褥。（怎么？他们一家四口只有一条炕可以睡觉？）房间的另一半，摆着一张擦拭得干干净净的八仙桌。但由于花纹早已经被磨平，我无法估计出它的"年龄"。八仙桌上，放着用洁白的手帕盖住的茶壶茶杯，桌角上那杯正冒着绿烟的清茶，是女主人刚刚为我沏的。

看完这一切，我心里的疑惑更加重了。从摆设上看，这家的确不富裕，可是，可是……其实可是什么，我也说不出来，只是觉得这一家实在与其他贫困家庭不同。于是，我站起身来，走到外屋也就是他们的小厨房里，去摸那一台崭新的洗衣机。

"啊？"我愣了一下，惊口吓了出来。

"没错，它是假的，是我丈夫用从木料厂里捡回来的费料做成的。我觉得它漂亮，就把它摆在那里当装饰了。其实我们家有很多假东西，窗台上的花是我用纸做的；盖茶杯的白手帕是我把春天的柳絮打湿，捻成线织成的；还有你刚才喝的茶叶，是我用从山上采来的野菊花晒成的……"女主人狡黠地眨眨眼睛，看上去年轻而欢快。

一种酸楚又感动的感觉倏地淹没了我的心。我没有再多说什么，冲女主人微笑着点点头，便转身向外走去。我已经决定把一个宝贵的名额留给柳莹莹了。有其母必有其女，我相信这孩子也一定是一朵在夜幕和寒露下微笑的小菊花。

大道理

> 幸与不幸伴随着每个生命一起降临。如果你屈服于命运，不幸便会渐渐占满你的精神世界；如果你坚强而乐观，不幸便会最终被你改变面貌。没有败给命运的人，只有屈服于命运的人。

22. 给自己点积极的心理暗示

20世纪60年代，美国的教育专家罗森塔尔博士曾经在加州某中学做过一个非常著名的实验。

学期初，他把学校已经分好的快班学生和慢班学生悄悄调换了过来，然后告诉并不知情的任课老师们："快班学生都是学校精心挑选出来的聪明学生。你一定要好好教他们，要知道他们个个都可能是联邦未来的栋梁之材。慢班学生嘛，你就按照你平日的教学法教就行了。"老师们答应了。

第一次上课，这些老师们便都热情洋溢地对着"快班"学生发表了一番演讲，把学校以及自己的殷切希望告诉了这些"聪明"学生们。当然相应的，他们也把普通的态度带进了"慢班"学生的课堂上。

结果不可思议的情况出现了。那些所谓"快班"的学生，因为受了老师的积极暗示，自信心大为提升，学习的积极性也普遍提高；而"慢班"的学生，则因受了老师的消极暗示，自信心大受打击，学习积极性也大大下降。

一段时间之后的测评显示，"快班"学生的成绩普遍大幅度地提高，而"慢班"学生的成绩却普遍有所下降。等到学期末的总结测试成绩出来时，两个班的平均成绩已经相差无几了。而且最棒的那个学生居然是"快班"的，要知道他原来可是慢班中的普通一员啊！

这个结果震惊了教育界，也惊醒了所有因为"快慢班"而自得或自卑的学生以及家长们。原来，所谓快慢班，区别并不在于天资，也不在于成绩，只在于学生们的自信与积极性！有了它，慢班可能比快班更快；缺了它，快班可能比慢班更慢！

大道理

积极的心理暗示力量是无比巨大的。经常给自己积极的心理暗示，会增加自信，也会让自己面对选择时更加果敢。

23. 相信自己，你很重要

42岁时，这位法国男人仍然一事无成。因为自己的倒霉透顶，自卑至极的他一直在怨天尤人。的确，他是够倒霉的：先是失去了儿子；紧接着妻子跟他离了婚；不久他经营的小商店又破产了；好不容易找了个糊口的活儿，金融危机一爆发，他又成了失业大军中的一员。因此，他对自己，对别人，对整个世界都非常不满，变得十分怪异、易怒和脆弱。

某天，他在回家途中遇到了一个吉卜赛的算命先生，便将信将疑地把手伸了过去。对方细细地打量了一番他的手相，表情古怪地瞅着他说道："先生，能够为您算命，我感觉十分荣幸。"

"为什么?"他皱着眉头问道。

"因为您非常了不起，您是一位伟人的后代!"吉卜赛人以十分肯定的口气说道，"把您的生日告诉我好吗?"

大吃一惊的中年男人报出了自己的生日。

"果然不错! 我真是太荣幸了，我居然遇到了拿破仑的孙子!"吉卜赛人高兴地喊道。

"你说我是拿破仑的孙子?"中年男人快要喘不过气来了。

"没错!"吉卜赛人再次肯定地点着头，"您知道吗? 您身体里流的血、您的勇气和智慧，都是拿破仑遗传的啊! 而且您不觉得您的相貌都有些像拿破仑吗?"

中年男人细细一想，自己好像是跟拿破仑有些像。"可是……可是我是个倒霉鬼，是个穷光蛋，是个被生活抛弃的人!"他犹犹豫豫地告诉吉卜赛人，"我儿子死了，妻子走了，工作也丢了，我几乎已经无家可归了……"

"正是这样!"吉卜赛人点头赞同道，"您一定要经历这些的，否则您就不能成功了。现在，那一切都过去了，好运就快来临了。10年之后，您将是全法国最成功的人。因为您是拿破仑唯一的孙子!"

告别吉卜赛人回家的路上，表面镇静的他心里升腾起一种无比美妙的感觉，同时又涌动起无穷的力量。"原来我是拿破仑的孙子! 我一定要像爷爷那样辉煌！"他自言自语着。

渐渐地，他发现一切都变了。人们不再对他敬而远之，刚起步的事业也异常顺利。"拿破仑的孙子"原来魅力这么大啊！他美滋滋地想。

13年后，55岁的"拿破仑孙子"已经成了亿万富翁，成了法国赫赫有名的成功人士。但是，他究竟是不是拿破仑的孙子呢？管它呢，现在这个问题已经不重要了，不是吗？

大道理

> 相信你自己，你很重要。世界一直朝着你所希望的方向发展。如果你颓废、自卑，它则满目疮痍；如果你积极、乐观，它则阳光明媚。所以说，你能够改变全世界。如果你能够改变你自己，而且，你只有改变你自己，你的世界才会跟着变化。

24. 正确看待机会

他是一位刚从美国加州大学毕业的大学生。在2003年的冬季大征兵中，他依法被征。抽签的结果是要他到最艰苦也是最危险的海军陆战队去服役。

自从获悉自己被海军陆战队选中的消息后，这位年轻人便显得忧心忡忡起来。祖父见孙子一副魂不守舍的模样，便开导他说："这没有什么好担心的。到了海军陆战队，你会有两个机会，一个是留在内勤部门，一个是分配到外勤部门。如果你被分配到了内勤部门，是完全用不着担惊受怕的。"

"但是如果我不幸被分配到了外勤部门呢？"他问爷爷。

"那同样会有两个机会，"爷爷说，"一个是留在美国本土，另一个是分配到国外的军事基地。如果你被分配在美国本土，那还是用不着担心的。"

"如果我被分配到了国外的基地呢？"年轻人又问。

"那还是有两个机会，"爷爷又答，"一个是被分配到和平而友善的国家，另一个是被分配到维和地区。如果把你分配到和平而友善的国家，那不照样是件值得庆幸的好事吗？"

"那要是我不幸被分配到维和地区呢？"年轻人还在问。

"你照样会有两个机会，一个是安全归来，另一个是不幸负伤。如果你能够安全归来，那现在的担心岂不多余？"爷爷回答。

"倘若我不幸负伤了呢？"年轻人依然不甘心。

"负伤以后，你还是会有两个机会，一个是依然能够保全性命，另一个是完全救治无效。如果尚能保全性命，你还担心它干什么呢？"爷爷再次微笑着回答道。

年轻人接着问道："那要是完全救治无效怎么办？"

爷爷说："还是有两个机会，一个是作为敢于冲锋陷阵的国家英雄而死，一个是畏畏缩缩躲在后面却不幸遇难。按你的性格，你必然会选择前者。既然会成为英雄，那当然更用不着担心。"

听到这里，年轻人的嘴张了张，却再也没能说出任何话来。

是啊，无论身处何种境遇，我们都会至少有两个机会，一个是好机会，一个是坏机会。在好机会中，一定藏匿着坏因素；而坏机会中，又必然隐藏着好转机。关键是我们以什么样的眼光、什么样的心态、什么样的视角去对待它。

大道理

正确地看待机会，才会收获更多。倘若乐观旷达、心态积极，什么时候都是好机会；倘若悲观沮丧、心态消极，什么时候都是坏机会。

25. 需要平衡的是心态

一位中学物理老师的实验室里有一只挂钟和一架天平。由于这个学期用不到天平，物理老师便把它放到了房间的一个角落里。

时间一长，没事可干的天平烦了。它打个呵欠，伸个懒腰，打量起自己的"家"来。忽然，它看到了墙上的挂钟。

"咦，挂钟的钟摆在来回地摇晃哎，而且左右摆动的幅度一样大，真均衡！"天平惊讶地自言自语道，然后它下意识地摇了摇自己的身体，"我要是也能像挂钟的钟摆那样，均衡地来回摇晃就好了。""哗啦"一声，未等天平说完，它一侧的一只托盘已经掉下去了。顿时，它的另一侧高高地翘起来了。

"哦，"天平恍然大悟地说道，"原来我之所以不能均衡地摇晃，是因为这两只可恶的托盘啊！"于是，它开始自作聪明地大肆摇晃起来。又是"哗啦"一声，剩下的那只托盘也掉了下去，并且摔碎了。

果然，天平如愿以偿地均衡摆动了起来，可是不过几下之后，它便又恢复了原状，再也动不起来了。没办法，它只好垂头丧气地停止"努力"。

很久之后的一天，物理老师想用天平了，于是他走到屋间角落处。"咦，我怎么会把一只坏天平放在这里这么长时间呢？"他说道，然后顺手把坏天平丢进了垃圾箱，转身去库房拿新的了。

几个月过去了，挂钟还在物理老师的实验室里"滴答、滴答"地均衡摆动着；而那架渴望均衡摇摆的天平则早已经锈迹斑斑，被铲到废品收购站的垃圾车上了。接着，它又被送进炼铁炉里，化成了铁水。

大道理

> 世界上没有绝对平衡的东西。要想开心地生活，我们必须学会平衡自己的心态。只有接受现实中的不平衡，才可能在不平衡之中获得平衡。

26. 就看你开哪扇窗

因为工作太忙，父母将小女孩送到了乡下爷爷家。缺少了同龄孩子的陪伴，小女孩感觉异常孤独。只有当她跑进爷爷的玫瑰花园，看着美丽的彩蝶飞舞时，她的脸上才会展露出纯真的笑容。

为了让孙女尽可能地高兴，爷爷花高价买了一只非常可爱的黄毛小狮子狗送给她。小女孩果然非常欣喜，每天都会带着小狗到处跑，将原来的忧郁一扫而光。可是这样快乐的日子没过几天，小狮子狗就因为误食毒药死了。

小女孩伤心极了，她一边趴在窗台上看窗外忙碌的人们，看他们埋葬自己最心爱的小狗，一边泪流满面地哭泣，好像小狗带走了她全部的快乐。爷爷见状，赶紧心疼地把她抱下来，抱到另一扇窗下。

这扇窗正好对着那片玫瑰园。时值盛夏，玫瑰花开得正好。阵阵清香随风飘来，沁人心脾。小女孩顿时觉得心胸明朗。她呆呆地看着玫瑰花，又想起了不久前在花丛里奔跑捕蝶的情景。想着想着，她不知不觉就忘记了失去小狗的悲伤，脸上挂满甜美的微笑。

这时候，爷爷托起她的下巴说："宝贝儿你看，你是可以高兴起来的，就看你开哪扇窗。"

大道理

窗外是什么样的风景，我们无法改变，但我们却可以选择呆在哪扇窗下面。选择那扇能够带给你快乐的窗户，你也就选对了心情，选对了对待人生的态度。所以，不要抱怨，不要愤怒，请打开那扇叫做快乐的窗户。

27. 半边碗一样有价值

在临近乡村的小路边，一条清澈的山泉蜿蜒而过。来往的行人每逢口渴，就会蹲在泉眼边喝水。为了方便过路人在泉眼里舀水喝，有人放了一只半边碗在泉边。

这样的日子过了几个月后，一位画家感慨这只半边碗与景色宜人的山泉不相配，便自己掏钱买了一只精美的瓷碗放在泉边，把半边碗扔掉了。

过去，由于那半边碗其貌不扬，行人喝完了水就会把它又放在泉边，从来也没动过什么其他念头。可是自从这只漂亮的瓷碗出现后，许多人便开始注意上了。终于有一天，一独行老头喝够了水后把碗装进了行囊便一去不返。

这下，来来往往的人们只能像连那半边碗也没有的时候一样，用手捧水喝，或者摘片泉边树上的树叶折成碗状舀水喝了，所以人人都感觉甚为不便。

没办法，画家只好又掏钱买了一只好瓷碗放在泉边。但和上次一样，没过几天，这只瓷碗就不翼而飞了。

画家生气了，决定再也不花钱做这种无用功了。他从家里拿出一只旧碗，一摔两半儿，把其中的一半儿放在了泉边。

说来也怪，自从这只半边碗放上以后，来往的行人喝够了水后都规规矩矩地把它放回去。就这样，这只半边碗一直用到现在。

想来想去，画家终于明白了其中的奥妙。半边碗除了在山泉边能用，在其他地方是没有什么用处的，所以谁都不会打它的主意。而漂亮的瓷碗呢？它放在哪里都能产生价值，派上用场，所以贪小便宜的人自然会想方设法地把它弄到手。如此看来，在山泉路边这种地方，放半只碗反倒比一只碗更实用。

大道理

合适的东西也不一定就是最好的，关键在于你怎么用它。因为不同的场合或人，需要也会不同。而好与坏的标准，恰恰在于人们的"需要"。

28. 乐观的价值

　　英特尔公司的总裁安迪·葛鲁夫曾是美国《时代》周刊的风云人物。在20世纪70年代，他创造了半导体产业的神话。很多人只知道他是美国巨富，却不知道他的人生也有鲜为人知的苦难经历。

　　由于家境贫寒，安迪·葛鲁夫从小便吃尽了缺衣少食和受人藐视的苦头。他发誓要出人头地，比同龄人显得成熟而老练，在上学期间便表现出了他的商业天才。他会在市场上买来各种半导体零件，经过组装后低价卖给同学，从中赚取手续费。由于他组装的半导体比原装的便宜很多，而质量却不相上下，所以在学校里很走俏。他的学习成绩也异常优秀。他的好学与经商的聪明才智，得到了老师的表扬。可是谁也想不到，他竟是个极度悲观的人。也许是受贫困的家境影响，凡事他都爱走极端，这在他以后的经商之路上淋漓尽致地表现了出来。

　　那是安迪·葛鲁夫第三次破产后的一个黄昏，他一个人漫步在家乡的河边。他从早早去世的父母，想到了自己辛苦创下的基业一次次地破产，内心充满了阴云。悲痛不已的他在号啕大哭一番后，正望着滔滔的河水发呆。他想如果他就这样跳下去的话，很快就会得到解脱，世间的一切烦愁都与他无关了。突然，对岸走来一位憨头憨脑的青年，背着一个鱼篓，哼着歌从桥上走了过来，他就是拉里·穆尔。安迪·葛鲁夫被拉里·穆尔的情绪感染，便问他："先生，你今天捕了很多鱼吗？"拉里·穆尔回答："没有啊，我今天一条鱼都没捕到。"拉里·穆尔边说边将鱼篓放了下来。里面果然空空如也。安迪·葛鲁夫不解地问："你既然一无所获，那为什么还这么高兴呢？"拉里·穆尔乐呵呵地说："我捕鱼不全是为了赚钱，而是为了享受捕鱼的过程。你难道没有觉得被晚霞渲染过的河水比平时更加美丽吗？"一句话让安迪·葛鲁夫豁然开朗。于是，这个对生意一窍不通的渔夫拉里·穆尔在安迪·葛鲁夫的再三央求下，成了英特尔公司总裁安迪·葛鲁夫的贴身助理。

　　很快，英特尔公司奇迹般地再次崛起，安迪·葛鲁夫也成了美国巨富。

在创业的数年间，公司的股东和技术精英不止一次地向总裁安迪·葛鲁夫提出质疑，那个没有半点半导体知识、毫无经商才能的拉里·穆尔真的值得如此重用吗？

每当听到这样的问题，安迪·葛鲁夫总是冷静地说："是的，他确实什么都不懂，而我也不缺少智慧和经商的才能，更不缺少技术。我缺少的只是他面对苦难的豁达心胸和面对人生的乐观态度。而他的这种豁达心胸和乐观态度总能让我受到感染而不至于做出错误的决策。"

大道理

豁达的心胸和乐观的态度对人来说至关重要。有些人虽然不缺少智慧、才能和技术实力，但他却屡遭失败，甚至有可能从此再也翻不了身，因为他缺少的是这种积极乐观的人生态度。要想成就一番事业，就要具备乐观的心态，并用乐观去感染身边的人，就算自己实在乐观不起来，也要找一个乐观的榜样，让他时时感染自己，激励自己。

29. 维护自己的尊严

一个女孩毫无道理地被老板炒了鱿鱼。中午，她坐在单位喷泉旁边的一条长椅上黯然神伤。她感到她的生活失去了颜色，变得暗淡无光。这时她发现不远处一个小男孩站在她的身后咯咯地笑，就好奇地问小男孩笑什么。"这条长椅的椅背是早晨刚刚漆过的。我想看看你站起来时后背是什么样子。"小男孩说话时一脸得意的神情。

女孩一怔，猛地想到："昔日那些刻薄的同事不正和这小家伙一样躲在我的身后想窥探我的失败和落魄吗？我决不能让他们的用心得逞，我决不能丢掉我的志气和尊严！"

女孩想了想，指着前面对那个小男孩说："你看那里，那里有很多人在放风筝呢。"等小男孩发觉到自己受骗而恼怒地转过脸时，女孩已经把外套脱了拿在手里。她身上穿的鹅黄的毛线衣让她看起来青春漂亮。小男孩甩甩手，嘟着嘴，失望地走了。

　　生活中有些人就是总等着看别人的笑话。如果我们不幸成为别人"瞩目"的对象，千万不要沮丧，而应尽快调整情绪，做出点成绩来给他们看。这样做不是为了报复，而是找回失去的自我，同时证明自己的价值。在这样做的过程中，也许我们很快就会发现，原来美好的生活才刚刚开始。

30. 蔷薇的启示

（一）

　　路边开满了带刺的蔷薇花。三个步行者从这里路过。

　　第一个脚步匆匆，他什么也没看见。

　　第二个感慨万千，叹了口气："天哪！花中有刺。"

　　第三个却眼睛一亮："不，应当说刺中有花。"

　　第一个人挺麻木，他看不到风景；第二个人挺悲观，风景对于他没有意义；至于第三个嘛，是个乐观主义者。

　　那么您呢？您是哪一个？

（二）

　　路边的蔷薇热烈地开着。三个人走了过来，入迷地看着。

　　第一个欣喜若狂，伸手就摘，结果被刺得鲜血淋漓。

　　第二个见此情景，赶紧缩回了正想摘花的手。

　　第三个则小心翼翼地伸出手来，把其中最漂亮的那一朵摘了下来。

　　当晚，三个人都做了个梦。第一个被梦中的刺吓得大喊救命；第二个对着梦中的蔷薇无奈地叹着气；第三个则被花的明媚簇拥着，在梦中，他听到了蔷薇的笑声。

（三）

　　老师在上课，津津有味地讲着蔷薇。

讲完了，老师问学生："你最深刻的印象是什么？"

第一个回答："是可怕的刺！"

第二个回答："是美丽的花朵。"

第三个回答："我想，我们应当培育出一种不带刺的蔷薇。"

多年之后，前两个学生都无所作为，唯有第三个学生创造了突出的成就。

大道理

乐观的态度、谨慎的方法、远大的抱负，是一个人有所成就的必要条件。当你满足了，你便离成功不远了。而最重要的是你要相信你自己可以。

31. 心态决定命运

为什么有些人就是比其他的人更成功，赚更多的钱，拥有不错的工作；而许多人忙忙碌碌地劳作却只能维持生计？

不少心理学专家发现，这个秘密就是人的"心态"。一位哲人说："你的心态就是你真正的主人。"一位伟人说："要么你去驾驭生命，要么就是生命驾驭你。你的心态决定谁是坐骑，谁是骑师。"

某贫穷的乡村里住了兄弟两人。他们抵受不了穷困的环境，便决定离开家乡，到海外去谋发展。大哥好像幸运些，去了富庶的旧金山，弟弟则到了穷困的菲律宾。

40年后，兄弟俩又幸运地聚在一起。今日的他们，已今非昔比了。做哥哥的当了旧金山的侨领，拥有两间餐馆、两间洗衣店和一间杂货铺，而且子孙满堂。他的子孙有些承继了其衣钵，有些成为杰出的工程师等科技专业人才。

弟弟呢？居然成了一位享誉世界的银行家，拥有东南亚相当分量的山林、橡胶园和银行。经过几十年的努力，他们都成功了。但为什么兄弟两人在事业上的成就却有如此的差别呢？

哥哥说，我们中国人到白人的社会，既然没有什么特别的才干，唯有用一双手煮饭给白人吃，为他们洗衣服。总之，白人不肯做的工作，我们华人统统顶上了，生活是没有问题，但事业却不敢奢望了。例如我的子孙，书虽然读得不少，也不敢妄想，唯有安安分分地去担当一些中层的技术性工作来谋生。

看见弟弟这般成功，做哥哥的不免羡慕弟弟的幸运。弟弟却说，幸运是没有的。初来菲律宾的时候，他担任些低贱的工作，但发现当地的人有些是比较愚蠢和懒惰的，于是便顶下他们放弃的事业，慢慢地不断收购和扩张，生意便逐渐做大了。

大道理

成功人士与失败者之间的差别不是有没有机会，而是成功人士始终用最积极的思考、最乐观的精神和最辉煌的经验支配和控制自己的人生；失败者则刚好相反，他们的人生受过去的种种失败与疑虑引导和支配。可见，心态决定着我们是失败，是成功，还是更成功。所以，请调整好自己的心态，准备出发。

32. 快乐，你可以的

苏珊在一个偏僻的街区租了一间小小的阁楼住下来。在那间阴暗狭窄而又潮湿的房间里，那一刻，她觉得幸福极了！然而，她的幸福也仅仅持续了半天时间。

苏珊非常羡慕女同学罗琳，羡慕罗琳能住在那样一栋带阁楼的房子里。

罗琳是一位帮富人剪草坪的工人的女儿。苏珊经常想起去年到罗琳家过生日的情景。

那天她们玩得晚了，她就睡在罗琳的屋子里。那是一间小小的阁楼，低矮得一伸手就能摸到屋顶。她们两人都没有睡意。罗琳就打开衣柜，向苏珊展示自己的衣服。罗琳是刚移民过来的，属于另一个民族，所以她的衣服虽然面料不太好，做工也很粗糙，但式样都非常特别。苏珊好奇地拿起一件件在身上试。罗琳的屋子里没有镜子，苏珊就让这位女同学来评判穿在身上的效果。罗琳还会自己配香水，这是她以前住在丛林里时跟妈妈学到的本事。苏珊往身上洒了一些。

那晚，苏珊开心极了，临近天明时才睡。

苏珊想："罗琳多么幸福呀。她在自己的家里，想穿什么衣服就穿什么衣眼，想怎么笑就怎么笑，笑得再响也没人责备，还可以把朋友们请到家里开 Party，尽情地玩闹。而这些，自己却全都做不到。"

苏珊自从一年前搬进现在的这个新家后，就失去了她往日的自由，感觉非常失望。无论走到哪里，身边总有人跟着她，几乎形影不离，监视着她的一举一动。她觉得自己像生活在一个透明的玻璃盒子里，非常不自在。那些人名义上在保护她，实际上却在侵犯她，像一群冷酷的狱卒。

苏珊在家里时，笑得响一些，却被告知，这和她的身份有多么不符。她想穿一件蓝色牛仔裤，也立刻会招来别人的批评。过生日时，她想把同学们请来热闹热闹，正好同学们也想见识一下她的新家，但是，却被冷冰冰地拒绝了。她想独自一人去看一场橄榄球赛，那更是绝对不允许的。

苏珊觉得这样的生活没意思透了！

苏珊开始对这个新家充满憎恶，觉得它实在像一座监狱。

暑假里，她默默地酝酿一个计划，决定从这座"监狱"中逃出去。

但身边的人对她跟得很紧，怎么办呢？

一天，她从家里出来，进了附近的一个公共厕所。那些跟着她的男人守在门外。她从包里取出一套早已准备好的衣裙换上，戴上火红的假发，又捂上一副大墨镜，然后趁着人多的时候，混出了厕所的大门。门外的那几个笨蛋竟然没有察觉，这让她兴奋极了！她立即飞奔到路旁，打了一辆出租车，成功地逃离了那个她眼中的监狱。

苏珊身上没有多少钱，就在一个偏僻的街区租了一间小小的阁楼住下来。这时她想："我终于可以像罗琳那样快乐地生活了。"

在那间阴暗狭窄而又潮湿的房间里，那一刻，她觉得幸福极了！

然而，她的幸福也仅仅持续了半天时间。那些跟着她的人很快找到了她。她只得沮丧地回到刚刚逃出来的那个家。

这个叫苏珊的女孩是美国第 38 任总统杰拉尔德·福特的女儿。她拼命想逃脱的那个家的名字叫白宫。

大道理

不要羡慕那些生来物质条件优越的人，或许他们比我们更加烦恼。因为这个世界是公平的。我们在这一方面特别突出，在那一方面就会缺失。关键是我们的心态，每天生活得快快乐乐才是真。你要做的就是享受你现在所拥有的。

33. 不带着怒气做事

欧玛尔是英国历史上唯一留名至今的剑手。他有一个与他势均力敌的对手。他同他斗了 30 年还不分胜负。在一次决斗中，对手从马上摔下来。欧玛尔持剑跳到他身上，一秒钟内就可以杀死他。

但对手这时做了一件事——向他脸上吐了一口唾沫。欧玛尔停住了，对对手说："咱们明天再打。"对手糊涂了。

欧玛尔说："30 年来我一直在修炼自己，让自己不带一点儿怒气作战，所以我才能常胜不败。刚才你吐我的瞬间我动了怒气。这时杀死你，我就再也找不到胜利的感觉了。所以，我们只能明天重新开始。"

这场争斗永远也不会开始了，因为那个对手从此变成了他的学生。他也想学会不带一点儿怒气作战。

大道理

不带着怒气做任何事，是一种绝对坦荡的心态，没有任何情绪在里面，才会把事情做到不留一点遗憾。而真正能做到的人并不多，能做到的也就可以称为智者了。智者的思维不会被外部因素干扰；只有那些庸俗的人才会一直活在别人的世界里。

34. 放平自己的心态

4 岁的小克莱门斯上学了。教书的霍尔太太是一位虔诚的基督徒。每次上课之前，她都要领着孩子们进行祈祷。有一天，霍尔太太给孩子们讲解《圣经》。当讲到"祈祷，就会获得一切"的时候，小克莱门斯忍不住站了起来，他问道："如果我祈祷上帝呢？他会给我想要的东西吗？""是的，孩子，只要你愿意虔诚地祈祷，你就会得到你想要的东西。"

小克莱门斯特别想得到一块很大很大的面包，因为他从来没有吃过那样诱人的面包。而他的同桌，一个金头发的小姑娘每天都会带着一块这么诱人的面包来上学。她常常问小克莱门斯要不要尝一口。小克莱门斯每次都坚定地摇头，但他的心是痛苦的。

放学的时候，小克莱门斯对小姑娘说："明天我也会有一块大面包。"回到家后，小克莱门斯关起门，无比虔诚地进行祈祷。他相信上帝已经看见了自己的表情，上帝一定会被自己的诚心感动的！然而，第二天起床后，当他把手伸进书包的时候，除了一本破旧的课本什么也没有发现。他决定每天晚上坚持祈祷，一定要等到面包降临。

一个月后，金头发的小姑娘笑着问小克莱门斯："你的面包呢？"

小克莱门斯已经无法继续自己的祈祷了。他告诉小姑娘，上帝也许根本就没有看见自己在进行多么虔诚的祈祷。因为，每天肯定有无数的孩子都进行着这样的祈祷，而上帝只有一个，他怎么会忙得过来？小姑娘笑着说："原来祈祷的人都是为了一块面包。但一块面包用几个硬币就可以买到了。人们为什么要花费这么多的时间去祈祷，而不是去赚钱买面包呢？"

小克莱门斯决定不再祈祷。他相信小姑娘所说的正是自己想要知道的，只有通过实际的工作才能获得自己想要的东西；而祈祷永远只能让你停留在等待中。小克莱门斯对自己说："我不要再为一件卑微的小东西祈祷了。"他带着对生活的坚定信心走向了新的道路。

多年以后，小克莱门斯长大成人。当他用笔名马克·吐温发表作品的时候，他已经是一名为了理想勇敢战斗的作家了。他再没有祈祷上帝，因为在无数个艰难的日子中,他都记着:"不要为卑微的东西祈祷!只有奋斗和努力是真实的,只有自己的汗水是真实的。祈祷天堂里的上帝,不如相信真实的自己;祈祷虚无的上帝,不如付出诚实的劳动。"

大道理

> 依赖别人,不如放平心态,相信自己。不要总把希望寄托在别人身上,因为只有自己才能决定自己的命运。我们想要什么样的生活,就朝着它努力吧,总有一天会获得自己想要的成功。

35. 人要为自己活着

有一天,上帝创造了三个人。他问第一个人:"到了人世间你准备怎样度过自己的一生?"第一个人想了想,回答说:"我要充分利用生命去创造。"

上帝又问第二个人:"到了人世间,你准备怎样度过你的一生?"第二个人想了想,回答说:"我要充分利用生命去享受。"

上帝又问第三个人:"到了人世间,你准备怎样度过你的一生?"第三个人想了想,回答说:"我既要创造人生又要享受人生。"

上帝给第一个人打了 50 分,给第二个人打了 50 分,给第三个人打了 100 分。他认为第三个人才是最完美的人,他甚至决定多生产一些"第三个"这样的人。

第一个人来到人世间,表现出了不平常的奉献感和拯救感。他为许许多多的人做出了许许多多的贡献。对自己帮助过的人,他从无所求。他为真理而奋斗,屡遭误解也毫无怨言。慢慢地,他成了德高望重的人。他的善行被人广为传颂,他的名字被人们默默敬仰。当他离开人间,所有人都依依不舍,人们从四面八方赶来为他送行。直至若干年后,他还一直被人们深深怀念着。

第二个人来到人世间,表现出了不平常的占有欲和破坏欲。为了达到目的,他不择手段,甚至无恶不作。慢慢地,他拥有了无数的财富,生活奢华，一掷千金，妻妾成群。后来，他因作恶太多而得到了应有的惩罚。正义之剑把他逐出人间的时候，他得到的是鄙视和唾骂。若干年后，他还一直被人们深深痛恨着。

第三个人来到人世间，没有任何不平常的表现。他建立了自己的家庭，过着忙碌而充实的生活。若干年后，没有人记得他。

人类为第一个人打了 100 分，为第二个人打了 0 分，为第三个人打了 50分。这个分数才是他们的最终得分。

大道理

上帝的打分和人类的打分存在着天壤之别，但只有身临其中的人才最有打分权。人类可能会说："失误的上帝！"可是却听不到上帝的回答。因为人要为自己活着，而不是为上帝而活。上帝不会为我们的行为负责。

36. 不要担心蒙尘的时候

年轻的伊内蒂·比萨从按摩学校毕业后，想在加利福尼亚美丽的蒙特雷地区见习接诊。当地的按摩机构告知该地按摩师为数众多，但却没有那么多的病人。于是在 4 个月中，比萨每天用 10 个小时挨家挨户地毛遂自荐，上门服务。他总共敲响了 12500 扇门，和 6500 个人会谈并邀请他们到他未来的诊所就医。作为对他的毅力和诚挚的回报，在接诊的第一个月，他就医治了233 名病人，并创下了当月收入 72000 美元的纪录。

开张的第一年，可口可乐公司仅售出了 400 瓶可口可乐。

超级球星迈克尔·乔丹曾被所在的中学篮球队除名。

赛拉·霍兹沃斯 10 岁时双目失明，但她却成为世界上著名的登山运动员。1981 年，她登上了瑞纳雪峰。

瑞弗·约翰逊，十项全能的冠军，却有一只脚先天畸形。

赛乌斯博士的处女作《想想我在桑树街看到的》被 27 个出版商拒绝。

第28家出版社文戈出版社出版了该书并售出600万册。

里查德·贝奇只上了一年大学，之后接受喷气式战斗机飞行员的培训。20个月后他羽翼初丰，却辞了职。后来他在一份航空杂志社任编辑，旋即破产。失败接踵而至。当他写出《海鸥乔纳森》一书时，他仍然觉得前途未卜。书稿搁置8年之久，其间被18家出版社拒之门外。然而出版之后即被译成多国文字，销量竟达700万册。里查德·贝奇也因此成为享有世界声誉的受人尊重的作家。

当艾利斯·赫利还是一个尚未成名的文学青年时，在4年中他每周都能收到一封退稿信。后来艾利斯几欲停止写作《根》这部著作，并自暴自弃。如此9年，他感到自己壮志难酬，于是准备跳海，了其一生。当他站在船尾，看着波浪滔滔，正欲跳海，忽然他似乎听到所有的先人都在呼唤："你要做你该做的，因为现在他们都在天国凝视着你，切毋放弃！你能胜任。我们期盼着你！"在以后的几周里，《根》的最后部分终于完成了。

大道理

人非完人，孰能无过。正因为任何人都不可能完美，任何人的人生道路都不可能完全平坦。所以我们在发现自己不足的时候，只有尽快补上，并积极地向前看，才能在新的一天里展示我们相对完整的人生。关键是要不断去努力让自己逐步完善。

37. 不要为打翻的牛奶瓶哭泣

卡莱尔是英国著名的史学家。经过多年的呕心沥血，他写的《法国大革命史》的全部文稿总算是完成了。长出一口气后，他把这部巨著寄给了他的朋友米尔阅读，希望对方能批评指教。不想隔了几天，米尔突然脸色苍白、浑身颤抖地跑来告诉他，整部《法国大革命史》的原稿，除了几张另加散页外，已经全部被他家里的女佣当成废纸，丢入火炉化为灰烬了。

顿时，卡莱尔如雷轰顶。因为在写这部书的时候，他总是每写完一章，就把原来的笔记扔掉，所以到此为止，整部书稿没有留下任何记录！

怎么办？怎么办？一时间，卡莱尔呆呆地坐在桌前，不知所措。但是不一会儿，朋友米尔发现他的脸色慢慢地舒展开了。然后，他便从抽屉里抽出了一大叠稿纸铺在桌上。再然后，他拿起了笔。原来，他是想重新写一遍！

"这一切，就像小学时我把笔记簿拿给老师批改。老师说，不行！孩子，你得重写，以便写得更好些！"他对米尔说。

现在，我们读到的《法国大革命史》，就是卡莱尔重新写的那一部。

大道理

不要为打翻的牛奶哭泣。如果事情已经够糟糕，就不要用悲伤、抱怨等把它变得更糟。重新开始一次，你会把它做得更好！收拾好牛奶瓶，我们将继续生活。

38. 感谢对手

研究非洲大草原奥兰治河两岸的羚羊时，动物学家发现了一个非常有趣的现象：相比西岸的羚羊来说，东岸的羚羊繁殖能力强，体格也更为健壮一些，而且奔跑速度也比西岸的羚羊快出 13 米/分钟。按说，在这种前提下，东岸的羚羊家族一定会日益发展壮大。但是奇怪的是，东岸的羚羊数目大多时候都与西岸的基本持平。

这个现象让动物学家百思不得其解。要知道，这些羚羊的生存环境和属类都是相同的，食物来源也一样，怎么会出现这么明显的强弱之分呢？而且，为什么强的数量的增长那么缓慢，和弱的差不多呢？

一直到亲眼目睹一场血腥捕杀，学者才恍然大悟。原来，在河流东岸羚羊群的不远处，生活着一个狼群。由于劲敌的存在，东岸羚羊们不得不日夜警惕，逃命的机会也远远高于西岸羚羊群。而且，为了让种族延续下去，它们的繁殖能力也在不知不觉中提高了。但是尽管如此，恶狼的袭击依然会让它们家族中的老弱病残者不断减少。所以，虽然人们见到的都是些奔跑迅速、体型健壮的羚羊，其数量却总是不会很多。

大道理

> 　　憎恨对手，是人们常有的一种错误心理。之所以说它"错误"，是因为我们没有意识到，真正促使我们成功并坚持到底的，往往不是朋友和亲人，而是一再压制甚至置我们于死地的敌人。所以，敌人让我们生存得更有意义。

39. 破窗户理论

　　这个小县城一共有两条主要街道。每年秋天，县环保局都会按照惯例举行"街道卫生比赛"，并对获胜者给予优厚奖励。相应的，每到这个时候，街道办事处主管卫生的人员就会大忙特忙一阵。

　　可奇怪的是，不管朝阳大街的负责人员如何努力，最终得到那笔奖金的总是红旗大街。这种情况持续了几年之后，朝阳大街的负责人员老张终于坐不住了，他打电话给红旗大街的"竞争对手"老李，要请他吃饭。

　　老李自然明白是怎么回事，于是席间不等老张开口便自顾自地说道："我可从来没想过要独吞什么奖金，一切都是为了工作嘛。就算你不请我吃饭，我也预备找你谈谈了。把县城街道卫生治理好是咱们共同的目标嘛。其实我也没有什么秘诀，只不过感悟于一个小故事，我给你讲讲吧。

　　"某汽修厂将回收来的两辆外形完全相同的旧汽车放在了露天地里，其中一辆车的引擎盖和车窗都是打开的，另一辆则是封闭的。没想到，打开的那辆车在几天之内就被人破坏得面目全非了，而封闭的那辆车则完好无损。汽修厂老板挺奇怪，于是就在完整的那辆车的窗户上打了一个洞。结果只一天工夫，这辆车上所有的窗户就都被人打破了，车内的东西也全都丢失了。

　　"有关专家称这种现象叫'破窗户理论'，也就是说东西原本是什么样的，人们就会按照第一印象去怎么对待它。

　　"听到这个故事之后，我就一直在想，既然这是人们的一种惯性心理，我干嘛不利用它一下呢？于是我就一直试着把它应用到街道卫生治理上，力求在相对较长的一段时间内保证街道干干净净的，并对乱扔垃圾者进行制止甚至是惩罚。结果你猜怎么着？几个月之后，就算街上再出现脏物，过往的行人们也会主动把它拾进垃圾箱里。就这样，三四年以来，我管的这条街道一直保持着干干净净的样子，根本不需要我费心费力地去治理。"

大道理

> 　　对于已经被破坏的，让它再破一些也无妨；而对于完整的，一定要努力维护它，不让它遭到破坏。明白人类的这种惯性心理，我们就应该力求完善自己的人生与生活。

40. 一点微光都是希望

　　他是一个木匠的儿子，但他狂热地喜爱诗歌。

　　他的第一本诗集印了 1000 册，但很可惜，一本都没卖掉。他只好把这些诗集全都送了人。当时已功成名就的美国著名诗人郎费罗、洛威尔和霍姆斯等人，对这本小册子根本不屑一顾，而大诗人惠蒂埃甚至把它丢进了火炉里。因为在他们眼中，一个木匠的儿子根本就不配写诗。

　　方方面面的冷落和骂声像寒冬的北风一样袭来。他的心顿时冻成了冰块。就在他几近绝望时，意外地收到了一位诗人的回信。那人对他的诗集大加赞扬，并说："我认为它是美国至今所能贡献的最了不起的聪明才智的精华。"

　　这真诚的夸奖和赞誉，使他犹如在濒死的边缘看到了希望的曙光。他从此坚定了自己写诗的信念。多年后，他成为美国甚至全世界公认的伟大诗人。他的诗集也成了美国乃至人类诗歌史上的经典。

　　他就是华尔特·惠特曼。那部诗集的名字叫《草叶集》。而当年那位写信对他予以赞美和鼓励的诗人，乃是当时美国文坛素有伯乐之称的爱默生。

平凡的我们在这个世界上行走，受到别人的非议和冷落是不可避免的。但我们千万不能被批评的唾沫淹没向上的渴望，被冷漠的眼神封锁萌动的激情。因为我们有理由相信，即使黑暗无边无际，但总有一盏灯火能为我们点燃，为我们驱散心灵上的阴霾，给我们温暖，给我们慰藉，给我们信心和勇气，哪怕那仅仅是一点微光。

41. 全力以赴才能成功

一天猎人带着猎狗去打猎。猎人一枪击中一只兔子的后腿。受伤的兔子开始拼命地奔跑。猎狗在猎人的指示下也是飞奔着追赶兔子。可是追着追着，兔子跑得没影了。猎狗只好悻悻地回到猎人身边。猎人开始骂猎狗了："你真没用，连一只受伤的兔子都追不到！"猎狗听了很不服气地回道："我尽力而为了呀！"

再说兔子带伤跑回洞里，它的兄弟们都围过来惊讶地问它："那只猎狗很凶呀！你又带了伤，怎么跑得过它的?""它是尽力而为，我是全力以赴呀！它没追上我，最多挨一顿骂。而我若不全力地跑我就没命了呀！"

大道理

每个人都有很大的潜能，但是我们却经常为自己或别人的失败找托词："我已尽力而为了。"事实上，对于一件事情来说，尽力而为是远远不够的。尤其是在当今这个竞争激烈的时代，做任何事情都不能尽力而为，而应全力以赴。

42. 做最好的自己

杂技团里刚来了个新人，教练安排他从走钢丝开始。

第一天，他总是没走几步就掉下来，晚上时摔得鼻青脸肿。

第二天，他还是没走几步就掉下来，到了晚上照样摔得不成样子。

第三天，这男孩儿说什么也不起来了，抱着脑袋赖在床上喊头痛。心知肚明的教练一把把他拽了起来，强行拉到了钢丝两边的台子上。

"走!"教练严厉地喊道。

迫不得已之下，男孩只好再次颤巍巍地踩上了钢丝。可能是因为紧张之外又多了一层对教练的畏惧，刚走了一步他便跌了下来。

捂着疼痛不已的膝盖，男孩委屈地哭起来，一边哭一边问教练："老师，我是不是太笨了。为什么我老是走不好呢?"

教练在旁边长长地叹了一口气："唉，孩子，你不是笨，而是杂念太多。"

"杂念太多?"男孩不解地重复了一下这几个字，然后接着说道，"没有啊，我心里一直装着'走钢丝'几个字，绝对没有其他的念头!"

"我说的就是这个意思! 你只有把这个念头也挖去，完全忘记自己是在走钢丝，忘记还有摔下来这回事，你才可能走得稳，走得长!"教练大声说道。

男孩心有所悟，立刻重新走了一次。果然，这次虽然也跌跌撞撞，但最后还是走到了头，第一次!

大道理

越是在意脚下，我们就越不容易走稳。放下得失心，心无旁骛地看问题，做事情，自己最好的水平才可能发挥甚至是超常发挥出来。坦然面对生活的一切，我们就能做最好的自己。

43. 错了就回头看看

大和尚与小和尚结伴下山去镇上购买寺院一周必需的粮食。去镇上的路有两条。一条是远路，需绕过一座大山，趟过一条小溪，来回近一天的路程。一条是近路，只需沿山路下得山来，再过一条大河即可。不过河上只有一座年久失修的独木桥，不知道哪天会桥断人翻。

大和尚和小和尚自然走的是近路。毕竟远路太远，一天一个来回，费时费力。他们轻松下得山来，正准备过桥，突然细心的大和尚发现独木桥的前端有一丝断裂的痕迹。他赶紧拉住一路走的小和尚："慢点，这桥恐怕没法过了。今天我们得回头绕远路了。"小和尚经大和尚的提醒，也看到了桥的断痕，但他甚是迟疑："回头？我们都走到这儿了，还能回头吗？过了桥可就是镇上了，回头绕远路那还得有多远啊？我们还是继续赶路吧。桥或许还能撑得住。"大和尚知道小和尚性格倔犟，见他执意要过桥，便不再言语，只是抢道走到了小和尚的前面，并随手捡了块石头在手中。"砰"的一声，腐朽老化的独木桥应声而落，坠入三四丈下湍急的河流中。偌大的独木桥竟经不起大和尚手中小石块的轻轻一敲！小和尚惊得半天说不出话来，继而庆幸自己还没来得及踏上危桥，又暗自为自己的鲁莽无知感到羞愧。

在回头的路上，小和尚感激而又疑惑地对大和尚说："师兄，刚才幸亏你的投石问路，要不然，我可要葬身鱼腹了。你说，我当时咋就那么懵呢？满脑子想到的都是回头太难，过了桥便是镇上了，绝不能回头。压根儿就没想过桥万一真垮了，摔下河怎么办。"大和尚不无深意地说："只要懂得放弃，其实回头并不难。"

大道理

> 每个人的人生道路上，都有很多的岔路和险路。当我们走错了，只要懂得放弃，其实回头并不难。盲目地坚持只会让我们浪费自己的青春年华。所以，如果发现自己坚持是错的，那就不妨回头看看，不然让自己错得太遥远。

44. 锯掉身后的"椅背"

颇负盛名的麦克唐纳公司竟然很意外地出现了亏损，这可是有史以来第一次，怎么回事呢？老总克罗克坐在办公室里，有点疲倦地倚在宽大舒适的靠椅上思索着，不时地用手拍一拍光亮的额头。

他正在回忆这一段的工作情况。各个部门的负责人都"很负责任"地在自己的办公室内从早坐到晚。但是他下去检查时，却不止一次地发现这种情景：某某正靠着椅背打瞌睡，就像他现在的姿势；某某正靠着椅背对下属们指手画脚；某某正靠着椅背抽烟或闲聊……

"看来一切都是这舒适的椅背惹的祸。我怎么会犯这么严重的错误，竟然让自己的公司出现一劳永逸、催人懒散的'椅背'现象！"想到这里，克罗克毫不犹豫，立刻请人把公司所有的椅背部锯掉了。

老总的这一举动显然引起了众人的不满，但更多的是恐慌。谁舍得离开这么一家赫赫有名的大公司呢？所以大家再也不敢坐在舒服的办公室里夸夸其谈、遥控全局了，而是纷纷下到基层去调查和处理问题。

不久之后，麦克唐纳公司恢复了原来的生机和效益。

大道理

> 有舒适"椅背"可靠的人，难免会生出惰性和依赖心理来。最致命的是，身处其中的人们并不能意识到这一点。要想不被这种糖衣炮弹腐蚀，我们必须主动、果断而且尽早地锯掉身后的"椅背"，逃离让人沉溺的舒适区。

45. "坚固"的信任

镇二中教学楼的大门又被踢破了。教导主任头疼地拍着额头，真不知道该怎么办了。从他上任到现在10年来，光楼门就换了七八次，可是那些正在活跃期的青少年们总是不顾门上贴的纸条"我喜欢你用手抚摸我"，"保护大门，人人有责"等，便直接用脚踢开门，进去后连看都不看就回一脚把门踢上。

"怎么办呢？难道再加固？要知道上次的门已经够结实了。"教导主任在校长这里诉苦。新上任的校长想了想，突然说："那就换成玻璃门吧。"

"什么？玻璃门，那绝对不行。铁门还被踢破呢，更何况玻璃门！"教导主任连连摇头。

"试试看嘛，我想能行的。"校长微笑道。

教导主任毕竟拗不过校长。最终，那道玻璃门在教学楼走马上任了。

出人意料的是，自从换上这道门，那些倔强叛逆的孩子们竟然都一改先前的毛病，细心呵护起它来。每天，他们都会小心翼翼地推开门，然后又转身把它轻轻地关上。

他们不可能不这么做，因为这道"坚固"的门给了他们一份"坚固"的信任——我是一扇易碎的门，之所以敢站在这里，是因为我相信你不会用脚踢我。

大道理

人们总是倾向于抗争强硬者，呵护柔弱者，所以防不胜防不如不设防。与其明令禁止"你不许这么做"，不如温柔地告诉对方"我相信你不会这么做"。

46. 吝啬的愚蠢

从前有个财主、虽然家财万贯却是异常抠门，甚至对自己的子女都吝啬无比，气得大家都在背后叫他"吝啬鬼"。

有一天，吝啬鬼去村外办事，途经村口的小河时，突然脚下一滑落入了河里。慌忙之中他一把抓住了河岸边长长的水草，然后就开始心惊胆战地大喊救命。

听到有人喊救命，村民们纷纷朝着河边跑过来。但当看到河里是吝啬鬼时，大家又都犹豫了，不过最终还是有几个人站了出来。毕竟人命关天嘛。

"快，把你的手给我。"一位年轻的小伙子蹲在河边，冲吝啬鬼伸出了手。

吝啬鬼离河岸并不算远，只要他伸出手，小伙子完全可以把他拉上来。

但是不知为什么，吝啬鬼就是不肯伸手。

"快点，把你的手给我啊！"小伙子以为吝啬鬼没听清，所以又重复了一遍，但没想到对方依然不理不睬地大喊救命。小伙子气得站起身来就走："你既然想死那还喊什么救命！"

其他人感觉很奇怪，便轮流试了一遍。结果真的，无论自己怎么喊让吝啬鬼伸出手来，他就是装成没听见的样子继续大喊救命。

眼看着吝啬鬼一点点往下沉，众人都急了。正在一筹莫展之际，吝啬鬼的老婆慌慌张张地跑来了。

只见她迅速伸出手去，冲丈夫大声喊道："快，给你我的手。"吝啬鬼一听，立刻伸手抓住了老婆的手，并顺利地爬上了岸。

众人称奇的同时又感到大惑不解，于是纷纷向吝啬鬼的老婆请教"高招"。不想吝啬鬼的老婆却叹了一口气说："我哪里有什么高招，只不过了解他的脾气罢了。他从来不会把自己的东西给别人，而只会接受别人给他的东西。你们一个个大喊让他把手给你们，这不是要他的命吗？所以他当然宁可淹死也不理你们了。"

大道理

> 生命中太多的痛苦和危险，都是由于人们过度的贪婪与愚蠢造成的。在别人伸出援手之际，别忘了，唯有我们自己也愿意伸出手来，对方才能帮得上忙！一句话，人需自救才能蒙上帝眷顾。

47. 永远向乐观看齐

从前，有一群青蛙组织了一场攀爬比赛。比赛的终点是一个非常高的铁塔的塔顶。一大群青蛙围着铁塔看比赛，给他们加油。

比赛开始了。

老实说，蛙群中没有谁会相信这些小小的青蛙能到达塔顶。他们都在议论："这太难了！他们肯定到不了塔顶！"

"他们绝不可能成功的，塔太高了！"

听到这些话，一只接一只的青蛙开始泄气，只有那些情绪高涨的几只还在往上爬。

群蛙继续喊着："这太难了！没有人能够爬到塔顶的！"

越来越多的青蛙累坏了，退出了比赛。但有一只青蛙还在不停地往上爬，一点没有放弃的意思。

最后，其他所有的青蛙都退出了比赛，除了一只。他费了很大的劲，终于成为唯一一只到达塔顶的胜利者。

很自然，其他所有青蛙都想知道他是怎么成功的。有一只青蛙跑上去问那个胜利者他哪里来那么大力气跑完全程的。这时，大家发现，他是一只聋子青蛙！

永远不要听信那些习惯消极悲观看问题的人。因为他们只会粉碎你内心的最美好的梦想与希望。

记住你听到的充满力量的话语，因为所有你听到的或读到的话语都会影响到你的行为。所以，一定要保持积极、乐观！而且，最重要的是，当有人告诉你你的梦想不可能成真时，你要变成"聋子"，对此充耳不闻！

大道理

永远不要向悲观的人看齐，听到泄气的话就要把自己变成"聋子"，因为那些人的那些话只会把我们美好的梦想与希望打破，使我们也变得悲观，走入失败。而要想登上塔顶，最好的办法就是，保持积极乐观的心态，记住那些对我们有利的、充满激情的话，并时时用它们为自己鼓舞士气。

48. 乐观向上给你生命的养分

一个小男孩几乎认为自己是世界上最不幸的孩子，他因为患脊髓灰质炎而造成了瘸腿和参差不齐且突出的牙齿。他很少与同学们游戏或玩耍。老师叫他回答问题时，他也总是低着头一言不发。在一个平常的春天，小男孩的父亲从邻居家讨了一些树苗，他想把它们栽在房前。他叫他的孩子们每人栽一棵。父亲对孩子们说，谁栽的树苗长得最好，就给谁买一件他喜欢的礼物。小男孩也想得到父亲的礼物。但看到兄妹们蹦蹦跳跳提水浇树的身影，不知怎么地，他萌生出一种阴冷的想法，希望自己栽的那棵树早点死去。因此浇过一两次水后，他再也没去搭理它。

几天后，小男孩再去看他种的那棵树时，惊奇地发现它不仅没有枯萎，而且还长出了几片新叶子，与兄妹们种的树相比，显得更嫩绿、更有生气。父亲兑现了他的诺言，为小男孩买了一件他最喜欢的礼物，并对他说，从他栽的树来看，他长大后一定能成为一名出色的植物学家。

从那以后，小男孩慢慢变得乐观向上起来。

一天晚上，小男孩躺在床上睡不着，看着窗外那明亮皎洁的月光，忽然想起生物老师曾说过的话，植物一般都在晚上生长，便打算去看看自己种的那棵小树。当他轻手轻脚来到院子里时，却看见父亲用勺子在向自己栽种的那棵树下泼洒着什么。顿时，一切他都明白了，原来父亲一直在偷偷地为自己栽种的那棵小树施肥！他返回房间，任凭泪水肆意地奔流……

几十年过去了，那瘸腿的小男孩虽然没有成为一名植物学家，但他却成为美国总统。他的名字叫富兰克林·罗斯福。

大道理

一个人的心态决定着他以后的发展方向。爱是生命中最好的养料，哪怕只是一勺清水，也能使生命之树苗壮成长，使原本阴冷的心变得乐观向上。也许那树是那样的平凡、不起眼，甚至有些弱小，但只要有这养料的滋养，有积极向上成长的心，它就能长得枝繁叶茂，终有一天会长成参天大树。

第四辑 平衡心态 告诉自己一定行

49. 生命中最珍贵的莫过于时间

父亲与儿子做游戏。10分钟代表一个人的一生。在这段时间里，每人各翻一本书，从里面找"黄金"这个词。谁找得多，谁就是大富翁……

计时开始!

"找到一个!"一分钟后，儿子兴奋地叫道。

"又找到一个'黄金'!"儿子叫道。

"我也找到一块!"父亲叫道。

五分钟后，儿子蹦起来："第三块找到了!"

父亲慌了："我这里黄金为啥这么少呢?"

儿子轻蔑地说："你不会找嘛! 要细心!"

到了第八分钟，儿子一共得到十块"黄金"，而父亲此时只得到四块。

"不用比了，你输定了。"儿子说。

父亲点点头："我承认，我输了。可是就这么完了吗?"

儿子问："还要干什么?"

"如何使用'黄金'?"父亲问。

儿子抬头考虑片刻，说："我要买一大堆巧克力、玩具，买一辆真正的赛车，还要……去埃及看金字塔!"

父亲指指电子钟："九分十秒。"

儿子问："又怎么啦?"

父亲笑道："你那些愿望都不现实，这个时候的你老啦，巧克力不敢吃，赛车开不动，金字塔也看不成了。你看，说着就已经九分四十秒，人的'一生'都快结束了……"

儿子呆呆地望着父亲。

父亲说："为了找黄金，你花去大半生，却难以享用它。其实，时间才是最最宝贵的，它是每一个人的终极资源。"

用了大半生的时间追求钱财，却失去了享用的机会。其实，人生最宝贵的不是金钱，而是时间。我们应该利用这有限的时间做更多能够体现自己价值的有意义的事情。活得充实快乐才是美满的人生。我们这样碌碌无为一辈子，得到的却少得可怜，这样的人生是否有价值？

50. 正视命运

曾经获得世界冠军的美国拳击手杰克，每次比赛前必先安静地祷告一会儿。一个朋友问他："你在祈祷自己打赢这一场比赛吗？"

他摇摇头说："如果我祈祷自己打赢，而我的对手也祈祷打赢，那上帝会很难办的。"

朋友很奇怪："那你到底在祈祷什么？"

杰克说："我只是祈求上帝让我打得漂漂亮亮的！最好让我们谁都不受伤！"

一个必须要将对手打倒在地而后生的拳击手，上场前竟然向上帝祈求这么一个愿望，实在令人欷歔。其实什么事不是这样呢？在这个世界上，你总要不可避免地介入竞争之中，总会有各种各样的对手站在我们面前。这时谁也不敢说每次都会赢，更多的时候，是要分出个胜负来的。不过在这个过程中，双方起码可以让对方少受一些伤，或者不受伤。这是在目前的竞争状态下我们可以接受的一个结果。但是，我们见过多少让对方永世不得翻身的对手啊！他们踩在"对手"身上，冷漠的眼神穿透了天空。有时想，遇到像杰克这样的对手，即使失败了，也是人生中的幸运。

当我们不能选择命运的时候，就要正视它。而在角逐胜负的时候要保持良好的心态，尽力把负面效果降到最低，切忌为了个人利益不给对方留生路。我们要做的就是让自己和他人在一个竞争合作的环境下良性发展。

51. 假如时光可以倒流

《最后的话》是一本记录临终老人忏悔之言的书，他的作者是美国纽约州最著名的牧师内德·兰塞姆。编写这本书时，兰塞姆牧师已经 84 岁。据说，他之所以在如此高龄写这本书，是缘于一位老人的临终感言。

这位老人是位布店老板，临终时 72 岁。他对兰塞姆牧师说他非常热爱音乐，年轻时曾经和著名的音乐指挥家卡拉扬一起学过吹小号。当时，他的成绩远远在卡拉扬之上，所以教小号的老师非常喜欢他，认为他必然前途无量。可惜的是 20 岁时，他非常迷恋赛马，所以就干脆放弃音乐去学赛马。结果，他既没有在赛马场上打拼出什么天地，也没有在音乐上创造出什么奇迹。而远不如他的卡拉扬却早已名扬四海。为此，他感觉非常遗憾，告诉兰塞姆说到另一个世界里，他绝对不会再做这样的傻事。他还请了牧师为他祈祷，希望上帝能宽恕他的迷途，再给他一次学音乐的机会。

他的忏悔让兰塞姆牧师非常震惊，"假如时光可以倒流，世上将有一半的人成为伟人……"想到这里，牧师开始编写这本关于临终老人忏悔之言的《最后的话》。

时光不会倒流。对于过去，我们已经无能为力；但对于未来，我们却能通过吸取前人的经验和教训，尽量减少生命中的遗憾。在"现在"这个点上，做好自己，才能收获自己的未来！

52. 拓展生命的长度

一天，佛祖站在云端翘首俯瞰人间。他看到每一个城市都车水马龙、人来人往，每个人都奔着自己的目标匆匆独行，甚至急得汗流满面。佛祖若有所思地问他的弟子："弟子们，你们看呀，人们整天都忙忙碌碌，这究竟是为了什么呢？"

弟子们双手合十，恭声答道："佛陀，人们整天这样忙忙碌碌，不外乎是为了'名利'二字。"

"那么，有了名利又能怎样呢？"佛祖接着问道。

"有了名可以得到别人的尊重，有了利可以满足肉体的奢侈。"一个弟子回答。

"无名无利的平民百姓，他们整天到晚劳累忙碌，又是为了什么呢？"

"佛陀，平民百姓劳累忙碌是为了养家糊口、吃饭穿衣。"一个弟子平静地答道。

"吃饭穿衣又是为了什么呢？"佛祖接着问。

一个弟子站起身来，躬身答道："佛陀，人们吃饭穿衣是为了滋养肉身，享尽天年的寿命呀！"

佛祖用清澈的目光环视着弟子们，沉静地问道："那么，你们且说说肉体生命究竟有多长久？"

"佛陀，有情众生的生命平均起来有几十年的长度。"一个弟子充满自信地回答。

佛陀摇了摇头说："你并不了解生命的真谛。"另一个弟子见状，充满肃穆地说道："人类的生命如花草，春天萌芽发枝，灿烂似锦，冬天枯萎凋零，化为尘土。"佛陀露出了赞许的微笑，"你能够体察到生命的短暂迅速，但是对佛法的了解，仍然限于表面。"

又听得一个无限悲怆的声音说道："佛陀，我觉得生命就像浮游虫一样，早上才出生，晚上就死亡了，充其量只不过是一昼夜的时间！"

"喔！你对生命朝生暮死的现象能够观察入微，对佛法已经有了进一步的认识，但还是不够透彻。"

在佛陀的不断否定、启发下，弟子们的灵性越来越被激发起来。这时又有一个弟子站起来说道："佛陀，其实人们的生命跟朝露没有什么两样，看起来不乏美丽，甚至有的时候是如此的凄美壮观，但是只要阳光一照射，一眨眼的工夫它就蒸发消逝在这个空间而变得无影无踪了。"佛陀含笑不语，弟子们更加热烈地讨论起生命的长度来。这时，一个弟子站起身来，语惊四座地说道："佛陀，依弟子看来，人命只在一吸一呼之间。"语音一出，四座愕然。大家都凝神地看着佛陀，期待着佛陀的开示。

"嗯，说得好！人命的长度，就是一吸一呼之间。只有这样认识生命，才能真正体味生命的精髓。弟子们，你们切不要懈怠放逸，以为生命很长，明日复明日地活下去。生命像露水一瞬，像浮游有一昼夜，像花草有一季，像凡人有几十年。其实生命只有一吸一呼这样的短暂呀！你们应该好好地珍惜自己所拥有的一切，把握生命的每一分钟、每一时刻，勤奋不已，自强不息。"

大道理

> 生命短暂，在一吸一呼间。人生虽短，但雁过还能留痕，更何况人呢？人活着就要有意义，不枉来世上一遭。珍惜生命中的每一秒，专心画出自己的轨迹。

改变人生的轨迹

——成就你一生的那些小故事大道理

思考发现问题 选择改变自己

　　我们一生都会遇到很多选择。在分叉路口上，我们会疑惑，会犹豫，会感到左右为难，所以，我们决不能盲目行事。开动你的大脑，主动去发现存在的问题，分析、思考找到最佳的方式，这样才能从根本上解决难题。同样地，在做选择时，也要经过思考和发现。如果你改变不了周围的环境，那么就改变自己，让自己更好地适应这个社会。

1. 思考带来的突破口

某公司又给员工们出了那个著名的试题"把梳子卖给和尚",并且明确声明,不许克隆前人的经验,比如借梳子已经开过光吸引客人等。接到"任务"之后,3位营销员各自背上几百把梳子就去了寺院。

第一位营销员想来想去没想出什么好办法,只好扯着嗓门大喊自己的梳子物美价廉,就算用不着买了也不吃亏。结果他一把都没卖掉。

第二位营销员还算聪明,他介绍经验说经常用梳子梳头皮,可以活络血脉,有助于益寿延年。最后,他卖掉了十几把。

第三位营销员回到公司时喜气洋洋:"我全卖光了。"他对住持说:"你看香客们磕完头以后头发总会乱了,你把梳子摆在前堂案上,让他们可以梳梳头发,这样他们便会感觉到您的菩萨心肠,下次拜佛时一定还会再来这里。或者,你也可以在梳子上写上'积善梳'几个字,当成礼品回报给对庙堂有所捐赠的人。你想想,如果有佛家的礼品相报,那些香客是不是会更踊跃地捐赠?"住持听了很高兴,不但立刻把梳子全买下了,还告诉我每隔一段时间就给他送一批货去。众人一听,佩服得鼓起掌来。

大道理

只要肯开动脑筋去思考,任何事情都会有解决的办法。而且,没有最好,只有更好,不断地寻找更为合适的突破口,事情便总会朝着更好的方向发展。

2. 拔去心中的杂草

高考成绩出来了。王强分数很低,看样子要落榜了。想想自己3年来的辛苦,王强很伤心。他把自己关在房间里,整整一天都不吃不喝。

看到儿子这样，父亲走了进去："不要灰心，孩子，我们可以再复习一年。"

就这样，王强开始了复读之路。但是开学没几天，他就感觉心乱如麻。星期天回家时，他问父亲："我是不是差太多了？复习会有用吗？要是明年再考不上怎么办？要不我干脆辍学去南方打工得了。"

父亲什么都没说，领着他来到了地里。地里玉米长势正旺，只是玉米底下全是草。草非常能争地下的营养，是玉米的大敌。于是父亲便带着王强拔起草来。

傍晚时，整整半天没说话的父亲突然问王强："我们为什么要把草拔掉？"

王强很奇怪地回答道："为了让玉米长得更好一些啊。"

父亲接着说道："拔去没用的草，有用的庄稼才会长得更好。拔去心里没用的草，人才会长得更好啊。"

听到这句话，王强顿时愣住了。父亲的良苦用心让他感动得泪光盈盈。

以后的日子里，他开始心无旁骛地刻苦读书。终于，在第二年玉米长势旺盛的时候，他收到了复旦大学的入学通知书。

大道理

　　背负的东西太多，人的脚步便容易被绊住。确定好对自己最有价值的目标，然后再拔去影响它实现的杂草，有用的小树才能长成参天大树。放下你手中活，思考下你的杂草是什么？

3. 不要把传统当借口

阿朗出生在一个非常传统的家庭里。他的母亲始终坚持"男主外、女主内"的观点，因此做了一辈子贤妻良母。

阿朗结婚以后，也用自己的家庭观念要求着妻子。刚开始时，由于深爱着丈夫，新婚妻子任劳任怨地从婆婆手中接过了"令箭"，成为丈夫饮食起居的主事者。可是日子一长，她便不由自主地呈现出了疲倦和抱怨状态。她是位职业女性，并且是公司的重要管理人员之一，在单位劳累了一天之后还让她大费周折地买菜、做饭，准备晚餐，同时还要看着身强力壮的丈夫悠然自得地坐在沙发上看电视。这实在是不公平，是一种折磨。

终于，她忍不住提出了抗议，要求丈夫跟她分担家务。对于妻子的要求，阿朗感觉十分震惊和不能理解。于是夫妻二人展开了长期的冷战。

几年之后，由于家庭生活不和睦，越来越忧郁的阿朗染上了酗酒的坏习惯，并且还一喝必醉，一醉必打人。

某天晚上，当醉后的他再次把儿子打得扯着嗓子大哭时，一位实在看不过去的邻居赶了来，很气愤地指责他实施家庭暴力、虐待孩子。

"我是为了他好！"半醉半醒的阿朗不服气地反击道，"我小的时候，我爸爸就是这样管教我的，而且打得比这个还凶！"

"是吗？"邻居冷冷地看着他反问道，"你爸爸以这种方式来管教你，有把你管好吗？如果没有管好的话，你为什么还要坚持这种错误？如果管好的话，你怎么还会天天酗酒，醉后就打人呢？"

顿时，阿朗张口结舌，一句话也说不出来了。

没有人知道那一刻他的心里闪过了什么念头，只知道自从那天后，他一反常态，主动与妻子分担起家务来，并且再也没有打过孩子。渐渐地，他的家庭又恢复了新婚时期的甜蜜和融洽。

"你是怎么改变的？"有人好奇地问他。

"嘿嘿，"阿朗憨憨地一笑，"别拿传统当借口就好了。"

大道理

> 不要把传统当借口。要知道一个懂得成长、愿意向前走的人，是永远不会把传统做成小鞋穿在脚上，来跑人生的马拉松的。改变传统，还自己一个崭新的人生。

4. 庖丁解牛

有一个名叫丁的厨师替梁惠王宰牛，手所接触的地方，肩所靠着的地方，脚所踩着的地方，膝所顶着的地方，都发出皮骨相离声。刀子刺进去时响声更大。这些声音没有不合乎音律的，合乎《桑林》舞乐的节拍，又合乎《经首》乐曲的节奏。

梁惠王说："嘻！好啊！你的技术怎么会高明到这种程度呢？"

庖丁放下刀子回答说："臣下所探究的是事物的规律，这已经超过了对于宰牛技术的追求。当初我刚开始宰牛的时候，对于牛体的结构还不了解，看见的只是整头的牛。3 年之后，我见到的是牛的内部肌理筋骨，再也看不见整头的牛了。现在宰牛的时候，臣下只是用意念去接触牛的身体就可以了，而不必用眼睛去看，就像感觉器官停止活动了而全凭意念在活动。我顺着牛体的肌理结构，劈开筋骨间大的空隙，沿着骨节间的空穴使刀，都是依顺着牛体本来的结构。宰牛的刀从来没有碰过经络相连的地方、紧附在骨头上的肌肉和肌肉聚结的地方，更何况股部的大骨呢？技术高明的厨工每年换一把刀，是因为他们用刀子去割肉。技术一般的厨工每月换一把刀，是因为他们用刀子去砍骨头。现在臣下的这把刀已用了 19 年了，宰牛数千头，而刀口却像刚从磨刀石上磨出来的一样。牛身上的骨节是有空隙的，可是刀刃却并不厚。用这样薄的刀刃刺入有空隙的骨节，那么在运转刀刃时一定宽绰而有余地了。因此用了 19 年而刀刃仍像刚从磨刀石上磨出来一样。即使如此，可是每当碰上筋骨交错的地方，我一见那里难以下刀，就十分警惧而小心翼翼，目光集中，动作放慢。刀子轻轻地动一下，哗啦一声骨肉就已经分离，像一堆泥土散落在地上了。我提起刀站着，为这一成功而得意地四下环顾，一副悠然自得、心满意足的样子，拭好了刀把它收藏起来。"

梁惠王说："好啊！我听了庖丁的话，学到了养生之道啊。"

大道理

　　知识是无限的，方法是从实践中来的。做事情要集中精力，但不是一味地埋头苦干，要善于发现其中的规律，分析研究，并不断地尝试、练习，熟能生巧。正所谓创新才能出真知。若总是死命去做，不追求有效率的方法，人类也不会进步。

5. 蹶叔三悔

蹶叔很自信。他在龟山北面耕地，在高地种稻，在低地种谷。朋友告诉他稻与谷的习性，让他换过来种。蹶叔不听，结果种了10年反而连粮仓的一点储粮也赔上了。于是，他去朋友的田里察看。这些田收成都很好。他对朋友说："我知道悔改了。"

不久，他到汶上跑买卖，看到哪种货物最畅销，就赶着去买，常常和别人抢购。货物刚到手时，许多经销这种货物的人也都赶了来，因而他的货物就很难卖出。朋友告诉他："会做买卖的人，常买进人家所不急于买的货物，时候一到再卖出去，就会成倍地获利。"蹶叔不听，这样一直做了10年买卖，弄得异常穷困。这时他又向朋友施礼说："从此以后，不敢不悔了！"

过些时候，他要乘大船去航海，邀请朋友也一块去，于是他们泛海东行，到了深海。朋友说："要到归墟了，再前进，恐怕难以出来！"他又不听。船进入了深海之中，一直在海上漂流了9年。借助于一次强烈的海风和浪涛的推动，船才漂了回来。到这时，他头发全白，身体像干肉一样瘦。没人认识他了。他向朋友叩头，仰天发誓说："我若是再不悔改，有太阳作证！"

朋友讥笑他说："你悔改了，只是为时太晚了！"

大道理

他一意孤行，虽嘴上说后悔了，但并没有真正往心里去，做其他事情的时候仍坚持原来一贯的思想，才会一再吃亏，等到真正明白过来的时候已经太晚了。不懂得认真思考，做事违反事物的发展规律，又不听朋友的劝告，这样的人，纵使失败，也没人可怜。

6. 自作聪明让宝石变废石

一天，有位从新疆来的珠宝商人到一户人家谈生意时，看见案头上压着一块半透明的石头，就想用一块小玉饰换过来。主人没同意。后来他又去谈了几次。主人故意把售价提得很高，而且还有附加条件，因而没有成交。

这家的主人心里想："这块不怎么起眼的石头居然有人再三想收购。如果将它整修一新，岂不是会令人更喜爱？"于是，他就用砂纸把这块半透明的石头郑重其事地打磨了一番，还钻了孔，系上了红丝带，显得圆润高贵。可是过了一年多，这块已打磨光亮的玉石仍然没有人问津，主人百思不解。

后来，那位从新疆返回来的珠宝商又来到这户人家，看见这块打磨过的石头后非常惋惜地说："这块石头其实是一块很稀罕的宝玉，原有12个很小的孔，按12时辰排列，每过一个时辰就会有一个孔变成红色，依次消失，周而复始。因此，这块玉石还是一种计算时间的天然仪器。可是，如今这玉石经打磨后，不仅分量减轻了，而且更重要的是能变色计时的小孔也被磨掉了，更使这块玉石的价值大打折扣。原来至少可卖几万元以上，可现在就是1000元也没几个人想要了。因为这块玉石现在不仅太平常了，而且它经打磨后容易风化变脆，若干年后会逐渐破碎。"说完，这位识货的新疆人转身便走了。

大道理

对待事物，要有发现和鉴别能力，以及虚心求教的精神。自作聪明往往会弄巧成拙。另外，要善于思考别人关注某件东西的原因。要知道，外表光亮的东西不一定有很高的实用价值。虽说"玉不琢不成器"，但要根据玉的不同情况而定。有的玉一琢反而会变成一文不值的废石。

7. 难题就怕你钻研

牛顿是一位赫赫有名的科学家，他于1642年的圣诞节，出生在英国的林肯郡的一个农民的家庭中。牛顿对于光学、数学等领域，以及对于运动定律和万有引力的发现，皆做出了重大的贡献。其中任何一项都可以使他名垂青史。牛顿是近代自然科学的奠基人，在科学发展史上占有非常重要的地位。而他的成绩都来自他爱思考的习惯。

有一天，牛顿由于长时间埋头工作，感到有些疲倦了，他就坐在苹果树下的长凳上观赏田野秋色。在他休息的时候，他不由得又想起了引力之谜，思维翻腾起来。突然间，一个熟了的苹果从树上掉了下来，砸到了他的头上。熟了的苹果为什么会向下掉？是什么原因呢？地球在吸引它吗？扔到空中的石头也要向下掉，是不是也是地球在吸引它呢？牛顿苦苦地思考着。最后他确定地面上的东西都要受到地球的吸引。由此他想到了月亮之所以会绕着地球转，也是因为地球在吸引着它。想着想着，牛顿的眼里闪出奇异的光芒。他长期以来想了又想的问题终于找到了解决的线索，一切都是因为地球的引力。他由此提出了著名的万有引力定律。

有一次，在一个晴朗的日子里，牛顿想骑马到山里去办点事情。于是，他就扛着马鞍走到马厩里去牵马。可是，他刚把马牵出来，有一个力学问题忽然在脑际浮现。于是，他不知不觉地把马给放了，自个儿扛着马鞍顺着小路一边走一边思考问题。牛顿时而低头深思，时而用手比划，完全忘却了周围的一切。当他走到山顶时，突然觉得十分疲惫，才想起应该骑马。这时，马早已跑得无影无踪了，只有一副沉重的马鞍始终扛在他肩上。牛顿思考问题简直到了痴迷的地步。

有一年冬天，牛顿坐在火炉旁边思考一个问题。他右肘的袖子被烤得焦糊了，他却一点儿也没有发觉。最后，袖子竟被烧着了，冒出黑烟，呛得他连连打喷嚏，可是他仍然沉浸在思考中，而一无所知。直到嗅到焦味的家人跑进来，一声惊呼，才使牛顿从思考中惊醒过来。

大道理

许多科学家一生为人类做出了很多杰出的贡献，而他们成绩的取得是与他们专注和善于思考的习惯分不开的。凡事他们都要问个为什么，一思考问题就把其他事情都置之度外。也正是这种爱钻研的习惯和忘我的精神，才成就了他们的成功。要是有这种劲头，我们也能像他们一样。

8. 一根树枝改变命运

5年前的一个春天，一个中国农民到韩国旅游，受朋友之托，在韩国一家超市买了4大袋30斤左右的泡菜。回旅馆的路上，身材魁梧的他，渐渐感到手中的塑料袋越来越重，勒得手生疼。他想把袋子扛在肩上，又怕弄脏新买的西装。正当他左右为难之际，忽然看到了街道两边茂盛的绿化树，顿时计上心来。

他放下袋子，在路边的绿化树上折了一根树枝，准备当做提手来拎沉重的泡菜袋子。不料，正当他暗自高兴时，便被迎面走来的韩国警察逮了个正着。他因损坏树木、破坏环境，被韩国警察毫不客气地罚了50美元。

50美元相当于400多元人民币啊，这在国内，能买大半车的泡菜啊！他心疼得直跺脚，几欲争辩，无奈交流困难，只能认罚作罢。

他交完罚款，肚子里憋了不少气，除了舍不得那50美元，更觉得自己让韩国警察罚了款，是给中国人丢了脸。越想越窝囊，他干脆放下袋子，坐在了路边。

他看着眼前来来往往的人流，发现路人中也有不少人和他一样，气喘吁吁地拎着大大小小的袋子，手掌被勒得甚至发紫了。有的人坚持不住，还停下来揉手或搓手。他们吃力的样子竟让他觉得有点好笑。

为什么不想办法搞个既方便又不勒手的提手来拎东西呢？对啊，发明个方便提手，专门卖给韩国人，一定有销路！想到这，他的精神为之一振，暗下决心，将来一定要找机会挽回这50美元罚款的面子。

回国之后，他不断想起在韩国被罚50美元的事情和那些提着沉重袋子的路人，发明一种方便提手的念头越来越强烈。于是，他干脆放下手头的活计，一头扎进了方便提手的研制中。根据人的手形，他反复设计了好几种款式的提手；为了试验它们的抗拉力，又分别采用了铁质、木质、塑料等几种材料。然而，总是达不到预期的效果，他几乎丧失信心了。但一想到在韩国那令人汗颜的50美元罚款，他又充满了斗志。

几经周折，产品做出来了。他请左邻右舍试用，这不起眼的小东西竟一下子得到邻居们的青睐。有了它，买米买菜多提几个袋子，也不觉得勒手了。后来，他又把提手拿到当地的集市上推销，但看的人多，买的人少。

这怎么成呢？他急得直挠头。这时候妻子提醒他，把提手免费赠给那些拎着重物的人使用。别说，这招还真奏效。所谓眼见为实，小提手的优点一下子就体现出来了。一时间，大街小巷到处有人打听提手的出处。

小提手出名了，增加了他将这种产品推向市场的信心。但是，他没有忘记自己发明的最终目标市场是韩国。他很快申请了发明专利。接着，为了能让方便提手顺利打进韩国市场，他决定先了解韩国消费者对日常用品的消费心理。

经过反复的调查了解，他发现，韩国人对色彩及形式十分挑剔，处处讲究包装，只要包装精美，做工精良，价格是其次的。于是他决定投其所好，针对提手的颜色进行多次改造，增强视觉效果，又不惜重金聘请了专业包装设计师，对提手按国际化标准进行细致的包装。对于他如此大规模的投资，有不少人投以怀疑的眼光，不相信这个小玩意儿能搞出什么大名堂。可他坚信一个最通俗的道理"舍不得孩子，套不着狼"。

功夫不负有心人，经过前期大量市场调研和商业运作，一周后，他接到了韩国一家大型超市的订单，以每只 0.25 美元的价格，一次性订购了 120 万只方便提手！那一刻，他欣喜若狂。

这个靠简单的方便提手吸引韩国消费者的人叫韩振远，凭一个不起眼的灵感，一下子从一个普通农民变成了百万富翁。而这个变化，他只用了不到一年的时间，而且仅仅是个开始。

有人问他是如何成功的。他说是用 50 美元买一根树枝换来的。

一根树枝，不仅搅动了他的财富，而且改变了他的人生。

大道理

机遇青睐有准备的头脑，更倾向于那些善于思考和发现的人们。唯有透过事物本质看规律，才能让机遇不与我们擦肩而过。

9. 发现带来的财富

在北京某百货商场内，一家美发店开张了，生意异常火暴。

原来他们发现，许多女性出门购物的同时，要到美发店做个发型什么的；而夫妻或情侣一道进商场购物时，男性的耐心往往比女性差，影响了女性尽情挑选商品的情绪。把美发店开进商场，巧妙地解决了上述问题，既使女性购物、美发两不误，又使男性在陪伴女性逛商场时，可以利用等待的时间理个发。

这个富有人情味的举动，使得该商场知名度大增，自然为经营者带来了滚滚财源。

发现机会，也要敢想想做。在生活中，只要我们善于观察和思考，就会发现很多很好的机会，既能为自己带来财富，又能为别人提供方便。其实，善于发现，本身就是我们走向成功道路上的一笔财富。

10. 开动脑筋的差别

两个同龄的年轻人同时受雇于一家店铺，并且拿同样的薪水。

可是一段时间后，叫阿诺德的小伙子青云直上，而那个叫布鲁诺的小伙子却仍在原地踏步。布鲁诺很不满意老板的不公正待遇。终于有一天，他到老板那儿发牢骚了。老板一边耐心地听着他的抱怨，一边在心里盘算着怎样向他解释清楚他和阿诺德之间的差别。

"布鲁诺先生，"老板开口说话了，"您现在到集市上去一下，看看今天早上有什么卖的。"

布鲁诺从集市上回来向老板汇报说，今早集市上只有一个农民拉了一车土豆在卖。"有多少？"老板问。布鲁诺赶快戴上帽子又跑到集上，然后回来告诉老板一共 40 袋土豆。"价格是多少？"布鲁诺又第三次跑到集上问来了价格。"好吧，"老板对他说，"现在请您坐到这把椅子上一句话也不要说，看看别人怎么说。"

同样，老板让阿诺德也到集市去看看有什么卖的。

阿诺德很快就从集市上回来了，向老板汇报说到现在为止只有一个农民在卖土豆，一共 40 口袋，价格是多少多少；土豆质量很不错，他带回来一个让老板看看。这个农民一个钟头以后还会弄来几箱西红柿，据他看价格非常公道。昨天他们铺子的西红柿卖得很快，库存已经不多了。他想这么便宜的西红柿老板肯定会要进一些的，所以他不仅带回了一个西红柿做样品，而且把那个农民也带来了。那个农民现在正在外面等回话呢。

此时，老板转向了布鲁诺，说："现在您肯定知道为什么阿诺德的薪水比您高了吧？"

面对同一件事情，不同的人会有不同的做法。只有那些善于动脑子的人，才能不仅把看来很小的事情做到完美，甚至会发现新的机会，然后再把它们很好地结合在一起。这样的人当然是成功的。而那些做事情不动脑子的人，只会像磨盘一样，推一下，动一下，不仅耽误时间，更浪费精力。这样的人怎么可能会有好的前途呢？

11. 让大脑绕个弯儿

苏格拉底是古希腊伟大的哲学家。柏拉图曾跟随其学习 8 年。柏拉图一开始对自己的老师并不信服。

一天，苏格拉底带着柏拉图去探访一位朋友。走到一条乡路上时，柏拉图见有不少马车载着货物朝前走，便对苏格拉底说："我们比一下脚程如何？"苏格拉底微微一笑，说："好的。"

"那我们穿过前面的城镇后会合。谁先到达，谁就是胜者。"说着，柏拉图就向前奔去。

柏拉图喜爱活动，体壮如牛。路越往前越难行。有好几次，柏拉图冲撞在马车上，他不得不慢了下来。进了城镇，柏拉图暗暗着急。因为前面是个集市，街道两边摆满了货物，中间是拥挤的车辆和人流。再往前走，竟有满满的一车货物严实地堵在路上。等柏拉图穿越城镇后，愣了。原来，苏格拉底已经气定神闲地站在会合点了。

柏拉图气喘吁吁地问："您怎么这么快就到了？"

苏格拉底指指另一条道，又指指自己的脑袋，见柏拉图仍一脸茫然，便说："很简单，当我看到路上有很多载着货物的马车时，我并没有像你一样，急于前奔，而是动了脑子。我猜想前面的城镇肯定有集市，那么，拥挤自不必说，所以，我便从岔路上绕了过来。"

柏拉图恭恭敬敬地喊了声"老师"，自此才算真正服了苏格拉底。柏拉图从此谦逊学习，最终成为古希腊最伟大的哲学家和教育家。

遇到障碍，我们常常会走进一条死胡同。遇到障碍却不加思考就往前挤的，是一般人；遇到障碍不盲目从众，而是先动脑筋想一想，看有没有清静的岔路可走的，才是智者。"磨刀不误砍柴工"，有时候，让大脑绕个弯儿，停下来思考一下，并不会减慢我们前进的步伐，或许能找到更加快捷的方式到达终点。

12. 见机行事

春秋时期，施姓人家有两个儿子，一个爱好学术，一个精通兵法。爱好学术的儿子以仁义之说来游说齐王。齐王闻之有理，遂命其为众公子的老师。精通兵法的儿子以用兵之道来游说楚王。楚王大喜，也重用了他，任命其为军师。靠着这两个儿子，施家不仅衣食无忧，还盛名远扬。这让两位老人感觉甚为荣耀。

看到这种情况，施家的邻居孟家很是羡慕，于是也把自己的两个儿子培养成了一个爱文、一个好武。爱文的儿子来到了秦国，可是当他以仁义之道游说秦王时，却惹得秦王大怒："当前诸侯争战激烈，我们最迫切的需要是筹集良马与军饷。你让我以仁义来治国，岂不是让我自取灭亡！"遂下令对他施以宫刑。

好武的儿子前往魏国，以兵法游说魏王。魏王皱着眉头说："我们是个小国，民少国衰，夹在诸大国之中，尽心服从尚且不足自保，你还让我对其动武，这不是明摆着让我自取灭亡吗？"想一想又接着说道，"如果我让你全身而退，你肯定会再到别国去游说，这很可能对我国造成极大的祸害，所以……"魏王挥挥手，命人砍去了他的双脚。

看着伤痕累累的两个儿子，孟家父母捶胸顿足、痛哭不已，并不断抱怨起施氏来。

施氏正色道："凡事能把握时机者方能昌盛，断送时机者则会灭亡。您儿子跟我儿子的学问一样，结果却不同，这并非由于他们方法不对，而只是错过了时机。

"要知道天下的事情并没有永远的对与错。以前的所用，今天或许就被抛弃；而今天抛弃的，明天也许还会派上用场。这种用与不用，并没有绝对客观的标准。

所以说，一个人只有懂得见机行事，才可能长久立于不败之地。否则，即使拥有孔丘那么渊博的学问，或者拥有姜尚那么精湛的战术，又有什么用呢？"

一番话说得孟家大小哑口无言。

大道理

> 即便一样的才华，运用的对象与时机不同，结果也会迥然不同。只有懂得变通，见机行事，我们才可能成为掌控时局的主人。相反，纵然有一身才华，不知道使用，也只能空口叹息。

13. 提升自己的观察能力

很多年前，美国某大型石油公司聘请了一位青年巡检员。说是"巡检员"，其实他的工作非常简单，没准儿连小孩子都能胜任，就是巡视和确认工人们有没有把石油罐盖焊接好。

每天，工人们会首先把石油罐送上输送带，将之移动至旋转台，然后启动焊接机，让焊接剂自动滴下。当石油罐被带动着回转一周时，其顶盖的四围就会沾满焊接剂，工作就算完成。青年巡检员每天的任务就是成百上千次地注视着最后的焊接工作，以保证石油罐盖被焊接完整。

一天、两天……几个月过去了，青年最初的兴致消失了，取而代之的是极度的枯燥无味与厌烦疲惫。他很想自主创业，可是又没有那个本事，所以只能每天对着焊接机发呆。偶然一天，他闲着无聊数起焊接剂的滴数来，结果一天下来，他发现每个石油罐盖都是需要 39 滴焊接剂。"能不能有所改善，比如使用更少一点原料呢？"他想。这个问题引起了他的兴趣，于是他顺着自己的思路一直琢磨了下去。经过一番研究，他竟然研制出了 37 滴型的焊接机。可惜实践证明，37 滴焊接剂焊出的石油罐盖会有轻微的渗油现象，并不理想。无奈之下，他只得下大力气改进，最后终于研制成了 38 滴的理想焊接机。

年底的测评令所有人都大吃一惊。虽然这位青年研制的焊接机每次只能省下一滴焊接剂，可是由于公司规模巨大，仅这"一滴"节省便给公司带来了每年 5 亿美元的新利润。

自然，这位青年从此获得了重用，而他的事业也由此正式开始了，并且越做越大。多年之后，他竟然成了掌控全美石油业95％实权的石油大王——约翰·D·洛克菲勒。

14. 停下追寻的脚步思考

　　他从小就有个理想，那就是长大以后要成为一位著名的作家。自从有了这个理想之后，他每天都坚持写作。而且，每次写完之后，他都会拿着自己的文章看了又看，改了又改，然后充满希望地寄往各地的报社、杂志社。可遗憾的是，他虽然写了不计其数的文章，而且自己也觉得写得不错，伯乐却始终没有出现过。所有的报社、杂志社都从未发表过他的文章，甚至连一封退稿信都没有给他寄过。不得不说，这让他既难过又心寒。

　　很多年后的一天，他终于收到了来自他投稿最多的那家报社的一封信。可是当他欣喜若狂地打开时，却发现那不过是封退稿信。被泼了一盆冷水之后，深感灰心的他打算自暴自弃了。稍稍清醒一些后，他发现那封信中有一个对他的小建议："你每次投递的稿子我都看过。这么多年来你始终如一地投稿，由此可以看出你是一个很努力的青年。但我不得不遗憾地告诉你，你将很难在写作这方面有所成就。不过，不知道你自己有没有注意到，你的钢笔字写得越来越好。所以我觉得，如果你向书法方面发展，可能会更好，也比较容易成功……"这几句话引发了他的深思。最后，虽然他依然热爱写作，但还是决定放弃写作，改向钢笔书法进军！

　　他的名字叫张文举，现在是我国著名的硬笔书法家。

　　无独有偶，曾经获得诺贝尔化学奖的化学家奥托·瓦拉赫，也跟张文举一样，"理想转了弯"之后才得到成功女神的青睐。

　　上中学时，瓦拉赫的父母曾为他选择了文学这条路。但语文老师却对他

说："你虽然很用功，但是不可能在文学上有所成就。"于是，他便改成了学习油画。可是由于对艺术的理解力很差，他依然感觉成功遥不可及。值得庆幸的是，油画老师发现他做事一丝不苟，非常具备做化学实验应有的品格，所以建议他学习化学。果真，自从走上化学之路，瓦拉赫的惊人才华便日益显现了出来。最终，他获得了标志最高成就的诺贝尔化学奖。

大道理

人生当中有许多失败，是由于人们尚未找到最适合自己的路导致的。那么，在适当的时候让理想转个弯，思考一下自己最适合什么，最想要什么，再确定好一个目标，也许会收到意想不到的效果。

15. 时机不是等来的

一个年轻猎人很希望自己有发财的机会，哪怕是让他多打一些猎物也行。于是，他茫然地靠在一块石头上，等待着时机的到来。

这时，从远处走来一位白须老者，只听老者问这个年轻人："年轻人，你靠在这里做什么呢？你的猎枪都已经生锈了，难道你没有看到刚才有一只野兔跑过去吗？"

年轻人看了看老者回答说："我靠在这儿等待时机啊。"

老者笑着反问道："那你知道时机是什么样子吗？"

"不知道。"年轻人摇了摇头说，"不过，听说时机是一个很神奇的东西。只要它来到你的身边，你就会走运，就会发大财……"他一边说一边自我陶醉着。

"其实并不是这样的，年轻人！"老者忽然正色道，"时机是不可捉摸的。如果你专心等它，它可能迟迟不来；而你不留心时，它又可能来到你的面前。你看刚才从你身边跑过的那只野兔，那不就是时机吗？而你却错过了它，使它再难回头了。你既然连时机是什么样子都不知道，它来到你身边的时候你怎么会知道呢？所以说，你这样坐着等待简直就是一种愚蠢的行为啊。"

说完，老者就消失了。年轻人这才明白过来，原来这老者就是时机的化身。可惜的是，他再一次错过了，不仅仅因为他不知道时机是什么样子，更因为他一直靠在石头上等待。

倘若我们相信机会能等来，那么明天就赶早起来去接天上掉下来的馅饼吧！只有去找、去发现问题才能看到机会，否则都是在浪费时间。

16. 有时候坚持不如放弃

一对师徒走在路上。徒弟发现前方有一块大石头，他就皱着眉头停在石头前面。

师父问他："为什么不走了？"

徒弟苦着脸说："这块石头挡着我的路。我走不下去了，怎么办？"

师父说："路这么宽，你怎么不会绕过去呢？"

徒弟回答道："不，我不想绕，我就想要从这个石头前穿过去！"

师父："可能做到吗？"

徒弟说："我知道很难，但是我就要穿过去，我就要打倒这个大石头，我要战胜它！"

经过艰难地尝试，徒弟一次又一次地失败了。

最后徒弟很痛苦："连这个石头我都不能战胜，我怎么能完成我伟大的理想！"

师父说："你太执著了，你要知道有时坚持不如放弃。"

大道理

很多时候，一种错误的执著和坚持不光不会带来好的结果，反而会让我们充分尝到失败的滋味，失去做事情的信心和勇气。所以，在坚持之前要先考察好我们所做的事情是不是正确的。如果旁边有很宽的道路，就没有必要坚持从石头上过去。那样的坚持只能算作愚蠢的固执，还不如趁早放弃。换一种方式，也许我们会发现新的惊喜。

17. 对症下药

华佗是东汉末年著名的医学家，他精通内、外、妇、儿、针灸各科，医术高明，诊断准确，在我国医学史上享有很高的地位。

华佗给病人诊疗时，能够根据不同的情况，开出不同的处方。

有一次，州官倪寻和李延一同到华佗那儿看病。两人诉说的病症相同：头痛发热。

华佗分别给两人诊了脉后，给倪寻开了泻药，给李延开了发汗的药。

两人看了药方，感到非常奇怪，问："我们两人的症状相同，病情一样，为什么吃的药却不一样呢？"

华佗解释说："你俩相同的只是病症的表象。倪寻的病因是由内部伤食引起的；而李延的病却是由于外感风寒，着了凉引起的。两人的病因不同，我当然得对症下药，给你们用不同的药治疗了。"

倪寻和李延服药后，没过多久，病就全好了。

后来，"对症下药"这一成语就用来比喻要善于区别不同的情况，正确地处理各种问题。

大道理

"对症下药"比喻针对事物的问题所在，采取有效的措施。不要因为问题的表象相同就同等对待，而要在仔细研究问题的根源之后，用不同的方法区别对待。只有这样，才能在找到问题的症结之后，开出合适的"药方"，"药"到"病"除。

18. 智慧地"推销"自己

浅萌是一位刚从大学美术系毕业的女孩，对于设计服装的布料和花样颇有些研究，准备涉足这一行。只是，初入此行是非常困难的，因为不论是服装设计师还是服装制作厂家，都有自己固定的供应商。

一次，浅萌拿着一堆自己呕心沥血设计的作品，来到一家著名的服装设计公司。助理设计师本想打发她走，可是见她一副渴求的模样，便于心不忍地对她说："好吧，我拿进去给我们的设计师看一下。"过了一会儿，助理设计师出来对她说："设计师说，我们的设计图太多了，根本没时间看。"浅萌又跑到制造服装的工厂，结果也是一样。她四处碰壁，心情十分沮丧。但她心想一定要坚持下去，只要方法对了，不断地尝试，就一定能打开僵局。

有一天，浅萌参加一位歌星的签名会。这位歌星拥有许多歌迷。浅萌挤在追慕歌星的众多歌迷之中，以十分崇拜的眼神望着歌星。好不容易轮到她和歌星握手时，浅萌从背包里拿出一些布料和自己的设计图，对歌星说："我好崇拜你哟！我想为你设计一套漂亮的服饰。请您在这几块布上为我签个名好吗？"浅萌显出一副谦逊崇拜的模样。

这位歌星看了这些布料和设计图说："哇！好漂亮哟！请你和我的服装设计师联络。我想用这些布料做衣服。这是她的电话，就说我叫你去找她的。"

浅萌开心地说："好啊！我明天就去。"

第二天一大早，浅萌又来到了先前被泼了一头冷水的著名设计师的公司。她拿出有歌星签名的布料来，对助理设计师说："是她叫我来找你们的，她说要用这些布料做衣服。"

助理设计师进办公室不到几分钟，设计师就带着满脸的笑容走出来见她。这样，浅萌很光彩地走进了这家公司，而且凭借她出色的能力，越来越受到客户的欢迎。

浅萌的胆识和聪慧着实令人敬佩。她自知在专业上的优势，但又了解入行的艰难。通过分析，她认识到必须寻找到一个中介进行"推销"。她不失时机地以歌迷的身份赢得了对方的信任，从而为自己打开了成功之门。

> 很多时候，事情太直接了可能不会成功；然而，换一种方法，也许会获得意想不到的效果，这就是智慧的力量。所以，遇到碰壁的事情，先不要急着灰心或者否定自己，再想想其他的办法，寻找一些机会，进行恰当的自我"推销"，就有可能为自己打开成功之门。

19. 知己知彼才能百战百胜

在 1912 年美国总统竞选活动接近尾声时，西奥多·罗斯福（1901～1909年间任美国总统）准备进行最后一次角逐。他计划每到一站都向选民散发一本精美的小册子，以此争取选票。这本小册子封面印有总统神情坚定的照片，内部印有振奋人心的"信仰声明"。当大约 300 万份小册子已经印好的时候，一位工作人员突然发现每本小册子里的照片底下都有这么一行小字："芝加哥莫菲特摄影室"。这样，问题就出来了，因为莫菲特拥有版权，如果在宣传册上使用照片的话，需要向莫菲特支付每册 1 美元的版权费。

当时，已经没有时间重新印刷宣传册了。用还是不用？这是个问题。如果将印好的宣传册继续使用，可能导致竞选丑闻。竞选委员会也很可能要赔偿一笔付不起的费用。而若弃之不用，又将影响罗斯福的竞选前景。工作人员很快意识到，必须立刻和莫菲特谈判。更糟糕的是，芝加哥私人侦探的调查提供了一则不妙的消息："作为一位摄影师，尽管莫菲特在其职业生涯前期被公认在这一新兴领域极具潜力，但现在却没有什么名气。此刻，莫菲特面临财务困境，正一心想多搞点钱后再退休。"

沮丧的工作人员找到罗斯福竞选委员会的总经理乔治·珀金斯，请示如何解决这一难题。珀金斯沉思片刻，马上叫来他的速记员，给莫菲特摄影室发了如下电报："我们计划散发几百万份封面印有罗斯福总统照片的小册子，这将给提供照片的摄影室带来巨大的宣传效果。如果我们使用你们的照片，你们愿意付给我们多少钱作为宣传费？请速回电。"

很快，莫菲特摄影室回复："以前我们从来没有做过这种交易，但是在目前的情况下我们愿意支付 250 美元。"当然，珀金斯接受了这个价钱，没有要更多的钱。

大道理

　　做好调查研究，分析对方的需求，以及自己的优势，我们才能反败为胜。只有做到知己知彼，才能在看似对自己不利的境况中找到有利的突破口，圆满解除自己的尴尬局面和清除负面影响。

20. 不要钻牛角尖

　　老鼠钻到牛角尖中去了。它跑不出来，却还在拼命往里钻。

　　牛角对它说："朋友，请退出去。你越往里钻，路越狭窄了。"

　　老鼠生气地说："哼！我是百折不回的英雄，只有前进，决不后退！"

　　"可是你的路走错了啊！"

　　"谢谢你。"老鼠还是坚持自己的意见，"我一生从来就是钻洞过日子的，怎么会错呢？"

　　不久，这位"英雄"便这样活活闷死在牛角尖里了。

大道理

　　百折不挠的精神当然可贵，但要看我们是往哪个方向走。若是钻牛角尖，那么还是及早回来得好。因为我们钻得越深，便离出口越远，最终会被困死在里面。

21. 阳雀的发现

　　烈日炎炎，大水牛正尽情地泡在一条大河流里。忽然，"扑棱棱"一声响，河边树上飞下来一只阳雀。

"嗨，你好啊，水牛大哥。"阳雀热情地跟水牛打招呼。

"你来这里做什么？"水牛抬起头问阳雀。

"喝水啊。"阳雀回答。

听到这话，水牛立刻"嚯嚯"地笑起来："你那么大点，还用得着到这么大的河流来喝水吗？随便找几滴不就得了吗？"

"不然，不然。"阳雀笑道，"你不知道，我比你还能喝呢！"

"不可能！"水牛嗤之以鼻地说道。

"不信咱就比比啊。"阳雀挺挺脖子说道，"你先来，你喝不动我再喝。咱看看谁能把河水喝少。"

水牛一听，二话没说就低下头，张开大口用力地喝了起来。可是不管它如何努力，河里的水就是不见少。一个小时之后，水牛的肚子已经鼓得像个横放的大缸。它再也喝不下去了。

这时，阳雀飞过来，把嘴伸进了水里。还没几分钟，水便明显地减少了。

"哎呀，阳雀小弟，你可真是太厉害了。原来你真的比我能喝啊！"水牛惊呼道。它永远不知道，阳雀之所以在这个时候把嘴伸进水里，是因为它知道河水马上就要退潮了。

大道理

　　几乎没有什么事情不能靠智慧解决，而智慧又永远比力气有力量。那些想都不想便用蛮力去拼的人，不但会成为智慧者的臣民，还会连自己是怎么输的都想不明白。而智慧不是天生的，更多的是需要我们经常思考和发现问题。

22. 选择决定生活

　　一个美国人、一个法国人和一个犹太人因为犯罪被同时判了刑。入狱之前，监狱长对他们说："你们可以提最后一个要求。"

美国人喜欢抽雪茄，于是便要了几箱雪茄。他想，有了这几箱烟，监狱生活的烦闷便可缓解了。法国人浪漫，便要了一位美丽的女子。他想，有了女人相伴，监狱生活的寂寞就可以避免了。而犹太人想了想，要了一部能够与外界自由通信的电话。

刑期终于满了。美国人第一个冲了出来，看样子他已经疯了。他的手里、鼻孔里、嘴里、耳朵里全都插满了雪茄烟。他一边奔跑一边大喊："上帝，快给我火，快给我火啊！"原来他忘了要火了。

第二个出来的是法国人。呵，他的负担可真够重的，你看他背上一个孩子，怀里一个孩子，看模样是对双胞胎。后面跟着的美女手里也领了一个孩子，鼓鼓的肚子里还怀着一个孩子。

而最后出来的犹太人却精神焕发，一点儿也不像从监狱里刚走出来的人。他握了握监狱长的手说："谢谢你送我的电话。它使我能在坐牢期间与外界随时联系。这几年我的生意不但没有亏损，还增长了好几倍。我决定送你一件礼物——一辆劳斯莱斯。"

大道理

> 今天的生活是你原来的选择决定的；未来的生活是你今天的选择决定的。如果希望自己可以拥有更好的未来，那么请你在自己的选择道路上多思考一点点，请慎重对待每一次选择的机会。

23. 做目光长远的聪明人

明代宰相严嵩弄权行奸，罕有对手。他当政二十多年，群臣只能听任他的摆布。

有一年，宜春县令刘臣塘进京拜见皇帝后，随众多官吏前往严府，为严嵩祝寿。严嵩十分傲慢，随意招呼过众人，命人把大门关上，禁止任何人出入。

时近中午，无人安排酒食。刘臣塘饥渴交加，只得在府中乱转。

这时，严家的仆人严辛把刘臣塘领到自己的住处，用丰盛的酒食招待。他说："我家主人怠慢大人。小人若让大人不责怪我家主人，小人就稍感安心。"

刘臣塘忙道："我官小职微，无足轻重，承蒙你家主人接待，已感荣幸，哪敢责怪呢？"

严辛笑了笑："大人真的没有怨言？"

刘臣塘担心严嵩有意让严辛试探自己，马上说："我真心为你家主人祈福，哪有怨言可发？"

严辛说："此地就你我二人，大人不必讳言。我虽为严家仆人，也知世故人情，故而和大人倾心交谈。"

刘臣塘不明其意："你有何意，直接讲出来，我绝不外传。"

严辛起身，拱手说："与大人相识，是我的造化，还望大人日后关照我，不忘今日之情。"

刘臣塘不解说："你家主人如日中天，我只是小小县令，能为你做什么事呢？"

严辛为刘臣塘敬酒，道："我家主人对上恭顺，对下傲慢，以君子自居，却行小人之事。我追随他多年，深知他有败露之时。有一天，他大祸临头，我等势必受到牵连，现在不趁早寻个依靠，找个退路，为时晚矣。我见大人心地良善。当为托付之人，故而赤诚相告。"

几年后，严嵩垮台，严世蕃被杀，仆人严辛受牵连而下狱。此时，刘臣塘正好在袁州当政，主理严辛的案子。他感念旧情，将严辛发配边疆，免其一死。

大道理

聪明之人会看人，更会把眼光看得很远，更加完美地规划自己的人生；而目光短浅的人只看到眼前的利益，只图一时的享受而想不到将来有可能出现的不测。做人就要做聪明人，把眼光放长远，与值得信赖和光明正大的人交朋友。

24. 分析失败的原因

动物园新来了一只袋鼠。管理员把它关在一片草地上。草地四周的围栏大概有 1 米高。

第二天早晨，管理员准备喂袋鼠时，发现袋鼠竟然正在围栏外的树丛里蹦跳着。他意识到是围栏太低了，于是立刻请人把围栏的高度加到了 2 米，然后把袋鼠关了进去。

第三天早晨，管理员又看见袋鼠跑到了草地旁的树林里，于是再次把围栏加高到了 3 米，把袋鼠关了进去。

结果第四天，可怜的管理员发现袋鼠还是在围栏外站着。他真是头疼死了："难道就没有什么办法能关住袋鼠吗？"

正在这时，袋鼠的邻居长颈鹿从它的围栏中探出头来，问袋鼠道："根据你的经验，这围栏到底要加到多高才关得住你呢？"

袋鼠回答说："这我可不知道。也许 5 米，也许 10 米，也许 100 米都关不住我，如果这位管理员老是忘记把围栏门锁上的话。"

大道理

有了失败，我们就要去分析、思考失败的原因。倘若还是漫无目的地去做，最终只能不断地重复失败。

25. 自己为选择负责

美国小伙迈克来中国旅游时，对中国姑娘黄丽一见钟情。在他追了两年之后，黄丽终于被感动了。她辞掉舒适的工作，跟迈克飞去了美国。

没想到，刚度过蜜月，迈克便要求她出去找工作。"老公，我为你辞掉了工作，还远离家乡来到了美国，你就不能体谅一下我为你作出的牺牲，好好养我几年吗？"黄丽撒娇道。

"什么?"迈克十分惊讶,"这怎么会是'牺牲'呢?这是你的选择,一切都是你自愿的,不是吗?"

听到这句话,黄丽差点昏过去。她认为自己看错了人。由于黄丽坚决不肯在人生地不熟的美国找工作,几个月之后,迈克向她提出了离婚。

离婚后的黄丽很是消沉了一阵。用光迈克分给她的财产后,她不得不靠给人打工养活自己了。但是没想到,她慢慢立稳了脚跟,腰包也渐渐鼓了起来。

一直到了解了当地的风土人情之后,黄丽才明白,原来在美国人心中,只有尊重对方的选择之说,没有感恩对方的牺牲之说。所以,做选择时你一定要根据自己的真实意愿,因为对方是绝对不会出于"感激"而承担你选择的后果的。

对于我们来说,道理不也一样吗?

大道理

不要让别人对你的选择负责,否则就不要怪别人对你不负责。另外,永远不要放弃自我选择的权利和自由,这样你才可能握住幸福的手。

26. 麻烦中有机遇

1993 年的 1 月是世界著名的戴尔公司总裁迈克尔·戴尔和日本索尼公司人员会晤的时间。连续讨论了几天最新研发的显示屏、光盘以及 CD-ROM 等多媒体技术之后,戴尔已经疲惫不堪了。

在又一个让人焦头烂额的讨论会结束之后,就快撑不下去的戴尔拖着沉重的身体预备回酒店好好休息一下。这时,一位年轻的日本男子忽然挡住了戴尔的去路:"戴尔先生,请稍等一下。我是能源系统部门的人,我想跟你谈一谈。请您晚走一会儿好吗?"

"能源系统?"戴尔重复着这几个字,想起了以前某人向他出售发电厂的事情。因为极度疲倦而有些恼怒的他险些一口回绝对方,但当看到日本男子恳切的眼神时,他又微微地点了点头。

对方欣喜地拿出很厚的一沓图纸和表格，一张一张地翻开给他看，上面密密麻麻地写着一种刚研发成功的"锂电池"的功能。日本男子解释了好大一会儿，大脑已经处于混沌状态的戴尔才明白了他的目的——原来他是想推销这种"锂电池"给戴尔公司，供笔记本电脑使用。

戴尔以前曾经听人说起过，使用笔记本电脑的人，最大的期望就是拥有电力寿命比较长的电池，而根据索尼工程师的功能测试表，锂电池有超过 4 个小时的供电潜力。顿时，他感觉到这是一次良好的机会，于是他非常认真地与对方交谈起来。

后来，锂电池果然成了一种具有突破性的科技产品，而装有锂电池的戴尔笔记本电脑也因为满足了市场要求而销量大增。相关数字显示，1995 年的第一季度，笔记本销售额占戴尔公司总收入的 2％，而到了第四季度，比例已经上涨至 14％。

大道理

> 良好的机遇从来不会以一种诱人的姿态出现，而是总带着烦人的面具出场。如果你拒绝麻烦，那成功很可能会被你一起拒绝掉。

27. 思考到底要哪把椅子

决定参加注册会计师考试时，我正在一家大公司做财务。为了考不上也有个退身之路，我最终选择了边工作边学习。虽然我明白注会考试一旦通过我会身价倍增，但是还是舍不得放下这家实力非常棒、薪水也高得让人羡慕的大公司（我们公司明文规定：请假超过两个月者，按自动辞职对待）。

父亲非常反对我的选择，他劝我放弃其中之一。但是这两者对我都如此重要，我怎么可能放弃！父亲说不过伶牙俐齿的我，只能任由我去。

但是很快，公司就发现我不像以前那么尽职尽责了，因为我总在上班时间打呵欠，有好几次还睡着了。因此，公司负责人二话没说便下了辞退令。我无可奈何。日资公司向来不能容忍员工对工作不认真，我实在是无可辩驳。想想还有不到两周的时间就要考试，我只能把纷乱的思绪压下去。可是最终，我还是没能逃过惨败的命运。

现在，我一无所有了，却想起父亲劝我的话来："做事之前，先不要把'幸运'二字派给自己。要知道天底下没有那么多两全其美的事。所以，不管你选择什么，都必须抱定一种献身精神。否则，命运就会让你失败。"

大道理

人的精力是有限的，如果想同时坐住两把椅子，最后只会掉到两把椅子中间的地上。因此，在生活中，我们必须有所取舍，有所权衡，认真选定其中一把椅子。

28. 不要总是"绕路而行"

这是一条河，河面虽宽，河水却不深。中等身高的成年人从河里蹚过去的话，最深处的水面也漫不过胸部。

深秋的一天，天气已经很冷了。一位老人来到河边，在呼呼的西北风里把自己的衣服脱掉，然后用双手举着，打算蹚过河去。

"老爷子，你往上游走。十里处有桥。"我急忙喊他道。

"我知道。"老人回头应了一声，就踏进了已经冰凉刺骨的河水里。

"或者往下游走也成。八里处有渡。"我不甘心，依然提醒着他。

"我也知道。"老人又说。这次，他连头也没回。河水已经漫到了他的腰部。他瘦长枯干的躯干在清澈的河水里分外醒目。

这时，一位年轻人来到了河边。他看了看河，也脱了衣服打算蹚过去。可是刚走几步，他就皱着眉头又跑回了岸上。显然，河水太凉了，他受不了。

"这附近有桥或者渡没有？"年轻人问我。"上游十里有桥，下游八里有渡。"我回答。

年轻人"哦"了一声便向下游走去。

他的身影刚刚消失，又有一位要过河的年轻人来了。他像前面那位一样，先打量了一会儿河面，然后转过头来问我："这附近有桥或者渡没有？"

"上游十里有桥，下游八里有渡。"我答。

"哦，我晕船，还是往上走十里过桥吧。"年轻人咕哝着，便向上游走去。

我知道，虽然这三个过河的人到来的时间差不太多，但当后两位年轻人到了河对岸时，前面那位老人早已经走了他们要走的路。这个"早"字，不仅仅是因为老人年龄大，还因为他拒绝"绕道"。

这些年轻人，在绕道十次、百次、千次之后，也会变得和老人一样发须皆白。但是他们到达的地点，却要比老人落后很多。虽然他们走过的总路程并不见得比老人少多少。

大道理

> 选择"绕路而行"有时确实能解决困难。但生命是有限的，无限拓展其宽度，结果必然是缩短其长度。再者，如果你习惯了"绕道"，在绕不过去时，你就会理所当然地停滞不前。

29. 有选择就必有放弃

位于英国伦敦的国家军事博物馆收藏着一份十分奇特的赠品——10个脚趾、5个手指指尖。这份赠品来自一个叫做迈克·莱恩的退役军人，并且都是从他的身上截下来的。这是怎么回事呢？来看下面的故事。

1976年时，迈克·莱恩还是一名探险队员。就是在那一年里，他随着英国探险队成功登上了珠穆朗玛峰。可是在下山时，他们却遇到了极其危险的狂风大雪。而且很长时间之后，大雪还没有停下来的迹象。见此情景，迈克一行非常着急。因为他们的食品已经不多，如果停下来扎营休息，一定无法撑到下山。而且不能补充足够的热量，在那样严寒的天气里，他们会必死无疑。可是继续前行又几乎不可能，因为大雪早已经覆盖了大部分路标。过多的弯路会让身背沉重增氧设备的队员们体力消耗过大，还是会有生命危险。

怎么办？正当整个探险队陷入迷茫时，迈克·莱恩率先丢弃了所有的随身装备，提议只留下食品，轻装前行。"不行！"其他队员几乎异口同声地反对道。要知道那时他们离山下至少还有10天的时间，如果丢下增氧设备的话，中途休息时，身体很可能会因为缺氧而被冻坏。但是迈克·莱恩却坚持让大家这样做。他说："看样子，这暴风雪十天半月都不会停。再拖延下去，所有的路标就都会被埋住了。那样的话，我们即使不被饿死，也会迷失方向，陷入更可怕的绝境。倘若徒手前行，我们就可以提高下山的速度，保证最大的生还希望。"

最终，队友们听从了他的建议，开始不分昼夜地加速前行。8天后，他们安全到达了山下，虽然几乎都被冻伤，却没有一个人失掉性命。诚如迈克·莱恩所料，一直到那时，恶劣的天气还没有好转。

后来，当国家军事博物馆的工作人员们请求迈克·莱恩赠送博物馆一件与登上珠穆朗玛峰有关的物品时，他奉上了这份既奇特又珍贵的礼物——10个脚趾、5个右手指尖，都是在下山过程中，因为冻坏而被截掉的。但是，这恰恰证明了他当年选择的正确性。否则，军事博物馆里要收藏的，恐怕是他的尸体了。

大道理

> 选择的同时，必然需要放弃。正确地放弃，选择才可能成功。这其中最关键的，就是要认清事物的主要矛盾，抓住对自己更有价值的东西。这样才能不会留有遗憾。

30. 是聪明才智还是命运使然

一般来说，从事航海生意的人总是难逃风暴、触礁、鲨鱼等海难的。可是这位商人却意外地受到了命运女神的垂青。他不但屡屡战胜了各种风险，还幸运地躲开了种种恶劣气候和不利地形的影响。在经营海运的这20年中，他没有遭遇过一次灾难性的损失，而且他的代理人和经销商们也始终对他忠实守信。最不可思议的是，虽然他并不精明，曾贩来许多在当地非常不畅销的烟草、瓷器等，但超乎寻常的好运总能让他只赚不赔。总而言之，他最后成了当地腰缠万贯的大富翁。

他的财富引来了无数的嫉妒。有人曾极为羡慕地对他说："您的一顿便饭恐怕都比我们的年夜饭还要丰盛。"

"这还不是靠我自己的努力，靠我自己的聪明才智啊！是我这双独到的慧眼让我抓住了种种好机会，成了大富翁啊！"商人得意洋洋地说。

说来也怪，自从说了这句话之后，商人的财运竟然急剧下降起来。首先是他押的几支股票纷纷疯狂下跌，让他一夜之间损失了上百万。再就是他租的一条船碰到风浪翻了船，全船货物连同所配人员一齐沉了海底，为此，他光赔款就付了将近 600 万。再后来，他听信风水先生的疯话，开始大兴土木建造"吉宅"以求避过中年大难。可是一场史无前例的水涝灾害让他的一切希望都化成了泡影。

看到他如此迅速地陷入一文不名的境况，朋友问他是怎么回事。他摆摆手，摇摇头，满脸的沮丧之色："唉，别提了，都怪那不济的命运。"

"怎么你好的时候不归功于命运，不好的时候反倒怪罪起命运来了呢?"朋友反问道，"也许，命运只不过想通过这种方式教会你谨慎小心罢了。"

大道理

命运女神始终一手拿着成功，一手拿着失败。至于你要哪一样，这全在你的选择。所以说，命运归根结底是掌握在你自己手中的。而或成或败，你都不能怨天尤人。

31. 疏忽带来的灾难

几百年前，在一场决定谁来统治英国的战争中，原英国国王理查三世失败了。而其失败的原因，说出来会令每个人都扼腕叹息。

在战斗开始的前一天，理查派马夫去准备一匹好马给自己。但是这位马夫是个粗枝大叶的人，在马掌还没有钉好的时候便把马牵了回来。没想到的是，问题恰恰出在这只没有钉好的马掌上！

当战斗进行到一半时，几名士兵打算临阵脱逃。理查发现后，立刻策马扬鞭冲向那个缺口，准备召唤士兵调头。可是刚走了几步，那只没有钉好钉子的马掌就掉了。战马疼痛不堪，一下子跌翻在地。理查也被掀在了地上。没等他再次抓住缰绳，敌人的军队便包围了过来。理查被敌军俘获了，原英国的统治被颠覆了。

少了一颗铁钉，丢了一只马掌。

丢了一只马掌，伤了一匹战马。

伤了一匹战马，死了一位统帅。

死了一位统帅，输了一场战役。

输了一场战役，亡了一个国家。

这几句流传至今的话，正是由这次战役而来。

所有的损失都是因为少了一颗马掌钉。多少年来，这个故事一直像警钟一样长鸣不已，时刻提醒着人们一个小小的疏忽会带来多大的灾难。

大道理

很多时候，不是因为对手强大，也不是因为自己的能力有限，而是我们在选择的同时忽视了细节，忘记了思考和发现，才会留有纰漏。

32. 遇事需冷静分析

春秋时期的晋文公非常喜欢吃烤肉。自然，专为他烤肉的厨师便受到了特别优厚的待遇。这一点引起了其他厨师的嫉妒，心想自己的技术并不比他差，只不过没有得到那个机会罢了。想归想，有一位厨师还真这么做了。他偷偷地在已经烤好即将呈给晋文公的肉上放了一根头发，企图以此来激怒晋文公，治罪于烤肉厨师，然后由自己乘虚而入。

果然，晋文公看到烤肉上的头发后勃然大怒，命人押来烤肉厨师，想立即治他的不敬之罪。没想到厨师磕了个头说："公若治鄙人之罪，请将三条大罪一并惩治。"

晋文公觉得奇怪，便问他为什么自称有三条大罪。

烤肉厨师不慌不忙地说道："第一，我把刀磨得飞快，却没能切断这根头发；第二，我一个个把肉丁串到签子上，却没发现有根头发；第三，我把炉火生得那么旺，把肉都烤熟了，却没能烧掉这根头发。

晋文公顿时有所领悟，便问他意指何人。烤肉厨师便把那个一直跟自己过不去的厨师报了上来。晋文公命人将之带来审问。果然，这个人一进门便双腿发抖，暴露了其心中有鬼。没问几句，他便认罪伏法了。

晋文公拍拍额头："唉，我差点错怪好人。"

大道理

遇事时首先要冷静分析，不要单从事情的表面去判断其原因，然后匆忙行事；否则，就很容易让自己成为别人手中的棋子。

33. 做自己擅长的事

我们这个故事中的"数学家"和"商人"实际是同一个人。他的名字叫麦克斯。但从严格意义上来讲，他并不是数学家。

20 世纪初，麦克斯出生了。面对这个鲜活的小生命，在数学界是知名学者的父母非常希望他日后能继承自己的事业，也成为一名数学家。所以，从他很小的时候开始，父母便耐心地教授他各种数学知识。可惜不知是何种原因，小麦克斯无论如何也对数学提不起兴趣来。相反，他对父母非常反感的职业——经商，却表现出了极大的关注。

为了保证儿子不走"歪路"，麦克斯的父母煞费苦心地"纠正"着他的成长轨迹。读大学时，基于父母的强烈要求，麦克斯不得不违心进入了父亲所在的学校念数学系。也许是由于"遗传基因"的优势，麦克斯在数学上还算有天赋。4 年大学期间，他的成绩一直不错。

可是，正当父母想松一口气时，让他们担心的事情发生了。毕业后的麦克斯坚持进入商场，因为他不但喜欢经商，还背着父母学习了许多商业知识。他深信自己必能在商场上打拼出一片天地。

几经激烈的辩论之后，管束了儿子二十多年的父母伤心地放弃了初衷，同意了儿子的请求。但是同时，他们也深深地失望了。儿子只会是个没出息的人了，他们想。

不料没出几年，年轻的麦克斯便在商场上混出了模样。又过了若干年，理论知识和实践经验都非常丰富的他已经成了英国首屈一指的商业大亨。

大道理

"一个人所能成就的事业，必然是与这个人的特长相符的。舍长取短是天下最愚蠢的行为。"因此，不要跟自己的弱点过不去，要做就做自己最擅长的事情。只有这样，成功才可能更快一些。

34. 不要让赞美冲昏头脑

1797 年，正是法军与俄奥联军激战不休的时期。

一天晚上，法国军界、政界、商界的名流们云集于巴黎市政大厦，共同商讨对付敌军的策略。首先发言的是军界风云人物拿破仑。由于这位军团司令精明强干，又带兵打过无数次胜仗，他在人们心中早已经是一个"神"的形象。一看他要发言，原本乱哄哄的大厅立刻静了下来。拿破仑举起一大杯红葡萄酒，清了清嗓子说道："诸位，目前我国正在跟俄奥联军大战。你们猜一猜，奥国军营中有谁是最足智多谋的骁将？又有谁会成为我们最强硬的对手？"

一时间，人们面面相觑，都想不出个究竟来。

静了一会儿，拿破仑再次举起那杯葡萄酒说道："如果有谁能说出来，我甘愿自罚手中这一大杯葡萄酒！"

但和刚才一样，大厅里所有人都拿不准。于是，大家都把目光移过来，集中到了拿破仑的身上。拿破仑则环视一周，微笑着说道："这两个问题的答案都是奥军将领普罗维拉！他英勇善战，可谓是将才难得。很可能有一天，他会成为我拿破仑的对手。既然诸位都说不出，那我就自己罚自己吧。"说罢，他一仰头，"咕嘟咕嘟"地喝光了手中那杯酒。

这次宴会上的话很快就被间谍飞报给了奥国皇帝。奥皇一听，心中立刻打定了主意："真想不到所向无敌的拿破仑也会有惧怕的人物。既然如此，我何不把普罗维拉任命为统帅大军的最高将领呢？这样一来，不但我的皇位可以保住，我的疆域还可能再扩大呢。"

就这样，普罗维拉被奥皇任命为统率俄奥联军的主将。

不久之后，曼陶大会战拉开帷幕。身负重任的普罗维拉带领七千多名奥军精锐打头阵。不想"出师未捷身先死",他们统统陷入了法国军队的包围圈,随军的22门火炮也成了法军的战利品。面对必死无疑的绝境,普罗维拉垂头丧气地叹道:"如果皇帝不重用我,我才不会成为俘虏呢!"

听闻此言,威风凛凛的拿破仑顿时哈哈大笑:"普罗维拉,你以为你真是我的对手吗?你的无能我其实早就心知肚明!不过,我没想到你们的奥皇更无能。我不过故意夸了你几句,他就派你率军作战了!哈哈,赞誉的光环和圈套有时只是形式不同而已!"

大道理

赞美有时是圈套的另外一种形式。因此,不可轻信别人的赞美,尤其当它来自于我们的对手时。否则,你很可能会给别人留下可乘之机。

35. 不思考只能变愚蠢

在一个遥远的国度里,一个愚蠢而又肥胖的国王统治着这个国家,但他有一个很机灵、很狡猾的臣子。国王非常宠信这位大臣。主子与奴才一唱一和,互相搭配。大臣一有机会就千方百计地让国王看看他有多么聪明。因此,没过多久,国王就一步也离不开他了。

国王常常对大臣说:"你得答应永远不离开我。"大臣总是回答说:"不会,永远不会,国王陛下。不管您到哪儿,不管是在人间、天上,还是地狱,我都永远在您身旁。"国王听了,心里那个高兴劲儿就甭提了。

有一天傍晚,国王沿着小河散步,大臣照例陪伴着他。在他们回宫的路上,突然听到附近森林里的狐狸在大声嗥叫。国王觉得很奇怪,他回过头来问大臣:"怎么有那么多狐狸在大声嗥叫?当它们知道我那尊贵的耳朵能够听到它们的声音时,为什么它们这样大声呀?"

大臣回答说:"陛下,您知道,今年冬天天气特别冷。狐狸没有暖和的衣服,它们在求您赏给它们一些毯子。"

"啊,原来如此,"国王说,"你这人多么聪明呀!你能听懂狐狸的话,真是了不起。可是,为什么它们没有毯子?"

"管这事的官员没有尽到责任。"大臣回答道，因为他和这个官员有仇。

"太可耻啦！这个官员竟敢贪污我们亲爱的狐狸的毯子？好吧，用条毯子把他裹起来，把他扔到海里，然后买100条毯子送给我们的狐狸朋友。"国王命令道。

大臣立刻去执行国王的命令。但他只执行了前一半——把官员扔进大海。他到国库去领了买毯子的钱，可是没有去买毯子。他把钱放进自己腰包里了。第二天傍晚，国王又听到狐狸大声噪叫。他奇怪地问："它们怎么啦？为什么又叫了？"

"陛下，它们在向您致谢呢。"大臣微笑着回答。

"妙极了！"国王说，"我相信别的国王绝不会有一个像我这样聪明的大臣的。我的朋友，答应我，你永远不要离开我。"

大臣请他放心，说："陛下，我永远不会离开您。不管您在天上，还是在地下，我都陪伴着您。"

国王心中十分高兴，但他并没有高兴多久。突然间，从森林里冲出一头公猪。国王从来没有见过公猪，他好奇地说道："天哪！这是个什么动物啊？"

大臣当然知道这是什么，但他沉着地回答："陛下，这是您的一头象。象倌没有好好地喂养它，所以成了这副模样。"

国王听了，勃然大怒。他立刻下令把象倌处死，又命大臣去国库领钱，给大象买饲料；需要多少，就领多少，要让它吃饱、变胖。

用不着说，大臣从国库那里支取了一大笔钱，但全都放进了自己的腰包。

一个月过去了，一天傍晚，国王和大臣散步回来，又碰见那头公猪。国王觉得很奇怪，他问大臣说："这就是我们见过的那头挨饿的大象吗？它怎么一点儿也没有长胖？"

大臣咧开大嘴，笑得把智齿都露出来了："陛下，那头大象现在胖得跟您一样。这是一只老鼠。这家伙每天都偷吃御厨房的东西，所以长得这么大。看来，厨子实在太不尽职了。"

国王愚蠢的圆脸蛋儿气得和红辣椒一样。他两眼圆睁，抱怨说："你看，这多么糟糕。由于厨子不尽职，我的好东西都让老鼠偷吃了！"他立刻下令，厨子做完这顿晚饭后，就把他吊死。

太阳快下山时，厨子悄悄地来到大臣家里，送了他很多钱，并且答应，如果大臣能救他，从此以后，国王吃的好菜每样都送他一份。

大臣一听，心中非常高兴，他对厨子说："你不用发愁，这事包在我身上。"

到了半夜。卫队正要在国王面前把厨子吊死，大臣跑来大声喊道："不要动手，不要动手！"

他对国王解释说："陛下，我刚刚查过历书，历书上写得明白，今天半夜可是一个好时辰。在这个时辰吊死的人都可以升天堂。陛下，如果现在把厨子吊死，那就不是惩罚他，而是奖赏他了。我们为什么要送一个坏蛋上天堂呢？"

出乎大臣意料之外，国王高兴得跳了起来，他说："好，太好啦！我早就想看看天堂啦。你们不要吊死他，你们来吊死我，好让我马上看到天堂……不过等一等！"他转过身对大臣说，"亲爱的朋友，你经常说，不管我到哪儿，你都陪着我。现在我要到天上去了，你来给我带路。刽子手，先把他吊死。"

惊惶失措的大臣还没有来得及说一句话，卫兵就把他的脑袋套进绞索。刽子手把他高高地吊在空中。命令执行得如此干脆利落，使国王十分满意。

刽子手吊死了大臣，就转过身来把国王也吊死了。

他们有没有看见天堂？唔，这我可不知道。

大道理

愚蠢的国王一味听从佞臣的意见，没有一点自己的想法，既可笑又可悲。而大臣仰仗着自己的一点小聪明和国王的宠信，就为所欲为，欺下瞒上，最终害人害己。这个故事告诉我们，害人的最终结果必定是害己。所以，每个人不论身份如何，都要积极开动自己的大脑，思考问题，不要被他人左右。

36. 聪明人的"偷"

从前有这样两户人家，一家是齐国人，姓国，十分富有；一家是宋国人，姓向，非常贫穷。姓向的听说姓国的很有钱，便专程从宋国跑到齐国，向姓国的请教致富的方法。

姓国的告诉他说："我之所以发家致富。是因为我很善于'偷'。我只用了一年的工夫就有了吃穿；两年下来就相当富足；三年过后，我的土地成片、粮食满仓，我成了方圆百里之内的大户。从那时起，我便向乡邻施舍财物，大家都得到了我的好处。"

姓向的人听了十分高兴。可是他以为姓国的致富走的是偷盗这条路，他以为姓国的所说的"偷"就是到处翻越人家的院墙，凿开人家的房间，凡是眼睛所看到的、手能拿到的，就可以拿走归自己所有。于是他回家以后，到处偷窃。没过多久，他因被人查出了赃物而判罪。姓向的人不但清退了全部赃物，而且被判罚没收他以前积累的所有家产。

姓向的把自己的失败归咎于受了姓国的欺骗，于是就到齐国去，找到姓国的责备他说："你骗我，我去偷怎么就犯了法呢？"

姓国的听了哈哈大笑，说："你是怎么去偷的呀？"

姓向的把自己翻墙打洞、偷盗人家财产的经过讲给姓国的听。姓国的又好气又好笑地对他说："咳，你真是太糊涂了！你根本没弄懂我所说的'善于偷盗'是什么意思。现在我仔细告诉你吧。人都说天有四季变化，地有丰富的物产。我偷的就是这天时和地利呀。雨水雾露、山林特产和湖泽的养殖可以使我的庄稼长得很好，房舍建得很美。我在陆地上能'偷'到飞禽走兽，在有水的地方能'偷'到鱼虾龟鳖。无论是庄稼和土木还是禽兽和鱼虾龟鳖，这些东西都是大自然的产物，并不是我原本所有的。我依靠自己的辛勤劳动向自然界索取财富，当然不会有罪过，也不会有灾祸。可是，那些金银宝石、珍珠宝贝、粮食布匹却是别人积累起来的财富。你用不劳而获的手段去占有别人的劳动成果就是犯罪。你因偷盗罪而受到了处罚，那又能怪谁呢？"

姓向的听了这番话，惭愧得一句话也说不出来。

大道理

创造财富，聪明人懂得用自己的双手通过辛勤劳动去向大自然索取；愚蠢的人才会想到不劳而获，用非法手段去占有别人的劳动果实。聪明的人会始终很富有，愚蠢的人到头来肯定是要栽跟头的。究竟做哪一种人，我们的心里已经有了很明确的答案吧！

37. 关键是你的选择

一个青年来到绿洲，碰到一位老先生，年轻人便问："这里如何？"

老人家反问说："你的家乡如何？"

年轻人回答："糟透了！我很讨厌。"

老人家接着说："那你快走，这里同你的家乡一样糟。"

后来又来了另一个青年问同样的问题。老人家也同样反问。年轻人回答说："我的家乡很好。我很想念家乡的人、花、事物……"

老人家便说："这里也是同样的好。"

旁听者觉得诧异，问老人家为何前后说法不一致。老者说："你要寻找什么，你就会找到什么。"

大道理

> 我们寻找什么，我们就会找到什么。当我们以欣赏的态度去看待一件事物，我们就会看到它的许多优点；以批评的态度去看待它，我们就会看到无数缺点。

38. 水中的幻影

狗叼着肉渡过一条河。他看见水中自己的倒影，还以为是另一条狗叼着一块更大的肉。想到这里，他决定要去抢那块更大的肉。于是，他扑到水中抢那块更大的。结果，他两块肉都没得到。水中那块本来就不存在，原有那块又被河水冲走了。

大道理

> 贪婪的人看到更大、更好的东西就想夺过来据为己有，但往往是赔了夫人又折兵。要知道，世界上没有免费的午餐，只有通过自己的辛勤努力得来的东西才是最靠得住的。

第五辑　思考发现问题　选择改变自己

39. 思考你该放弃什么

这是一道非常著名的测试题，它曾经影响了许多人的一生。

在一个暴风骤雨的晚上，你开着一辆车经过一个车站，看到有三个人正在等公共汽车。其一是位快要病死、急等救治的老人，非常可怜。其二是位医生。他曾经救过你的命，是你的大恩人。你做梦都想报答他。其三是个女人（男人），她（他）正是你做梦都想娶（嫁）的那种人，一旦错过也许就不会再遇上了。但麻烦是，你的车子太小了，除了司机之外只能再搭乘一个人。这时候，你会如何选择呢？并阐述清楚你的理由。

从理论上来讲，每一种选择都能讲得通。没有什么比生命更重要。老人就快要死了，所以应该先救他。但是大千世界中，有谁不是最终只能把死当成终点站呢？这样一想，你决定先让那个医生上车，因为他曾经救过你，而眼下正是一个最好的报答机会。可是你又在想，错过这一次，在将来你还可以寻找很多机会去报答他，但那个女人（男人）一旦错过了，就很可能永远再遇不到像她（他）这样令自己动心的人了。毕竟这是关系自己一辈子幸福的大事，比其他一切分量都更重一些，所以你又决定带走她（他）。

果然，人们对这个问题的答案五花八门，而且都有充分的理由。最终，经评委们一致认同，最佳答案出炉了：给医生车钥匙，让他带老人去医院，而自己则留下来陪梦中情人一起等公交车。这样既顾全了道义，又报答了医生（把车送给了他），还保证了自己一生的幸福。

这个结果显然是令所有人满意的，但却几乎从未有人一开始就这样想过。因为当事情落到自己头上时，有谁想过要放弃手中已经拥有的优势（车钥匙）呢？

大道理

得失总相随，要想寻找到最佳的平衡点，放弃是前提。很多时候，你之所以不能得到更多，是因为你不愿主动放弃某些优势。而这个时候就需要你自己去做好权衡。说不定放弃一些，你会得到更多的补偿。

40. 抓住对方的弱点

很久以前，在一座高山上，住着两位得道成仙的高人。这两位高人都非常喜欢下棋。每天下午，他们都会到那株高大的古松下对弈数局。谁知古松之上生活着一只聪明绝顶的灵猴，每到仙人下棋时，它就躲在树上偷学。经过长年累月的观摩，再加上这对仙人的灵气熏染，数年下来，这只灵猴居然练就了一身高超奇绝的棋艺。

不久，灵猴下了山，靠着自己的绝活四处找人挑战。结果没有一人能够胜得了它。久而久之，灵猴的名气传到了国王耳朵里。国王怎么也不相信一只猴子会比人更聪明，于是便派手下把它请了来，然后又召集国内的围棋高手与它对阵。不想数日之后，那些所谓的"高手们"一见到灵猴就浑身战栗，不战而逃。因为不管他们如何绞尽脑汁，最后都必然是这只猴子的手下败将。

国王一看，大怒道："堂堂一个大国，难道连一个会下棋的人都找不出来吗？

这时，一位聪明的大臣站了出来，自告奋勇说他想与猴子下一盘，不过有一个条件，那就是要在棋桌上放一盘鲜红欲滴的水蜜桃。国王立刻答应了下来。于是，比赛又开始了。

下过几颗棋子之后，那位大臣装成很随意的样子，拿起一个大桃咬了一口，还边吃边称赞。然后，他便把剩下的一半放在一边，继续专心下棋了。

结局大家肯定都猜到了。在整场比赛中，猴子一直盯着那盘水蜜桃，结果把棋下了个乱七八糟。

在这个故事中，人之所以能战胜猴子是因为抓住了猴子嘴馋爱吃桃的弱点。想想看，如果把那盘水蜜桃换成奖杯、奖金甚至是更诱人的名利之物，走神分心的该是谁了呢？

大道理

任何人都会有弱点，这一点是你战胜对方的关键。但更重要的是，你要明白并防守好自己的薄弱之处，小心别人使用同样的计策。

41. 坚持自己认为有意义的事情

诸神决定各自选择一棵树来特别保护。

上帝选择了橡树，爱神选择了柳树，文艺神选择了月桂树，旷野神选择了松树，大力神选择了白杨树。

手艺神非常奇怪地问："你们为什么不选择能结果实的树呢?"

上帝回答说："树能结果实，就会有人说我贪求果实，这有损于我的名声呀!"

手艺神说："让别人去说吧! 我会更加珍爱有果实的橄榄树。"

上帝听了赞赏地说："我的女儿，只有你才配'聪明'二字。只要自己做的事情有意义，表面上的荣誉是最不重要的。"

大道理

"走自己的路，让别人去说吧"。只要我们认为自己所做的事具有价值和意义，那么就一直坚持下去，不必在乎别人的议论。那些空谈的荣誉并不重要。人应该首先求"实"，然后再考虑"誉"。求实的精神也许短时间内不被人理解，但经过时间的考验，一定会赢得人们的赞誉。

42. 机会要去主动发现和创造

演说家查尔斯·霍布斯经常会在他的演说中引用这样一个故事。100多年前，伦敦住着一位女士，她以给人帮厨为生。生活虽然很艰难，她还是省吃俭用地攒了一点钱，并用这点钱去听了一场演讲。演讲者是一位在当时非常著名的演说家。他的演讲深深地感染了她，也触动了她。演讲结束之后，她并没有立即离去，而是去拜访了那位演说家。

"要能像您这样在一生中拥有这么多机会那该有多好啊!"她羡慕地说。

"哦，亲爱的女士，"那位演说家问道，"难道您从未得到过任何机会吗?"

"我从未得到过任何机会。"她很沮丧。

"那您是做什么工作的?"演说家问道。

"我在我姐姐开的寄宿公寓里帮厨,剥剥洋葱,削削土豆。"她答道。

"您做这事多长时间了?"演说家追问。

"都已经干了 15 年了,难熬的 15 年啊!"

"您工作的时候坐在哪里呢?"

"您为什么问这个?"她感到非常迷惑,"我就坐在厨房最低的一级台阶上。"

"那么,您把脚放在哪里呢?"

"放在地板上啊。"她惊讶地望着演说家。

"那地板是什么样的?"

"是用釉面砖铺就的。"

著名的演说家说道:"亲爱的女士,今天,我要给您布置一项任务。我想让您写一封信给我,谈一谈您对砖的认识。"

女士以自己根本就不会写信为由拒绝他的提议。但是,演说家坚持要她完成这项任务。

第二天,当她坐在厨房的台阶上剥洋葱的时候,目光不禁聚焦在了釉面砖铺就的地板上。她专门跑到砖厂向厂主请教地砖是如何制造出来的。对于厂长的解释她并不满意。于是,她又跑到了图书馆。通过查阅资料,她了解到,在当时的英国,一共有 120 多种砖瓦在生产。她还发现了已经存在了数百万年的黏土层是如何形成的。她已经完全沉浸在她的研究之中了,她的思想也已经被她的研究完全占据了。每天晚上,她都会准时到图书馆查阅资料。

经过几个月的研究之后,她按照演说家的要求写信。在这封长达 36 页纸的信中,她详细地介绍了厨房里地砖的有关情况。令她吃惊的是,不久之后,她就收到了回信。随信而来的,还有她的研究所获得的报酬。原来,那位演说家把她的信拿去发表了!不仅如此,演说家又给她布置了一项新任务:写一写她在厨房地砖下面发现的东西。

女士受到了极大的鼓舞,在厨房撬起一块地砖一看,发现下面有一只蚂蚁。

那天晚上一下班，她便急匆匆地赶到图书馆，去查阅有关蚂蚁的书籍了。通过研究，她了解到世界上有好几百种各种各样的蚂蚁。有的蚂蚁很小很小，小到可以站在针尖上；而有的则很大很大，大到放在手上都能感觉到它们的重量。为了便于研究，她还专门养了一群蚂蚁，每天都拿着放大镜仔细观察。

经过几个月的观察与研究，她把她研究蚂蚁的发现写成了一封长达350页的"信"寄给了演说家。当然，这封"信"最终也发表了。不久之后，她便辞去了那份帮厨工作，开始了她的写作生涯。

直到她去世之前，她几乎游历了所有她曾经梦寐以求要去的地方，而且还体验了许多她曾经想都不敢想的事情！这就是那位曾经感叹自己从未得到过任何机会的女人！

大道理

绝大多数情况下，机会不是别人给的，而是自己发现和争取的。不要羡慕别人或者怨天尤人。其实机会无处不在，对每个人都是公平的。它从来不会主动找上门。

43. 思考让难题变简单

北宋初年，民间流通的货币有两种，一种是官银，另一种是陕西制造的铁钱。

宋仁宗当政的时候，国家财政最为紧张，两种钱币同时流通，国家难以控制市场。于是，便有大臣上书仁宗，请求统一钱币，罢掉陕西铁钱，由国家统一铸币。仁宗接到奏折，交大臣们议论。大多数人觉得罢掉铁钱会造成市场混乱，所以没有实行。但消息传了出去，一时间，京都汴梁开始盛传："朝廷要罢掉陕西铁钱了，要赶快脱手，晚了就一文不值了。"几乎一夜之间，京城到处传说着铁钱要作废的消息。

那时，陕西铁钱在全国十分通行，存这种钱的大有人在。大家听说自己辛辛苦苦挣来的血汗钱快要作废了，都纷纷拿铁钱到店铺抢购货物，不管需不需要，先抢到手再说。而店铺老板比他们得到消息还早，纷纷挂出牌子"不收陕西铁钱"。这下大家更急了，一些脾气火暴的人竟跑到店铺强行买货。一时间，市场大乱，不时有械斗发生。

官府一时没了办法，只好派遣衙役强制各个店铺收陕西铁钱。可商家不敢冒风险，干脆歇业了事。

得知消息的宋仁宗大为恼火，一边追查是谁传出的消息，一边责令宰相文彦博迅速处理此事，平定市场，安定民心。出人意料的是，文彦博并没有像人们想的那样用行政手段强制商家收购陕西铁钱，而是将家中的布匹珍玩送到京城几家大的商户代卖，并且只用陕西铁钱进行交易。

消息一传出来，所有的人都傻了眼。大家看到当朝宰相将这么大笔家产代卖，而且只收陕西铁钱，心中立刻有了底：原来铁钱不会作废，家里的铁钱不会变成一堆破铁。想到这些，他们纷纷乐滋滋地回家，张罗买卖去了。谣言很快不攻自破。陕西铁钱又畅通无阻地流通起来。

后来，仁宗问文彦博是怎样想到如此妙计。他回答道："谣言如风，恐慌如水。风借水势，水助风行。当谣言四起的时候，就像是奔腾咆哮着的洪流扑面而来。这时候，官员们大多主张采用行政干涉，这就好比用巨石堵住洪水，只能暂时缓解，却不能在根本上起到作用。"

洪水是无法堵截的，只有靠疏通的办法从根本上解决问题。

大道理

　　遇到问题，一味地限制、堵塞只能起到暂时的作用，却不能从根本上解决。我们只有静下心来思考问题的症结所在，再根据实际情况进行有效的疏通，才能彻底解决问题。这就告诉我们，困难不是洪水猛兽，总会有办法克服。智慧可以让一个大困难变得很简单。

44. 黔驴技穷

　　黔中道这个地方原本没有驴子。有个喜好多事的人用船运载了一头驴进入黔地，运到后却没有什么用处，便把它放置在山下。老虎见到它，一看原来是个巨大的动物，把它当做神奇的东西，于是隐藏在树林中偷偷地看它。老虎渐渐地走出来接近它，十分小心谨慎，因为不知道它是什么东西。

　　一天，驴子一声长鸣。老虎非常害怕，远远地逃走，认为驴子将要咬自己，非常恐惧。

　　然而老虎来来往往地观察它，觉得驴子好像没有什么特殊的本领似的。老虎渐渐地习惯了它的叫声，又靠近它，前前后后地走动，但始终不敢和驴子搏击。慢慢地，老虎又靠近了驴子，态度更为随便，试着碰擦倚靠、冲撞冒犯它。驴非常愤怒，用蹄子踢老虎。老虎因此而欣喜，盘算此事，心想到："驴子的本领只不过如此罢了！"于是它跳跃起来，大声吼叫，咬断驴的喉咙，吃完了它的肉才离去。

　　后来，大家就把这只驴子在黔地被老虎吃掉的这个故事演变成"黔驴之技"这句成语，比喻人有限的一点本领已经用完。这个故事又被称为"黔驴技穷"。

大道理

　　这个故事生动地说明，世界上有很多东西貌似强大，样子很可怕，但其实并没有真正高明之处，一点也不可怕。所以，遇到这样的事物时，我们要善于观察和思考，并不厌其烦地反复研究，就会找到它的软肋，从而一举攻克它。

45. 发现让垃圾变废为宝

美国雪佛隆公司是一家专门生产饮料的企业。在产品打入亚利桑那州土珊市之前，该公司先委托亚利桑那大学人类学教授威廉·雷兹对该市的饮料市场进行研究。

一年之后，威廉·雷兹教授指着一大堆垃圾，按照垃圾原产品的分类、名称、重量、数量、包装，对雪佛隆公司的老板说："垃圾袋绝不会说谎和弄虚作假。什么样的人丢什么样的垃圾。查看人们所丢弃的垃圾，是一种最有效的行销研究方法。"他通过对土珊市的垃圾进行研究，获得了有关当地食品消费情况的信息，为雪佛隆公司做了这样的分析：

（1）劳动者阶层所喝的进口啤酒比收入高的阶层多。

（2）中等阶层人士比其他阶层消费的食物更多，因为双职工都要上班，而且太匆忙了，以致没有时间处理剩余的食物。依照垃圾的分类重量计算，他们所消费的食物中，有15％是还可以吃的好食品。

（3）通过对垃圾内容的分析，了解到人们消费各种食物的情况，得知减肥清凉饮料与压榨的橘子汁属高层收入人士的良好消费品。

雪佛隆公司老板把这份报告当做教科书，并且依据威廉·雷兹教授的调查结果制定饮料的产销战略。最后的结果是威廉·雷兹教授成为雪佛隆公司的英雄，雪佛隆公司成了获得巨额利润的英雄。

大道理

可以说，威廉·雷兹教授是一个专业的行销研究大师，他能够发现并利用生活中人们忽视和讨厌的东西，而这些东西恰恰是无论如何也不会说谎的，最能够反映人们的消费行为，从而使他的研究具有非常高的可靠性。可见，只要我们深入生活，关注生活，我们就会发觉很多别人一辈子都发现不了的东西。

46. 思考让机遇不再溜走

瑞士一家造纸公司推出了一项新型卫生纸，看上去与普通卫生纸并无两样。它的广告语是："可以擦眼镜的卫生纸"。

这句看似平淡无奇的广告语却包含着商家对消费者细致入微的关怀。

这家公司在生产这款卫生纸之前，特地让所有员工暗中观察各自身边人使用卫生纸的情况，主要是了解人们在使用卫生纸过程中的非常规用途。

一个月之后，公司将所有的观察记录进行汇总，发现许多戴眼镜的人在日常生活中都有一个习惯，就是用卫生纸作为眼镜布使用。当然，这类人在全国总人口中的比例是很小的，因为在瑞士，戴眼镜的人不到总人口三分之一。而调查结果显示，有用卫生纸作为眼镜布使用这一习惯的人在戴眼镜的人群中约占15％。按照这个比例算下来，绝对人口数量显然是非常庞大的。

我们知道，市面上的普通卫生纸比起眼镜布要粗糙一些，不宜用来擦眼镜。

于是，这家造纸公司决定针对这部分人，专门生产出可以擦眼镜的卫生纸。结果这种产品一经上市，立即赢得戴眼镜者的青睐。一时间，这家公司独占这一市场空白，赚得盆满钵溢。

大道理

机遇就摆在我们的日常生活中。只要我们善于发现和动脑筋，并付出切实的行动，那么我们就将赢得先机，更快地取得成就。

47. 大智若愚

美国第九届总统威廉·亨利·哈里逊出生在一个小镇上。他是一个很文静又怕羞的孩子。人们都把他看做傻瓜，常喜欢捉弄他。他们经常把一枚五分硬币和一枚一角硬币扔在他面前，让他任意捡一个。威廉总是捡那个五分的。于是，大家都嘲笑他。

有一天，一个好心人可怜地问道："难道你不知道一角钱要比五分钱值钱吗？"

"当然知道，"威廉慢条斯理地说，"不过，如果我捡了那个一角的，恐怕就没人有兴趣扔钱给我了。"

大道理

> 　　毫无疑问，任何一个健全的人都知道，一角钱比五分钱更值钱，但却不一定知道一角钱和五分钱对某一个特定的人来说意味着什么。通过这个故事我们可以看出，智者总是会把眼光放得很远，总是会用长久的获利来弥补一时的损失。短期利益对他们来说根本算不上什么。

48. 站在他人的立场上想问题

我住在18楼，每次上下楼都得乘电梯而行。渐渐地，我跟开电梯的小姑娘熟起来。

某天，我刚走进电梯，就看见小姑娘两眼发亮，满脸得意之色。

"什么好事让你高兴成这样？有对象了？"我打趣她道。

"才不是呢！"她脸一红，随即又换上了得意之色，"姐，我问你个问题，看你能答对不。你说，为什么电梯里总会安一面大镜子啊？"她指着与电梯门相对的那面镜子问我。

"当然是让乘电梯的人对着镜子检查一下自己的仪表了。"我想起自己整天进进出出地照镜子，便想当然地答道。

"哈哈，你也答错了！这个问题我今天已经问了好多人，可是居然没有一个人答对。"小姑娘得意地笑起来，"大家答什么的都有，有的说是为了看清后面的人是不是对自己不怀好意；有的说是为了扩大视觉空间，让乘客感觉舒服；有的说……"

"那正确答案是什么呢？"看看就快要到18楼了，我打断她问道。

"正确答案是为了让残疾人摇着轮椅进来时，不必费力转身就可以从镜子里看见电梯所到的楼层数。"小姑娘以轻快的语调回答我道。然后我们就被隔在了电梯门里外。

这个答案让我忘记了走路，一时间呆呆地站在原地发起愣来："是啊，这么简单的答案，为什么这么多人都没有想到呢？"回忆着小姑娘所说的众人的答案包括我自己的，我忽然间心有所悟了："哦，虽然人类越来越聪明，知识面越来越宽广，但有一个弱点大家都始终未曾克服，那就是无论考虑什么问题，都往往从自己出发！"

大道理

世界并非以我们为中心。如果总以自己为出发点去考虑问题，结果势必会误多正少。要想扭转这一局面其实很简单，站在别人的立场上想事、行事就行了。

49. 我们都有选择的自由

30 岁之前，我是一位健康活泼、喜欢跳舞的女性，常常在周末请我的邻居和朋友们来我家跳舞。看到大家兴高采烈的样子，我感觉既幸福又满足。可是 30 岁时，这一切都被毁掉了。

我至今记得那个痛苦的早晨，起床时我发现自己怎么也动不了。诊断结果说我的脊椎中生了一个瘤，而且无论切除与否，从今以后我都不能再站起来了。得知我再不能恢复以前的样子，再不能教我可爱的女儿跳舞，我真是伤心极了。

有好长一段时间，我都躺在病床上反复问自己这种日子还值不值得过。但是某天，我忽然被一个念头击中了："我至少还有选择的自由啊！"这个念头顿时扫光了我的沮丧，让我欢喜不已。当时我便告诉自己，我要选择坚持与乐观。

后来，我创办了当地第一家残疾辅导社，还做过一个电台残疾人栏目的主持人，也曾到各大监狱给那些四肢健全的小伙子们讲授人生，并和他们成了好朋友。

某天，女儿突然问起我当年是怎么熬过来的。我微笑着指指自己的脑袋："用我的自由意志啊。自由有很多种，我只不过是失去了身体自由这一种而已。"

大道理

> 无论处境多么艰难，只要还活着，我们就有选择的自由。或快乐、或痛苦、或坚持、或放弃、或生存、或死亡，都掌握在我们自己的手里。更重要的是，我们还拥有更改原来选择的自由。

50. 智慧解决问题

卞庄子发现两只老虎，准备刺杀。身旁的旅店仆人劝阻他说："您看两只老虎正在共食一牛，一定会因为肉味甘美而互相搏斗起来。两虎相斗，大者必伤，小者必死。到那时候，您跟在受伤老虎的后面刺杀伤虎，就能一举得到刺杀两头老虎的美名。"卞庄子觉得小童说得很有道理，便站立等待。

过了一会儿，两只老虎果然为了争肉，撕咬扭打起来。小虎被咬死，大虎也受了伤。卞庄子。挥剑跟在受伤老虎的后面刺杀伤虎，果然不费吹灰之力就刺死伤虎，一举获得杀两虎的名声。

大道理

> 遇事只有善于分析矛盾，利用矛盾，有勇有智，把握时机，才能收到事半功倍的效果。一件事情可能有多种解决方法，不要急于行动，要先思考下哪种方法能让你受益最大。这样收获的就比另外的方法多很多。